普通高等教育"十三五"规划教材

公共基础课教材系列

概率论与数理统计

（修订版）

盛集明 主编

刘 华 邹志琼

张 玲 江 丽 副主编

科学出版社

北京

内 容 简 介

本书是在贯彻落实教育部《高等教育面向 21 世纪教学内容和课程体系改革计划》要求的基础上，按照工科及经济管理类《本科数学基础课程（概率论与数理统计）教学基本要求》，并结合应用型本科院校学生的基础和培养目标进行编写的. 全书以通俗易懂的语言，深入浅出地讲解概率论与数理统计的知识，各节均配有习题，每章配有自测题，书末附参考答案. 在数理统计部分注重渗透统计软件的使用，并附常用统计软件 SAS 简介和一系列数值用表.

本书适合作为应用型本科院校工科类、理科类（非数学专业）、经济管理类有关专业的概率论与数理统计课程的教材，也可供成人教育学院或申请升本的专科院校师生选用，还可以作为相关专业人员和广大教师的参考书.

图书在版编目(CIP)数据

概率论与数理统计/盛集明主编. —北京：科学出版社，2013
ISBN 978-7-03-038275-7

Ⅰ.①概… Ⅱ.①盛… Ⅲ.①概率论-高等学校-教材 ②数理统计-高等学校-教材 Ⅳ.①O21

中国版本图书馆 CIP 数据核字(2013)第 181088 号

责任编辑：戴　薇　袁星星 / 责任校对：王万红
责任印制：吕春珉 / 封面设计：东方人华平面设计部

斜 学 出 版 社 出版

北京东黄城根北街16号
邮政编码：100717
http://www.sciencep.com

北京市京字印刷厂印刷

科学出版社发行　各地新华书店经销

*

2013 年 8 月第 一 版　　开本：787×1092　1/16
2017 年 2 月修 订 版　　印张：13
2018 年 7 月第六次印刷　字数：310 000

定价：33.00 元
（如有印装质量问题，我社负责调换〈北京京字〉）

销售部电话 010-62136230　编辑部电话 010-62135927-2014

修订版前言

本书是在 2013 年出版的《概率论与数理统计》的基础上,根据我们多年的教学改革实践,按照新形式下教材改革的精神,进行全面修订而成的.

在修订中,我们保留了原书的系统和风格,同时注意吸收当前教材改革中的一些成功举措,使得新版能更好地适合当前教学的需要. 另外对原书中的一些疏漏和不妥之处作了修改,对部分例题和习题作了少量的增减.

新版中对事件的概率作了重新编写,以利于概念的理解及应用;在第 5 章引入了依概率收敛这个新的符号,使后面内容的文字叙述更加简洁,也与后面的内容更加连贯.

本书由盛集明、邹志琼具体修订,邹志琼对原书中的一些疏漏进行了更正,盛集明对原书中的不妥之处作了修改,对部分例题和习题作了少量的增减. 刘华、张玲、江丽等也对本书的修订提出了许多宝贵意见.

除了编者写作的内容外,本书的部分内容(例题和习题等)参考了书后所列参考文献,作者在这里一并表示感谢.

由于编者水平有限,书中难免存在疏漏和不足之处,恳请广大读者批评指正.

盛集明

2016 年 12 月

第一版前言

"概率论与数理统计"是研究随机现象中数量规律的一门数学课程,也是普通高等院校本科生各专业普遍开设的一门公共基础课程.步入21世纪,中国的高等教育出现了崭新的格局,一大批应用型本科院校相继成立,为了适应这类学校出现的新的教学形势、学生知识基础和教学特点.我们编写了这部概率论与数理统计课程的教材.

本书在编写过程中认真贯彻落实教育部《高等教育面向21世纪教学内容和课程体系改革计划》的要求精神,并严格执行教育部"数学与统计学教学指导委员会"最新修订的工科及经济管理类《本科数学基础课程(概率论与数理统计)教学基本要求》,同时参考了近几年来国内外出版的有关教材,并深入结合编者的一线教学实践经验.全书以通俗易懂的语言,深入浅出地讲解概率论与数理统计的知识,共分8章内容.第1~5章是概率论部分,内容包括随机事件与概率、随机变量及其分布、多维随机变量及其分布、随机变量的数字特征、大数定律及中心极限定理;第6~8章是数理统计部分,内容包括样本及抽样分布、参数估计、假设检验.并附录有SAS软件简介和一系列数值用表.

本书的主要特色如下:

(1)在满足基本课时(约50学时)要求的内容的基础上,适当淡化理论推导过程.

(2)弱化技巧性训练,重在使学生理解和掌握基本概念、基本理论和基本方法.

(3)强调数学知识的应用,力求学以致用,学后会用,增强学生学习数学的信心与兴趣.

(4)将数学软件的使用有机地融合进教材中,着力培养学生解决实际问题的能力.

(5)书中精选了大量来自各行各业的例题和习题,以适用各专业的需求.习题按节(每节后有习题)、章(每章后有自测题)设置,并于书末附习题与自测题参考答案.目的在于加强学生对教学内容的理解及掌握.

本书知识系统详略得当,举例丰富,讲解透彻,难度适宜,适合作为应用型本科院校工科类、理科类(非数学专业)、经济管理类有关专业的概率论与数理统计课程的教材使用,也可供成人教育学院或申请升本的专科院校选用为教材,也可以作为相关专业人员和广大教师的参考书.

除了编者写作的内容外,本书的部分内容(例题和习题等)参考了书后所列参考文献,作者在这里一并表示感谢.

由于编者水平有限,书中难免有不妥之处,错误亦在所难免,恳请专家和读者提出宝贵意见.

编者

目　　录

第1章　随机事件及其概率

概率论与数理统计是研究随机现象统计规律的一门数学学科,其应用十分广泛,它是自然科学、技术科学、社会科学以及管理科学等领域必备的数学工具.本章主要介绍随机事件与概率、加法公式、乘法公式、事件的独立性等有关内容.

1.1　随机事件

在自然界和人类社会中,所遇到的现象一般可分为两类:一类是**确定性现象**,即在一定条件下必然发生或必然不发生的现象.例如,向上抛一石子必然下落;在一个标准大气压、100℃的条件下,水一定沸腾等都是确定性的现象.这类现象的一个共同点是:事先可以断定其结果.另一类是**随机现象**,即在一定条件下,具有多种可能结果,事先不能确定哪种结果将会发生.例如,在相同条件下抛掷一枚硬币,落下后可能是正面朝上,也可能是反面朝上;新生的婴儿可能是男孩也可能是女孩等都是随机现象.这类现象的一个共同点是事先不能确定多种可能结果中究竟出现哪一种,但在大量重复的试验或观察中又具有某种规律性,这种规律性称为**随机现象的统计规律性**.概率论与数理统计就是研究和揭示随机现象的统计规律性的一门数学学科.

1.1.1　随机试验

随机现象随处可见,但概率论主要研究的是能够在相同条件下重复进行的随机现象.例如,

E_1:抛一枚硬币,观察其正面 H、反面 T 出现的情况.

E_2:掷一枚骰子,观察其出现的点数.

E_3:从大批产品中任取 3 个,观察其中次品的个数.

E_4:记录电话公司 1 小时内收到的呼叫次数.

E_5:在同一批灯泡中任取一只测试其寿命.

显然,以上试验都具有如下特点:

(1)在相同的条件下,试验可以或原则上可以重复进行,即重复性.

(2)试验的可能结果不止一个,但事先已明确试验的所有可能结果,即明确性.

(3)每次试验总是恰好出现所有可能结果中的一个,但究竟出现哪一个结果,试验前不能确切预言,即随机性.

我们称具有上述特点的试验为**随机试验**,简称**试验**.通常用字母 E 表示.现实生活中的许多随机现象很难在相同的条件下重复进行,因此随机试验可以看做是随机现象的理想化模型.概率论与数理统计是通过研究随机试验来研究随机现象的.本书以后提到的试验都是指随机试验.

1.1.2　样本空间

对于随机试验,尽管在每次试验之前不能预知结果,但试验的所有可能结果组成的集合是已知的.我们将随机试验 E 的所有可能结果组成的集合称为 E 的**样本空间**,记为 S.样本空间的元素,即 E 的每个结果,称为**样本点**.样本点一般用 e 表示,则 S 是全体 e 的集合.

下面写出前面的试验 $E_1,\cdots,E_5$ 所对应的样本空间 $S_1,\cdots,S_6$ 为

$S_1=\{H,T\}$;

$S_2=\{HHH,HHT,HTH,THH,HTT,THT,TTH,TTT\}$;

$S_3=\{0,1,2,3\}$;

$S_4=\{1,2,3,4,5,6\}$;

$S_5=\{0,1,2,3,4,\cdots\}$;

$S_6=\{t\,|\,t\geqslant0\}$.

应注意的是,样本空间中的元素是由试验目的所确定的,如 E_2 和 E_3 试验相同,但目的不同,样本空间完全不一样.

1.1.3　随机事件

在随机试验中人们通常关心的是满足某种条件的样本点所组成的集合.例如在 E_5 中规定灯泡使用寿命超过 500 小时为合格品,则在试验中我们关心的是灯泡寿命是否大于 500 小时,满足这一条件的样本点组成 S_6 的一个子集 $A=\{t\,|\,t>500\}$.我们称 A 为 S_6 的一个随机事件.

一般地,我们称试验 E 的样本空间 S 的子集为 E 的**随机事件**,简称**事件**.(严格来说,事件应该是 S 中满足一定条件的子集合组成的集合类中的元素,对它的讨论已超出了我们的知识范围,有兴趣的话可参考其他教材).事件是概率论中最基本的概念,一般用大写字母 A、B、C 或 A_1、A_2 等表示.

在一次试验中,当且仅当事件 A 所包含的一个样本点出现时,我们就说事件 A 发生,否则 A 不发生.

由一个样本点构成的事件称为**基本事件**,基本事件也叫**样本点**.由两个或两个以上的基本事件组合而成的事件称为**复合事件**.每次试验中一定出现的事件称为**必然事件**.样本空间包含所有样本点,在每次试验中一定出现,所以样本空间是必然事件,因此通常用 S 表示必然事件.每次试验中一定不发生的事件,称为**不可能事件**,记为 $\varnothing$.

【例 1.1】　设试验 E 为掷一枚骰子,观察其出现的点数.

解　判断何种情况为基本事件、复合事件、必然事件、不可能事件.

在这个试验中 $A_i=\{$出现 i 点$\}(i=1,2,\cdots,6)$ 是基本事件,$B_1=\{$至少出现 3 点$\}$,$B_2=\{$至多出现 3 点$\}$ 等都是复合事件,$B_3=\{$出现点数不超过 6 点$\}$ 是必然事件,$B_4=\{$出现点数为 7 点$\}$ 是不可能事件.

1.1.4　事件间的关系与运算

事件是样本点的一个集合,因而事件间的关系与运算自然与集合论中集合间的关系与运算一致,只是使用的术语不同罢了.下面给出这些关系和运算在概率论中的提法和含义.

设试验 E 的样本空间为 S,而 A、B、$A_k(k=1,2,\cdots)$ 是 S 的子集.由此出发,讨论事件

间的关系与运算.

1. 事件的包含关系

若事件 A 发生必然导致事件 B 发生,则称事件 B 包含事件 A,或称事件 A 包含于事件 B,或称事件 A 是事件 B 的**子事件**. 记作 $A \subset B$ 或 $B \supset A$. 对于任意事件 A,有 $\varnothing \subset A \subset S$. 图 1-1 给出了这种包含关系的一个几何表示.

例如:在 E_5 中,记 $A=$"灯泡寿命不超过 500 小时",$B=$"灯泡寿命不超过 600 小时",则 $A \subset B$.

2. 事件的相等关系

若 $A \subset B$ 且 $B \subset A$,则称事件 A 与 B **相等**,记作 $A=B$. 即 A 与 B 所含的样本点完全相同. 例如:在 E_2 中,$A=$"出现偶数点",$B=$"出现 $2,4,6$ 点",则 $A=B$.

3. 事件的和(并)

事件 A 和事件 B 至少有一个发生的事件,称为 A 和 B 的**和事件**,记作 $A \cup B$ 或 $A+B$. 图 1-2 给出了这种运算的一个几何表示.

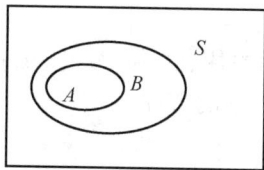
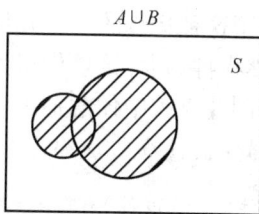

图 1-1　　　　　　　　　　　　图 1-2

事件的和可以推广到有限个或可列无穷多个事件. 通常 n 个事件的和记为 $A_1+A_2+\cdots+A_n$ 或 $A_1 \cup A_2 \cup \cdots \cup A_n$,简记为 $\sum\limits_{i=1}^{n} A_i$ 或 $\bigcup\limits_{i=1}^{n} A_i$;可列无穷多个事件的和简记为 $\sum\limits_{i=1}^{\infty} A_i$ 或 $\bigcup\limits_{i=1}^{\infty} A_i$.

例如:在 E_2 中,$A=$"出现 1 点",$B=$"出现 3 点",$C=$"出现 5 点",则 $A \cup B \cup C=$"出现奇数点".

4. 事件的积(交)

事件 A 和 B 同时发生的事件,称为 A 与 B 的**积事件**,记为 $A \cap B$ 或 AB. 图 1-3 给出了这种运算的一个几何表示.

事件的积可以推广到有限个或可列无穷多个事件. 通常 n 个事件的积记为 $A_1 A_2 \cdots A_n$ 或 $A_1 \cap A_2 \cap \cdots \cap A_n$,简记为 $\prod\limits_{i=1}^{n} A_i$ 或 $\bigcap\limits_{i=1}^{n} A_i$. 可列无穷多个事件的积简记为 $\prod\limits_{i=1}^{\infty} A_i$ 或 $\bigcap\limits_{i=1}^{\infty} A_i$.

例如:在 E_2 中,$A=$"出现奇数点",$B=$"出现 1 点",则 $A \cap B=$"出现 1 点".

5. 事件的差

事件 A 发生而 B 不发生的事件,称为 A 与 B 的**差事件**,记作 $A-B$.图 1-4 给出了这种运算的一个几何表示.

例如:在 E_2 中,$A=$"出现奇数点",$B=$"出现 1 点",则 $A-B=$"出现 3,5 点".

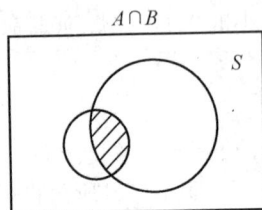
图 1-3

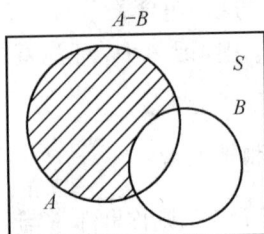
图 1-4

6. 互斥事件(或互不相容事件)

若事件 A 与 B 不能同时发生,即 $AB=\varnothing$,则称 A 与 B 是**互斥事件**(或**互不相容事件**).反之,称 A 与 B 相容.对于任何一个随机试验 E,它的基本事件都是两两互不相容的.图 1-5 给出了这种运算的一个几何表示.若一组事件 $A_1,A_2,\cdots,A_n$ 两两互不相容,且它们的和为必然事件,则称该事件组为互不相容完备事件组.

例如:在一副扑克牌中任意抽出一张,若把抽到黑桃、红桃、梅花、方块的事件分别记作 A_1、A_2、A_3、A_4,显然 A_1、A_2、A_3、A_4 是两两互不相容的事件.

7. 对立事件(或逆事件)

若事件 A 与事件 B 不能同时发生,但其中必有一个发生,即 $A\cup B=S$,且 $AB=\varnothing$,称 A 与 B 互为**对立事件**(或**逆事件**),记 $B=\overline{A}$.对立事件一定是互斥事件,但互斥事件不一定是对立事件.图 1-6 给出了这种运算的一个几何表示.

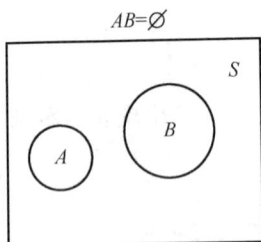
图 1-5

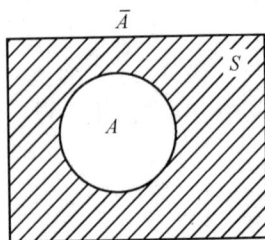
图 1-6

例如:在 E_1 中抛一枚硬币一次,如果 A 表示"出现正面",B 表示"出现反面",则事件 A 与事件 B 是对立(或互逆)事件.

8. 事件的运算律

(1) 交换律:$A\cup B=B\cup A$;$AB=BA$;

(2) 结合律:$(A\cup B)\cup C=A\cup(B\cup C)$;$(A\cap B)\cap C=A\cap(B\cap C)$;

(3) 分配律:$(A\cup B)C=(AC)\cup(BC)$;$A\cup(BC)=(A\cup B)(A\cup C)$;

(4) 摩根定律:$\overline{A_1\cup A_2}=\overline{A_1}\cap\overline{A_2}$,$\overline{A_1\cap A_2}=\overline{A_1}\cup\overline{A_2}$;

(5) 对减法运算满足 $A-B=A\overline{B}$(或 $A\cap\overline{B}$).

这些运算规律可以推广到任意多个事件上去.

【例 1.2】　设事件 A_i="某射击手第 i 次击中目标"($i=1,2$),试说明下列各事件的意义:

(1) $A_1\cup A_2$;(2) $A_1\cap A_2$;(3) $\overline{A_2}$;(4) A_2-A_1;(5) $\overline{A_1\cup A_2}$.

解　(1) 表示射击手两次射击中至少有一次击中目标;

(2) 表示射击手两次都击中目标;

(3) 表示射击手第二次没有击中目标;

(4) 表示射击手第二次击中而第一次没有击中目标;

(5) 表示射击手两次都没有击中目标.

【例 1.3】　掷一枚骰子,观察出现的点数.设 A 表示出现奇数点,B 表示出现点数小于 5,C 表示出现小于 5 的偶数点.

(1) 写出试验的样本空间 S 及事件 $A+B,A-B,AB,AC,A+\overline{C},\overline{A+B}$;

(2) 分析事件 $A+\overline{C},A-B,B,C$ 之间的包含、互不相容及对立关系.

解　(1) 样本空间 $S=\{1,2,3,4,5,6\}$,则 $A=\{1,3,5\}$,$B=\{1,2,3,4\}$,$C=\{2,4\}$

于是 $A+B=\{1,2,3,4,5\}$,　　$A-B=\{5\}$,

$\quad AB=\{1,3\}$,　　　　　　　　$AC=\varnothing$,

$\quad \overline{C}=\{1,3,5,6\}$,　　　　　　$A+\overline{C}=\{1,3,5,6\}$,

$\quad \overline{A+B}=\{6\}$.

(2) 由(1)可知,包含关系有 $B\supset C,A+\overline{C}\supset A-B$;互不相容关系有 $A+\overline{C}$ 与 C,$A-B$ 与 B,$A-B$ 与 C;事件 $A+\overline{C}$ 与 C 为对立事件.

【例 1.4】　设 A,B,C 是三个事件,试用 A,B,C 的关系式表示下列事件:

(1) A,B,C 中至少有一个发生;

(2) A,B,C 都发生;

(3) A 与 B 发生,而 C 不发生;

(4) A,B,C 不多于一个发生.

解　(1) $A\cup B\cup C$;(2)$A\cap B\cap C$;(3)$A\cap B\cap\overline{C}$;(4)$\overline{BC}\cup\overline{AC}\cup\overline{AB}$.

【例 1.5】　某城市的供水系统由甲、乙两个水源与三部分管道 1,2,3 组成(图 1-7),每个水源都足以供应城市的用水,设事件 A_i="第 i 号管道正常工作"($i=1,2,3$),则如何表示"城市能正常供水"及"城市断水"这两个事件?

解　"城市能正常供水"这一事件可表示为$(A_1\cup A_2)\cap A_3$,"城市断水"这一事件表示为$\overline{(A_1\cup A_2)\cap A_3}$.

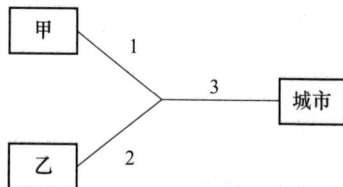

图 1-7

习题 1.1

1. 写出下列随机试验的样本空间 S 与随机事件 A：

(1) 掷一颗骰子,观察向上一面的点数;事件 A 表示"出现奇数点";

(2) 将一枚硬币抛 3 次,观察正反面出现的情况;事件 A 表示"三次出现同一面";

(3) 对一个目标进行射击,一旦击中便停止射击,观察射击的次数;事件 A 表示"射击不超过 3 次";

(4) 记录某地一昼夜的最高温度和最低温度;事件 A 表示"最高温度和最低温度相差 10℃".

2. 指出下列各等式命题是否成立,并说明理由:

(1) $A \cup B = (A\bar{B}) \cup B$；

(2) $\overline{AB} = A \cup B$；

(3) $\overline{A \cup B} \cap C = \overline{AB}\bar{C}$；

(4) $(AB)(A\bar{B}) = \varnothing$；

(5) 如果 $A \subset B$,则 $A = AB$；

(6) 如果 $AB = \varnothing$,且 $C \subset A$,则 $BC = \varnothing$；

(7) 如果 $A \subset B$,那么 $\bar{B} \subset \bar{A}$；

(8) 如果 $B \subset A$,那么 $A \cup B = A$.

3. 甲、乙、丙三人各向目标射击一发子弹,以 A,B,C 分别表示甲、乙、丙命中目标,试用 A,B,C 的运算关系表示下列事件:

(1) 至少有一人命中目标;

(2) 恰有一人命中目标;

(3) 恰有两人命中目标;

(4) 最多有一人命中目标;

(5) 三人均命中目标;

(6) 三人均未命中目标.

4. 袋中装有标号为 1,2,3,4,5,6,7,8 的 8 张卡片,从中任取一张,设事件 A 为"抽得一张标号不大于 4 的卡片",事件 B 为"抽得一张标号为偶数的卡片",事件 C 为"抽得一张标号为奇数的卡片". 请用样本点的集合表示下列事件: $A \cup B$, AB, $A - B$, $B - A$, $B \cup C$, $(A \cup B)C$.

1.2　事件的概率

1.2.1　频率

除必然事件和不可能事件外,任何一个随机事件在一次试验中可能发生,也可能不发生. 我们常常需要了解某些事件在一次试验中发生的可能性的大小. 例如,为了确定水坝的高度,需要知道河流在建造水坝地段每年最大洪水达到某一高度这一事件发生的可能性的大小. 因此,首先必须找到一个合适的数来表征事件在一次试验中发生的可能性的大小. 为了研究这一问题,我们先引入频率的概念.

定义 1.1 将随机试验在相同的条件下重复进行了 n 次,若事件 A 在这 n 次试验中发生了 n_A 次,则称比值 n_A/n 为事件 A 在 n 次重复试验中发生的频率,记为 $f_n(A)$,即

$$f_n(A) = n_A/n$$

其中 n_A 称为事件 A 发生的频数.

根据定义容易验证频率具有如下三个性质:

(1) $0 \leqslant f_n(A) \leqslant 1$;

(2) $f_n(S) = 1$;

(3) 若 $A_1, A_2, \cdots, A_k$ 是两两互不相容的事件,则有

$$f_n(A_1 \bigcup A_2 \bigcup \cdots \bigcup A_k) = f_n(A_1) + f_n(A_2) + \cdots + f_n(A_k)$$

由于事件 A 发生的频率是 A 发生的次数与试验次数之比,频率大,事件 A 发生就频繁,这意味着事件 A 在一次试验中发生的可能性就大. 反之亦然. 因而,直观的想法是用频率来表示事件 A 在一次试验中发生的可能性大小. 到底行不行呢? 先看下面的例子.

【例 1.6】 考虑"抛硬币"试验,将一枚硬币抛掷 5 次、50 次、500 次,各做 10 遍,得到数据如表 1-1 所示(其中 n_H 表示正面 H 发生的频数,$f_n(H)$ 表示正面 H 发生的频率).

表 1-1

实验序号	$n=5$		$n=50$		$n=500$	
	n_H	$f_n(H)$	n_H	$f_n(H)$	n_H	$f_n(H)$
1	2	0.4	22	0.44	251	0.502
2	3	0.6	25	0.50	249	0.498
3	1	0.2	21	0.42	256	0.512
4	5	1.0	25	0.50	253	0.506
5	1	0.2	24	0.48	251	0.502
6	2	0.4	21	0.42	246	0.492
7	4	0.8	18	0.36	244	0.488
8	2	0.4	24	0.48	258	0.516
9	3	0.6	27	0.54	262	0.524
10	3	0.6	31	0.62	247	0.494

这种试验,历史上不少统计学家也做过,得到如表 1-2 所示数据.

表 1-2

实验者	试验次数 n	频数 n_A	频率 $f_n(A)$
德·摩根	2048	1061	0.5181
蒲丰	4040	2048	0.5096
费勒	10000	4979	0.4979
K.皮尔逊	12000	6019	0.5016
K.皮尔逊	24000	12012	0.5005
维尼	30000	14994	0.4998

从上述数据可以看出:抛硬币次数 n 较小时,频率 $f_n(H)$ 在 0 至 1 之间随机波动,其波动性大,但随着 n 增大,频率 $f_n(H)$ 波动性越来越小,呈现出稳定性.即当 n 逐渐增大时,$f_n(H)$ 总是在 0.5 附近摆动,而且逐渐稳定于 0.5.

【例 1.7】 考察英语中特定字母出现的频率.当观察字母的个数 n(试验次数)较小时,频率的波动性大,但当 n 增大时,频率呈现出稳定性.表 1-3 是一份英文字母频率的统计表.

表 1-3

字母	频率	字母	频率	字母	频率
E	0.1268	L	0.0394	P	0.0186
T	0.0978	D	0.0389	B	0.0156
A	0.0788	U	0.0280	V	0.0102
O	0.0776	C	0.0268	K	0.0060
I	0.0707	F	0.0256	X	0.0016
N	0.0706	M	0.0244	J	0.0010
S	0.0634	W	0.0214	Q	0.0009
R	0.0594	Y	0.0202	Z	0.0006
H	0.0573	G	0.0187		

大量试验证实,当试验次数 n 逐渐增大时,频率 $f_n(A)$ 呈现出稳定性,这种"频率稳定性"即是通常所说的统计规律性.在实际生活中,可以让试验重复大量次数,计算 $f_n(A)$,以它来表示事件 A 发生的可能性大小是合适的.

但是,在实际生活中,我们不可能对每一个事件都做大量的试验,然后求其发生的频率,用以表征事件发生的可能性大小.同时,为了理论研究的需要,我们从频率的稳定性和频率的性质得到启示,给出如下表征事件发生可能性大小的概率的定义.

1.2.2　概率

定义 1.2　设随机试验 E 的样本空间为 S,对 E 的每一个事件 A 赋予一个实数,记为 $P(A)$,若 $P(A)$ 满足如下性质:

(1) 非负性:对每一个事件 A,有 $P(A) \geqslant 0$;

(2) 规范性:对必然事件 S,有 $P(S) = 1$;

(3) 可列可加性:若 $A_1, A_2, \cdots$ 是两两互不相容的事件,即对于 $i \neq j, A_i A_j = \varnothing, i, j = 1, 2 \cdots$,则有 $P(A_1 \cup A_2 \cup \cdots) = P(A_1) + P(A_2) + \cdots$

则称 $P(A)$ 为事件的概率.

在第五章中将证明,当 $n \rightarrow \infty$ 时频率 $f_n(A)$ 在一定意义下接近于概率 $P(A)$,基于这一事实,可以用概率 $P(A)$ 表征事件 A 在一次试验中发生的可能性大小.

1.2.3　概率的性质

利用概率的公理化定义中的三个条件,可以推得概率的一些基本性质.

性质 1.1　不可能事件 $\varnothing$ 的概率为 0,即 $P(\varnothing) = 0$.

证　令 $A_n = \varnothing, (n=1,2\cdots)$，则 $\bigcup\limits_{n=1}^{\infty} A_n = \varnothing$，且 $A_i A_j = \varnothing, i \neq j, i,j=1,2,\cdots$ 由概率的可列可加性得 $P(\varnothing) = P\left(\bigcup\limits_{n=1}^{\infty} A_n\right) = \sum\limits_{n=1}^{\infty} P(A_n) = \sum\limits_{n=1}^{\infty} P(\varnothing)$.

由概率的非负性知，$P(\varnothing) \geqslant 0$，故由上式知 $P(\varnothing)=0$.

性质 1.2(有限可加性)　设 $A_1, A_2, \cdots, A_n$ 是两两互不相容的事件，则

$$P(A_1 \bigcup A_2 \bigcup \cdots \bigcup A_n) = P(A_1) + P(A_2) + \cdots + P(A_n)$$

证　令 $A_{n+1} = A_{n+2} = \cdots = \varnothing$，即有 $A_i A_j = \varnothing, i \neq j, i,j=1,2,\cdots$. 由概率的可列可加性得

$$P(A_1 \bigcup A_2 \bigcup \cdots \bigcup A_n) = P\left(\bigcup\limits_{k=1}^{\infty} A_k\right) = \sum\limits_{k=1}^{\infty} P(A_k)$$
$$= \sum\limits_{k=1}^{n} P(A_k) + \sum\limits_{k=n+1}^{\infty} P(A_k) = \sum\limits_{k=1}^{n} P(A_k) + 0$$
$$= P(A_1) + P(A_2) + \cdots + P(A_n)$$

性质 1.3(逆事件的概率)　对任一事件 A，$P(\overline{A}) = 1 - P(A)$.

证　由于 $A \bigcup \overline{A} = S, A\overline{A} = \varnothing$，所以 $1 = P(S) = P(A) + P(\overline{A})$，因此 $P(A) = 1 - P(\overline{A})$.

性质 1.4　设 A、B 是 2 个事件，若 $A \subset B$，则

$$P(B-A) = P(B) - P(A), \quad P(A) \leqslant P(B)$$

证　因为 $A \subset B$，则 $B = A \bigcup (B-A)$，且 $A(B-A) = \varnothing$，再由概率的有限可加性得：$P(B) = P(A) + P(B-A)$，移项得：$P(B-A) = P(B) - P(A)$.

根据概率的非负性，有 $P(B-A) \geqslant 0$，则 $P(A) \leqslant P(B)$.

性质 1.5(加法公式)　对任意事件 A、B，有 $P(A \bigcup B) = P(A) + P(B) - P(AB)$.

证　因为 $A \bigcup B = A \bigcup (B-AB)$，且 $A \bigcap (B-AB) = \varnothing, AB \subset B$，根据概率的性质 1.2、性质 1.4 得

$$P(A \bigcup B) = P(A) + P(B-AB)$$
$$= P(A) + P(B) - P(AB)$$

上述可推广到有限个事件情形. 对任意 n 个事件 $A_1, A_2, \cdots, A_n$ 有

$$P\left(\bigcup\limits_{i=1}^{n} A_i\right) = \sum\limits_{i=1}^{n} P(A_i) - \sum\limits_{1 \leqslant i < j \leqslant n} P(A_i A_j) + \sum\limits_{1 \leqslant i < j < k \leqslant n} P(A_i A_j A_k) - \cdots + (-1)^{n-1} P\left(\bigcap\limits_{i=1}^{n} A_i\right)$$

特别地，对三个事件 A、B、C 有

$$P(A \bigcup B \bigcup C) = P(A) + P(B) + P(C) - P(AB) - P(AC) - P(BC) + P(ABC)$$

【例 1.8】　设 $P(A) = \dfrac{1}{3}, P(B) = \dfrac{1}{2}$，

(1) 若事件 A, B 互不相容，求 $P(B\overline{A})$；

(2) 若 A 真包含于 B，求 $P(B\overline{A})$；

(3) 若 $P(AB) = \dfrac{1}{8}$，求 $P(B\overline{A})$.

解　(1) 若事件 A, B 互不相容，则

$$P(B\overline{A}) = P(B) = \frac{1}{2}$$

(2) 若 A 真包含于 B,则 $B\overline{A}=B-A$,从而

$$P(B\overline{A}) = P(B-A) = P(B) - P(A) = \frac{1}{2} - \frac{1}{3} = \frac{1}{6}$$

(3) 若 $P(AB)=\frac{1}{8}$,则 $B\overline{A}=B-AB$,得

$$P(B\overline{A}) = P(B-AB) = P(B) - P(AB) = \frac{1}{2} - \frac{1}{8} = \frac{3}{8}$$

1.2.4　等可能概型

一般地,如果随机试验 E 具有如下特征:

(1)样本空间的元素(基本事件)只有有限个;

(2)每个基本事件出现的可能性相等.

则称试验 E 为等可能概型. 由于它是概率论发展初期的主要研究对象,所以也称古典概型.

下面讨论等可能概型中事件概率的计算公式.

不妨设 E 的样本空间为 $S=\{e_1,e_2,\cdots,e_n\}$,由于每个基本事件发生的可能性相等,即有

$$P(\{e_1\})=P(\{e_2\})=\cdots=P(\{e_n\})$$

又因为基本事件两两互不相容. 于是

$$\begin{aligned}1 = P(S) &= P(\{e_1\}\bigcup\{e_2\}\bigcup\cdots\bigcup\{e_n\}) \\ &= P(\{e_1\})+P(\{e_2\})+\cdots+P(\{e_n\}) \\ &= n \cdot p(\{e_i\})\end{aligned}$$

$$所以\ P(\{e_i\})=\frac{1}{n},i=1,2,\cdots,n$$

若事件 A 包含 k 个样本点(基本事件),即 $A=\{e_{i1}\}\bigcup\{e_{i2}\}\bigcup\cdots\bigcup\{e_{ik}\}$,则有

$$P(A) = \sum_{j=1}^{k} P(\{e_{ij}\}) = \frac{k}{n} = \frac{A\ 包含的样本点数}{S\ 包含的样本点数}$$

上式就是等可能概型中事件 A 的概率的计算公式.

【例 1.9】　将一枚硬币抛掷三次.

(1)设事件 A_1 为"恰有一次出现正面",求 $P(A_1)$;

(2)设事件 A_2 为"至少有一次出现正面",求 $P(A_2)$.

解　(1)我们考虑 E_2 的样本空间:

$$S_2=\{HHH,HHT,HTH,THH,HTT,THT,TTH,TTT\}$$

而 $A_1=\{HTT,THT,TTH\}$

S_2 中包含有限个元素,且由对称性知每个基本事件发生的可能性相同,故有

$$P(A_1)=\frac{|A_1|}{|S_2|}=\frac{3}{8}$$

(2) 由于 $\overline{A_2}=\{TTT\}$，于是

$$P(A_2)=1-P(\overline{A_2})=1-\frac{1}{8}=\frac{7}{8}$$

注：当样本空间的元素较多时，我们一般不再将 S 中的元素一一列出，而只需分别求出 S 中与 A 中包括的元素的个数.

【例1.10】 一袋中有 8 个大小形状相同的球，其中 5 个黑色球，3 个白色球. 现从袋中随机地取出 2 个球，求取出的两球都是黑色球的概率.

解 从 8 个球中取出 2 个，共有 C_8^2 种不同的取法，事件 $A=\{$取出的两球是黑球$\}$ 的取法为 C_5^2 种，从而

$$P(A)=C_5^2/C_8^2=5/14$$

【例1.11】 在箱中装有 100 个产品，其中有 3 个次品，从这箱产品中任意抽取 5 个，求取得 5 个产品中恰有 1 个次品的概率.

解 从 100 个产品中任意抽取 5 个产品，共有 C_{100}^5 种抽取方法，事件 $A=\{$有 1 个次品，4 个正品$\}$ 的取法共有 $C_3^1 C_{97}^4$ 种，故得事件 A 的概率为

$$P(A)=\frac{C_3^1 C_{97}^4}{C_{100}^5}\approx 0.138$$

【例1.12】 袋中有 a 个白球，b 个红球，k 个人依次在袋中取出一个球.

(1) 做放回抽样；

(2) 做不放回抽样，求第 $i(i=1,2,\cdots,k)$ 个人取到白球（记为事件 B）的概率（$k\leqslant a+b$）.

解 （1）放回抽样的情况，显然有 $P(B)=\dfrac{a}{a+b}$.

(2) 不放回抽样的情况. 各人取一个球，每种取法是一个基本事件，共有 $(a+b)(a+b-1)\cdots(a+b-k+1)=A_{a+b}^k$ 个基本事件，且每个基本事件的发生都是等可能的. 当事件 B 发生时，第 i 人取的应是白球，它可以是 a 个白球中的任意一个，共有 C_a^1 种取法. 其余被取出来的 $k-1$ 个球可以是剩下的 $a+b-1$ 中的任意 $k-1$ 个，共有 $(a+b-1)(a+b-2)\cdots[a+b-1-(k-1)+1]=A_{a+b-1}^{k-1}$ 种取法，于是

$$P(B)=\frac{C_a^1 A_{a+b-1}^{k-1}}{A_{a+b}^k}=\frac{a}{a+b}$$

值得注意的是，$P(B)$ 与 i 无关，即 k 个人取球，尽管取球的先后次序不同，但各人取到白球的概率是一样的. 就如同大家购买彩票、摸奖时，不管次序如何，每个人中奖的机会一样.

【例1.13】 设有 n 个人，每个人都等可能地被分配到 N 个房间中的任意一间去住（$n\leqslant N$）. 求下列事件的概率.

(1) 指定的 n 个房间各有一个人住；

(2) 恰好有 n 个房间，其中各住一人.

解 （1）因为每个人有 N 个房间可供选择，所以 n 个人住的方式共有 N^n 种，即基本事件总数为 N^n，事件 $A=$"指定的 n 个房间各有一个人住". 包含的基本事件数即为 n 个人的全排列 $n!$. 于是所求概率为

$$P(A) = \frac{n!}{N^n}$$

(2) 因为 n 个房间可以在 N 个房间中任意选取,取法有 C_N^n 种,对于选定的 n 个房间有 $n!$ 种分配方式,则事件 $B = \{$恰好有 n 个房间,其中各住一人$\}$ 包含的基本事件数为 $C_N^n n!$,而基本事件总数仍为 N^n.于是所求概率为

$$P(B) = \frac{C_N^n n!}{N^n} = \frac{N!}{N^n(N-n)!}$$

【例 1.14】 在 $1, 2, \cdots, 1000$ 的自然数中任取一数,求它能被 2 或 3 整除的概率.

解 设 $A =$"取得的数能被 2 整除",$B =$"取得的数能被 3 整除".

这 1000 个自然数中有 500 个数能被 2 整除,则

$$P(A) = \frac{500}{1000} = 0.5$$

这 1000 个自然数中有 333 个数能被 3 整除,则

$$P(B) = \frac{333}{1000} = 0.333$$

这 1000 个自然数中有 166 个数能被 6 整除,则

$$P(AB) = \frac{166}{1000} = 0.166$$

而事件"取得的数能被 2 或 3 整除"可表示为 $A \cup B$,由概率的加法公式有

$$P(A \cup B) = P(A) + P(B) - P(AB) = 0.667$$

习题 1.2

1. 已知 $A \subset B, P(A) = 0.4, P(B) = 0.6$,求

(1) $P(\overline{A}), P(\overline{B})$;　　　(2) $P(AB)$;

(3) $P(A \cup B)$;　　　(4) $P(\overline{AB})$;

(5) $P(\overline{A}\,\overline{B}), P(\overline{B}A)$.

2. 已知 $P(A) = \frac{1}{2}$,(1)若 A, B 互不相容,求 $P(A\overline{B})$;(2)若 $P(AB) = \frac{1}{8}$,求 $P(A\overline{B})$.

3. 2 个盒内分别盛着写有 0,1,2,3,4,5 六个数字的六张卡片,若从每盒中各取一张,求所取两数之和等于 6 的概率.现有甲、乙两人分别给出一种解法:

甲的解法:因为两数之和可有 $0, 1, 2, \cdots, 10$ 共 11 种不同的结果,所以所求概率为 $\frac{1}{11}$;

乙的解法:从每盒中各取一张卡片,共有 $6^2 = 36$ 种取法,其中和为 6 的情况共有 5 种:$(1,5), (5,1), (2,4), (4,2), (3,3)$.因此所求概率为 $\frac{5}{36}$.

试问哪一种解法正确.为什么?

4. 在 $1 \sim 6$ 数码中,任取不同的两数码构成两位数,求这两个数都是偶数的概率.

5. 取一根长度为 3 米的绳子,拉直后在任意位置剪断,那么剪得两段的长都不小于 1 米的概率有多大?

6. 从 $0,1,2,\cdots,9$ 中随机有放回地连续抽取 7 个数字,求下列事件的概率:

(1) 7 个数字全不相同(事件 A);

(2) 不含 0 与 9(事件 B).

7. 有 3 个人等可能地分到 4 间房子中,每个房间所住人数不限,求下列事件的概率:

(1) 某指定的 3 间房中各有 1 人(事件 A);

(2) 恰有 3 间房中各有 1 人(事件 B);

(3) 某指定的 1 间房中恰有 2 人(事件 C).

8. 在 $1\sim1000$ 的整数中随机地取一个数,问取到的整数既不能被 6 整除,又不能被 8 整除的概率是多少.

9. (无放回抽样模型)一批产品共有 N 个,其中 M 个不合格品,$N-M$ 个合格品,从中抽取 n 个,求取出的 n 个产品中有 m 个次品的概率.

10. (有放回抽样模型)一批产品共有 N 个,其中 M 个不合格品,$N-M$ 个合格品,从中每次抽取 1 个,取后放回,先后 n 次,求取出的 n 个产品中有 m 个次品的概率.

1.3 条 件 概 率

1.3.1 条件概率的概念

在实际问题中,除了考虑事件 A 发生的概率,有时还需考虑在"事件 B 已发生"的条件下事件 A 发生的概率,这样的概率称为**条件概率**,记为 $P(A|B)$.

【例 1.15】 设某一批产品有 100 件,其中有 5 件不合格品,而 5 件产品中又有 3 件是次品,2 件是废品. 现任意在 100 件产品中抽取一件,求:

(1) 抽得的是废品的概率;

(2) 已知抽得的是不合格品,它是废品的概率.

解 令 A 表示"抽得的是废品"这一事件,B 表示"抽得的是不合格品"这一事件,按古典概率计算易得:

$$P(A) = \frac{C_2^1}{C_{100}^1} = \frac{1}{50} \qquad P(A \mid B) = \frac{N_{AB}}{N_{SB}} = \frac{2}{5}$$

由此看到 $P(A)\neq P(A|B)$

本例中条件概率 $P(A|B)$ 是根据条件概率的直观意义计算出来的,但一般地,条件概率如何定义呢?

通过简单的运算得 $P(A|B)=\dfrac{N_{AB}/N_S}{N_{SB}/N_S}=\dfrac{P(AB)}{P(B)}=\dfrac{2}{5}$

由此引出条件概率的定义.

定义 1.3 设 A,B 是两个事件,且 $P(B)>0$,称

$$P(A \mid B) = \frac{P(AB)}{P(B)}$$

为在事件 B 发生的条件下,事件 A 发生的**条件概率**.

计算条件概率 $P(A|B)$ 一般有两种方法:

(1) 在原样本空间中求 $P(AB)$、$P(B)$,由条件概率定义求 $P(A|B)=\dfrac{P(AB)}{P(B)}$;

(2) 改变样本空间后,在新的样本空间 S_B 中,计算 A 发生的概率,即 $P(A|B)=\dfrac{N_{AB}}{N_{SB}}$.

条件概率也是一种概率,具有概率的所有性质.例如:

① $P(A|B)\geqslant 0$;

② $P(S|B)=1$;

③ 若 A_1,A_2,$\cdots$ 是两两互不相容的事件,则有 $P\left(\bigcup\limits_{i=1}^{\infty} A_i \mid B\right) = \sum\limits_{i=1}^{\infty} P(A_i \mid B)$.

【例 1.16】 某种动物由出生活到 20 岁的概率为 0.8,活到 25 岁的概率为 0.4,问现年 20 岁的这种动物活到 25 岁的概率是多少.

解 $A=\{$活到 25 岁以上$\}$,$B=\{$活到 20 岁以上$\}$,显然 $A\subset B$,故该问题属于条件概率 $P(A|B)$.

已知 $P(A)=0.4$,$P(B)=0.8$,又 $A\subset B$,$P(AB)=P(A)=0.4$.

因此 $P(A|B)=\dfrac{P(AB)}{P(B)}=\dfrac{0.4}{0.8}=0.5$.

【例 1.17】 8 个乒乓球中有 5 个新的,3 个旧的.第一次比赛时,同时取出 2 个,用完后放回去;第二次比赛时又取出 2 个球,求在第一次取到 1 个新球的条件下,第二次取到 2 个新球的概率.

解 设事件 $A=$“第 1 次取到 1 个新球”;

　　　事件 $B=$“第 2 次取到 2 个新球”.

由于第 1 次比赛后,球被放回去,因此在 A 已发生的条件下,再取 2 个球时,总球数仍为 8.但是,因第 1 次比赛所用的一个新球已变成旧球,其新旧比例已变化为:新球 4 个,旧球 4 个,所以所求的概率为

$$P(B \mid A) = \frac{C_4^2}{C_8^2} = \frac{3}{14}$$

1.3.2　乘法定理

由条件概率定义,可直接得到下述乘法公式.

定理 1.1(乘法公式)　设 A,B 是 2 个事件,且 $P(B)>0$,则有

$$P(AB) = P(A \mid B) \cdot P(B)$$

如果 $P(A)>0$,则有

$$P(AB) = P(B \mid A) \cdot P(A)$$

乘法公式可以推广到 n 个事件的情形.若 $P(A_1,A_2,\cdots,A_n)>0$,则有

$$P(A_1 A_2 \cdots A_n) = P(A_1) \cdot P(A_2 \mid A_1) \cdot P(A_3 \mid A_1 A_2) \cdots P(A_n \mid A_1 A_2 \cdots A_{n-1})$$

【例 1.18】 盒中有 5 个白球,2 个黑球,连续不放回地取 3 次球,求第 3 次才取得黑球的概率.

解　设 A_i 表示“第 i 次取到黑球”,则有

$$P(\overline{A_1}\,\overline{A_2} A_3) = P(\overline{A_1}) \cdot P(\overline{A_2} \mid \overline{A_1}) \cdot P(A_3 \mid \overline{A_1}\,\overline{A_2})$$

$$= \frac{5}{7} \times \frac{4}{6} \times \frac{2}{5} = \frac{4}{21}$$

【例 1.19】 10 个零件中有 3 个次品,每次从中任取 1 个零件,取出的零件不再放回,求第 3 次才取到合格品的概率.

解 设 A_i="第 i 次取到次品",$(i=1,2,3)$. A="第 3 次才取到合格品",则 $A = A_1 A_2 \overline{A}_3$. 根据题意有

$$P(A_1) = \frac{3}{10}, \quad P(A_2 \mid A_1) = \frac{2}{9}, \quad P(\overline{A}_3 \mid A_1 A_2) = \frac{7}{8},$$

$$P(A) = P(A_1 A_2 \overline{A}_3) = P(A_1) \cdot P(A_2 \mid A_1) \cdot P(\overline{A}_3 \mid A_1 A_2) = \frac{3}{10} \times \frac{2}{9} \times \frac{7}{8} = 0.058$$

【例 1.20】 设某光学仪器厂制造的透镜,第 1 次落下时打破的概率为 $\frac{1}{2}$,若第 1 次落下未打破,第 2 次落下打破的概率为 $\frac{7}{10}$,若前两次落下未打破,第 3 次落下打破的概率为 $\frac{9}{10}$,试求透镜落下 3 次而未打破的概率.

解法一 设 A_i="透镜第 i 次落下被打破",B="透镜落下 3 次而未被打破",则

$$B = \overline{A}_1 \overline{A}_2 \overline{A}_3$$

故

$$P(B) = P(\overline{A}_1 \overline{A}_2 \overline{A}_3) = P(\overline{A}_1) P(\overline{A}_2 \mid \overline{A}_1) P(\overline{A}_3 \mid \overline{A}_1 \overline{A}_2)$$

$$= \left(1 - \frac{1}{2}\right)\left(1 - \frac{7}{10}\right)\left(1 - \frac{9}{10}\right) = \frac{3}{200}$$

解法二 按题意,$\overline{B} = A_1 \bigcup \overline{A}_1 A_2 \bigcup \overline{A}_1 \overline{A}_2 A_3$

而 $A_1, \overline{A}_1 A_2, \overline{A}_1 \overline{A}_2 A_3$ 是两两互不相容的事件,故有

$$P(\overline{B}) = P(A_1) + P(\overline{A}_1 A_2) + P(\overline{A}_1 \overline{A}_2 A_3)$$

又因为 $P(A_1) = \frac{1}{2}$,$P(A_2 \mid \overline{A}_1) = \frac{7}{10}$,$P(A_3 \mid \overline{A}_1 \overline{A}_2) = \frac{9}{10}$,

$$P(\overline{A}_1 A_2) = P(A_2 \mid \overline{A}_1) P(\overline{A}_1) = \frac{7}{10}\left(1 - \frac{1}{2}\right) = \frac{7}{20}$$

$$P(\overline{A}_1 \overline{A}_2 A_3) = P(A_3 \mid \overline{A}_1 \overline{A}_2) P(\overline{A}_2 \mid \overline{A}_1) P(\overline{A}_1)$$

$$= \frac{9}{10}\left(1 - \frac{7}{10}\right)\left(1 - \frac{1}{2}\right) = \frac{27}{200}$$

故得

$$P(\overline{B}) = \frac{1}{2} + \frac{7}{20} + \frac{27}{200} = \frac{197}{200}$$

$$P(B) = 1 - P(\overline{B}) = 1 - \frac{197}{200} = \frac{3}{200}$$

1.3.3 全概率公式

为了计算复杂事件的概率,经常把一个复杂事件分解为若干个互不相容的简单事件的和,通过分别计算简单事件的概率,来求得复杂事件的概率.

定理 1.2　设事件 $A_1, A_2, \cdots, A_n$ 满足下列条件:

(1) 事件 $A_1, A_2, \cdots, A_n$ 是一个完备事件组;

(2) $P(A_i) > 0 (i = 1, 2, \cdots, n)$.

则对任意的事件 B,有 $P(B) = \sum_{i=1}^{n} P(A_i) P(B \mid A_i)$.

【例 1.21】　某工厂有 4 条流水线生产同一种产品,该 4 条流水线的产量分别占总产量的 $15\%, 20\%, 30\%, 35\%$,4 条流水线的次品率依次为 $0.05, 0.04, 0.03, 0.02$,现从出厂产品中任取一件,问恰好取到次品的概率为多少.

解　设 $B = \{$任取一件出厂产品为次品$\}$,$A_i = \{$所抽产品为第 i 条流水线生产$\}$($i = 1, 2, 3, 4$),则

$$P(B) = \sum_{i=1}^{4} P(A_i) P(B \mid A_i)$$
$$= 0.15 \times 0.05 + 0.20 \times 0.04 + 0.30 \times 0.03 + 0.35 \times 0.02$$
$$= 0.0315 = 3.15\%$$

1.3.4　贝叶斯公式

定理 1.3　设事件 $A_1, A_2, \cdots, A_n, B$ 满足下列条件:

(1) 事件 $A_1, A_2, \cdots, A_n$ 是一个完备事件组;

(2) $P(A_i) > 0 (i = 1, 2, \cdots, n), P(B) > 0$.

则有
$$P(A_i \mid B) = \frac{P(A_i B)}{P(B)} = \frac{P(A_i) P(B \mid A_i)}{P(A_1) P(B \mid A_1) + \cdots + P(A_n) P(B \mid A_n)}$$

上述公式即为贝叶斯公式,也称为逆概率公式.

【例 1.22】　对以往数据分析结果表明,当机器调整得良好时,产品的合格率为 90%,而当机器发生某一故障时,其合格率为 30%. 每天早上机器开动时,机器调整良好的概率为 75%,试求已知某日早上第一件产品是合格品时,机器调整良好的概率是多少.

解　设 $A = $"产品合格",$B = $"机器调整良好". 已知:$P(A \mid B) = 0.9, P(A \mid \overline{B}) = 0.3$,$P(B) = 0.75, P(\overline{B}) = 0.25$,所需求的概率为 $P(B \mid A)$.由贝叶斯公式得

$$P(B \mid A) = \frac{P(A \mid B) P(B)}{P(A \mid B) P(B) + P(A \mid \overline{B}) P(\overline{B})}$$
$$= \frac{0.9 \times 0.75}{0.9 \times 0.75 + 0.3 \times 0.25} = 0.9$$

这就是说,当生产出第一件产品是合格品时,此时机器调整良好的概率为 0.9. 这里,概率 0.75 是由以往的数据分析得到的,叫做**先验概率**,而在得到信息(即生产出的第一件产品是合格品)之后再重新加以修正的概率(即 0.9)叫做**后验概率**,有了后验概率我们就能对机器有进一步的了解.

【例 1.23】　根据以往的记录,某种诊断肝炎的试验有如下效果:对肝炎病人的试验呈阳性的概率为 0.95,对非肝炎病人的试验呈阴性的概率为 0.95,对自然人群进行普查的结果为:有 $5‰$的人患有肝炎. 现有某人做此试验结果为阳性,问此人确有肝炎的概率为多少.

解　设 $B=$"某人做此试验结果为阳性"，$A=$"某人确有肝炎". 由已知条件有

$$P(B\mid A)=0.95,\quad P(\overline{B}\mid\overline{A})=0.95,\quad P(A)=0.005$$

从而　$P(\overline{A})=1-P(A)=0.995, P(B\mid\overline{A})=1-P(\overline{B}\mid\overline{A})=0.05$

由贝叶斯公式，有

$$P(A\mid B)=\frac{P(AB)}{P(B)}=\frac{P(A)P(B\mid A)}{P(A)P(B\mid A)+P(\overline{A})P(B\mid\overline{A})}=0.087$$

本题的结果表明，虽然 $P(B\mid A)=0.95, P(\overline{B}\mid\overline{A})=0.95$，这两个概率都很高，但若将此实验用于普查，则有 $P(A\mid B)=0.087$，即其正确性只有 8.7%. 如果不注意到这一点，将会经常得出错误的诊断. 这也说明，若将 $P(B\mid A)$ 和 $P(A\mid B)$ 搞混了会造成不良的后果.

习题 1.3

1. 在 10 个形状大小均相同的球中有 6 个红球和 4 个白球，不放回地依次摸出 2 个球，在第 1 次摸出红球的条件下，第 2 次也摸到红球的概率是多少？

2. 把一枚硬币任意掷 2 次，事件 $A=$"第一次出现正面"，事件 $B=$"第二次出现正面"，求 $P(B\mid A)$.

3. 甲袋中有 5 只白球，7 只红球；乙袋中有 4 只白球，2 只红球. 从两个袋子中任取一袋，然后从所取到的袋子中任取一球，求取到的球是白球的概率.

4. 有甲、乙两袋，甲袋中有 3 只白球，2 只黑球；乙袋中有 4 只白球，4 只黑球. 现从甲袋中任取 2 个球放入乙袋，然后再从乙袋中任取一球，求此球为白球的概率.

5. 盒中有红球 5 个，蓝球 11 个，红球中有 2 个玻璃球，3 个木质球；蓝球中有 4 个玻璃球，7 个木质球，现从中任取一球，假设每个球摸到的可能性相同. 若已知取到的球是玻璃球，问它是蓝球的概率是多少.

6. 轰炸机轰炸某目标，它能飞到距目标 400、200、100（米）的概率分别是 0.5、0.3、0.2，又设它在距目标 400、200、100（米）时的命中率分别是 0.01、0.02、0.1. 求目标被命中的概率为多少.

7. 某射击小组共有 20 名射手，其中一级射手 4 人，二级射手 8 人，三级射手 7 人，四级射手 1 人. 一、二、三、四级射手能通过选拔进入比赛的概率分别是 0.9、0.7、0.5、0.2. 求任选一名射手能通过选拔进入比赛的概率.

8. 盒中有 12 个乒乓球，9 个没用过，第 1 次比赛从盒中任取 3 个球，用后放回，第 2 次比赛再从盒中任取 3 个球，求第 2 次比赛时所取的 3 个球都是没用过的概率.

1.4　事件的独立性

1.4.1　两个事件的独立性

对于任意两个事件 A, B，一般而言 $P(A)\neq P(A\mid B)$，这表明事件 B 的发生对事件 A 的发生的概率有影响，只有当 $P(A)=P(A\mid B)$ 时才可以认为 B 的发生与否对 A 的发生毫无影响，这时称事件 A, B 彼此独立. 此时乘法公式变为

$$P(AB) = P(B)P(A \mid B) = P(B)P(A) = P(A)P(B)$$

由此我们引出下面的定义.

定义 1.4 设两事件 A,B 满足

$$P(AB) = P(A)P(B)$$

则称事件 A,B 相互独立.

由上述定义可知,必然事件及不可能事件与任何事件都独立. 且事件的独立性与互斥是两码事,互斥性表示两个事件不能同时发生,而独立性则表示它们彼此不影响. 事实上,若 A 与 B 互斥,则 $P(AB) = 0$,而当 $P(A) > 0$,$P(B) > 0$ 时,$P(A)P(B) > 0$,可知 $P(AB) \neq P(A)P(B)$,因此两事件互斥并不能得出这两个事件就独立的结论.

定理 1.4 设两事件 A,B,且 $P(B) > 0$,则 A 与 B 相互独立的充分必要条件是

$$P(A \mid B) = P(A)$$

定理 1.5 设 A,B 为两事件且相互独立,则 A 与 $\overline{B}$,$\overline{A}$ 与 B,$\overline{A}$ 与 $\overline{B}$ 各对事件也相互独立.

证 $A = AS = A(B \cup \overline{B}) = AB \cup A\overline{B}$,得

$$P(A) = P(AB) + P(A\overline{B})$$
$$= P(A)P(B) + P(A\overline{B})$$

$$P(A\overline{B}) = P(A) - P(A)P(B) = P(A)[1 - P(B)] = P(A)P(\overline{B})$$

因此,A 与 $\overline{B}$ 也相互独立.

同理可证 $\overline{A}$ 与 B,$\overline{A}$ 与 $\overline{B}$ 也相互独立.

【例 1.24】 甲、乙二射击运动员分别对一目标射击 1 次,甲射中的概率为 0.8,乙射中的概率为 0.9,求:

(1) 2 人都射中目标的概率;

(2) 2 人中恰有 1 人射中目标的概率;

(3) 2 人至少有 1 人射中目标的概率;

(4) 2 人至多有 1 人射中目标的概率.

解 设事件 $A=$"甲射击 1 次,击中目标",事件 $B=$"乙射击 1 次,击中目标",则 A 与 B 为相互独立事件,且 $\overline{A}$ 与 B,A 与 $\overline{B}$,$\overline{A}$ 与 $\overline{B}$ 也为相互独立事件. $P(A) = 0.8$,$P(B) = 0.9$.

(1) 2 人都射中的概率为

$$P(AB) = P(A)P(B) = 0.8 \times 0.9 = 0.72$$

所以 2 人都射中目标的概率是 0.72.

(2) "2 人各射击 1 次,恰有 1 人射中目标"包括两种情况:一种是甲击中、乙未击中(事件 $A\overline{B}$ 发生),另一种是甲未击中、乙击中(事件 $\overline{A}B$ 发生). 根据题意,事件 $A\overline{B}$ 与 $\overline{A}B$ 互斥,根据互斥事件的概率加法公式和相互独立事件的概率乘法公式,所求的概率为

$$P(A\overline{B}) + P(\overline{A}B) = P(A)P(\overline{B}) + P(\overline{A})P(B)$$
$$= 0.8 \times (1 - 0.9) + (1 - 0.8) \times 0.9 = 0.08 + 0.18 = 0.26$$

所以 2 人中恰有 1 人射中目标的概率是 0.26.

(3) (方法 1):"2 人至少有 1 人射中",则

$$P(A+B) = P(A) + (B) - P(AB) = 0.8 + 0.9 - 0.8 \times 0.9 = 0.98$$

（方法 2）："2 人至少有 1 个击中"与"2 人都未击中"为对立事件，

2 人都未击中目标的概率是 $P(\overline{A}\,\overline{B}) = P(\overline{A})P(\overline{B}) = (1-0.8) \times (1-0.9) = 0.02$，

所以"2 人至少有 1 人击中目标"的概率为 $P = 1 - P(\overline{A}\,\overline{B}) = 1 - 0.02 = 0.98$.

（4）（方法 1）：设 C="至多有 1 人击中目标"包括"有 1 人击中"和"2 人都未击中"，

故所求概率为

$$P(C) = P(\overline{A}\,\overline{B}) + P(A\overline{B}) + P(\overline{A}B)$$
$$= P(\overline{A})P(\overline{B}) + P(A)P(\overline{B}) + P(\overline{A})P(B)$$
$$= 0.02 + 0.08 + 0.18 = 0.28$$

（方法 2）："至多有 1 人击中目标"的对立事件是"2 人都击中目标"，

故所求概率为

$$P(C) = 1 - P(AB) = 1 - P(A)P(B) = 1 - 0.72 = 0.28$$

由上例可看出在解决"至多""至少"的问题时，可采用逆向思考方法，常常能使问题的解答变得简便.

1.4.2　多个事件的独立性

我们把独立性的概念推广到 3 个或 3 个以上事件的情况.

定义 1.5　设 A, B, C 是 3 个事件，如果满足：

$$P(AB) = P(A)P(B) \tag{1-1}$$
$$P(BC) = P(B)P(C) \tag{1-2}$$
$$P(AC) = P(A)P(C) \tag{1-3}$$
$$P(ABC) = P(A)P(B)P(C) \tag{1-4}$$

则称这三个事件 A, B, C 是相互独立的.

【例 1.25】　袋中装有 4 个大小相同的球，其中红球、蓝球、黄球各 1 个，另 1 个是涂有红、蓝、黄三种颜色的球.

设 A="任取 1 球其上涂有红色"；

　　B="任取 1 球其上涂有蓝色"；

　　C="任取 1 球其上涂有黄色".

则 $P(A) = 1/2, P(B) = 1/2, P(C) = 1/2$，

　$P(AB) = 1/4, P(AC) = 1/4$，

　$P(BC) = 1/4, P(ABC) = 1/4$.

显然 $P(AB) = P(A)P(B)$，

　　$P(AC) = P(A)P(C)$，

　　$P(BC) = P(B)P(C)$，

但是 $P(ABC) \neq P(A)P(B)P(C)$.

由此说明：事件 A、B、C 是两两相互独立的，但 3 个事件不是相互独立的. 即定义中的 4 个条件缺一不可，由式(1-1)、式(1-2)、式(1-3)不能推出式(1-4).

【例 1.26】　一个人看管 3 台机床，设在任一时刻这 3 台机床正常工作（即不需人照

看)的概率分别为 0.9、0.8、0.85,求在任一时刻:(1)3 台机床都正常工作的概率;(2)3 台机床中至少有一台正常工作的概率.

解　显然,3 台机床工作正常与否是相互独立的. 设 A_i 表示"第 i 台机床工作正常",$i=1,2,3$,则 $P(A_1)=0.9,P(A_2)=0.8,P(A_3)=0.85$.

(1) 3 台机床都正常工作,即求 A_1,A_2,A_3 同时发生的概率为 $P(A_1A_2A_3)$.

而 A_1,A_2,A_3 是 3 个相互独立的事件.

$$P(A_1A_2A_3) = P(A_1)P(A_2)P(A_3) = 0.9 \times 0.8 \times 0.85 = 0.612$$

(2) 3 台机床中至少有一台正常工作,即求 A_1,A_2,A_3 至少有一个发生的概率为 $P(A_1+A_2+A_3)$.

利用对立事件的概率及摩根定律可知

$$P(A_1+A_2+A_3) = 1-P(\overline{A_1+A_2+A_3})$$
$$= 1-P(\overline{A_1}\,\overline{A_2}\,\overline{A_3}) = 1-P(\overline{A_1})P(\overline{A_2})P(\overline{A_3})$$
$$= 1-[1-P(A_1)][1-P(A_2)][1-P(A_3)]$$
$$= 1-0.1 \times 0.2 \times 0.15 = 0.997$$

用数学归纳法可以定义:对于 n 个事件 $A_1,A_2,\cdots,A_n(n>3)$,如果其任意 $n-1$ 个事件都是相互独立的,且满足

$$P(A_1A_2\cdots A_n) = P(A_1)P(A_2)\cdots P(A_n)$$

则称 $A_1,A_2,\cdots,A_n$ 这 n 个事件是相互独立的.

n 个事件相互独立,有如下性质:

(1) $P(A_1A_2\cdots A_n) = P(A_1)P(A_2)\cdots P(A_n)$;

(2) $P(A_1+A_2+\cdots+A_n) = 1-\prod\limits_{i=1}^{n}P(\overline{A_i})$.

【例 1.27】　在一段线路中并联着 3 个自动控制的常开开关,只要其中有 1 个开关能够闭合,线路就能正常工作. 假定在某段时间内每个开关能够闭合的概率都是 0.7,计算在这段时间内线路正常工作的概率.

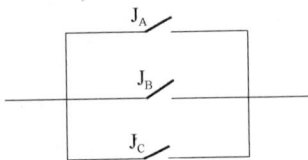

图 1-8

解　分别记这段时间内开关 J_A,J_B,J_C 能够闭合(图 1-8)为事件 A,B,C.

由题意,这段时间内 3 个开关是否能够闭合相互之间没有影响. 根据相互独立事件的概率乘法公式,这段时间内 3 个开关都不能闭合的概率是

$$P(\overline{A}\,\overline{B}\,\overline{C}) = P(\overline{A})P(\overline{B})P(\overline{C})$$
$$= [1-P(A)][1-P(B)][1-P(C)]$$
$$= (1-0.7)(1-0.7)(1-0.7) = 0.027$$

所以这段时间内至少有 1 个开关能够闭合,从而使线路能正常工作的概率是

$$1-P(\overline{A}\,\overline{B}\,\overline{C}) = 1-0.027 = 0.973$$

【例 1.28】　已知某种高炮在它控制的区域内击中敌机的概率为 0.2.

(1) 假定有 5 门这种高炮控制某个区域,求敌机进入这个区域后未被击中的概率;

(2) 要使敌机一旦进入这个区域后有 0.9 以上的概率被击中,需至少布置几门高炮?

分析:因为敌机被击中就是至少有 1 门高炮击中敌机,故敌机被击中的概率即为至少有 1 门高炮击中敌机的概率.

解 (1)设敌机被第 k 门高炮击中的事件为 $A_k(k=1,2,3,4,5)$,那么 5 门高炮都未击中敌机的事件为 $\overline{A_1}\,\overline{A_2}\,\overline{A_3}\,\overline{A_4}\,\overline{A_5}$.

因为事件 A_1,A_2,A_3,A_4,A_5 相互独立,所以敌机未被击中的概率为

$$P(\overline{A_1}\,\overline{A_2}\,\overline{A_3}\,\overline{A_4}\,\overline{A_5})=P(\overline{A_1})P(\overline{A_2})P(\overline{A_3})P(\overline{A_4})P(\overline{A_5})$$

$$=(1-0.2)^5=\left(\frac{4}{5}\right)^5$$

所以敌机未被击中的概率为 $\left(\frac{4}{5}\right)^5$.

(2)至少需要布置 n 门高炮才能有 0.9 以上的概率被击中,仿(1)可得敌机被击中的概率为 $1-\left(\frac{4}{5}\right)^n$.

令 $1-\left(\frac{4}{5}\right)^n\geqslant0.9$,所以 $\left(\frac{4}{5}\right)^n\leqslant\frac{1}{10}$.

两边取常用对数,得 $n\geqslant\dfrac{1}{1-3\lg2}\approx10.3$.

因为 $n\in\mathbf{N}^+$,所以 $n=11$.

所以至少需要布置 11 门高炮才能有 0.9 以上的概率击中敌机.

1.4.3 伯努利概型

有了事件独立性的概念,我们就可以讨论试验的独立性.在本知识点中我们要介绍一类特殊的试验——伯努利试验.若试验 E 只有两个可能的结果:事件 A 发生(记为 A)或事件 A 不发生(记为 $\overline{A}$),那么称 E 为一个伯努利(Bernoulli)试验,且常称 A 为"成功"事件.设 $P(A)=p(0<p<1)$,$P(\overline{A})=1-p=q$,将一个伯努利试验独立重复地进行 n 次所构成的概率模型称为 n **重伯努利试验**,或简称为**伯努利概型**.

n 重伯努利试验是一种很重要的数学模型,在实际问题中具有广泛的应用.比如,掷一颗骰子的试验就是伯努利试验,掷 n 次就是 n 重伯努利试验.还有,对任一事件 A,若试验的目的只是观察 A 发生与否,那么独立地做 n 次试验或观察就构成一个 n 重伯努利试验.

关于 n 重伯努利试验,我们不加证明地给出以下重要结论:

定理 1.6(伯努利定理) 设在一次试验中,事件 A 发生的概率为 $p(0<p<1)$,则在 n 重伯努利试验中,事件 A 恰好发生 k 次的概率为

$$P\{X=k\}=C_n^k p^k(1-p)^{n-k},\quad k=0,1,\cdots,n$$

因为 $C_n^k p^k q^{n-k}$ 是二项展开公式 $(p+q)^n=\sum_{k=0}^{n}C_n^k p^k q^{n-k}$ 的一般项,因此常把这个公式称为二项概率公式.

推论 1.1 设在一次试验中,事件 A 发生的概率为 $p(0<p<1)$,则在 n 重伯努利试验中,事件 A 在第 k 次试验中才首次发生的概率为

$$p (1-p)^{k-1}, \quad k=0,1,\cdots,n$$

注意到"事件 A 第 k 次试验才首次发生"等价于在前 k 次试验组成的 k 重伯努利试验中"事件 A 在前 $k-1$ 次试验中均不发生而第 k 次试验中事件 A 发生",再由伯努利定理即推得.

【例 1.29】 一批产品的废品率为 0.1,现做 3 次有放回抽样,每次一件.求 3 次中恰有 2 次取到废品的概率.

解 对于每一件产品来说,它只有两种可能:废品或正品.现做 3 次有放回抽样,每次一件,显然这是一个三重伯努利试验问题,此时

$$p=0.1, \quad q=1-p=0.9$$

因此 3 次中恰有 2 次取到废品的概率是

$$P_3(2)=C_3^2 p^2(1-p)^{3-2}=3 \times 0.1^2 \times 0.9=0.027$$

【例 1.30】 一条自动生产线上产品的一级品率为 0.6,现在检查了 10 件,求至少有 2 件一级品的概率.

解 设事件 $B=$"10 件中至少有 2 件一级品".

对每一件产品来讲,它只有两种结果:一级品或非一级品,而且每个产品是否为一级品是相互独立的.检查一次为一级品的概率 $p=0.6$.因此,10 件产品中有 k 件一级品的概率为

$$P_{10}(k)=C_{10}^k p^k(1-p)^{10-k}=C_{10}^k 0.6^k 0.4^{10-k}$$

因此　　$$P(B)=\sum_{k=2}^{10} P_{10}(k)=1-P_{10}(0)-P_{10}(1)$$
$$=1-C_{10}^0 0.6^0 \times 0.4^{10}-C_{10}^1 0.6^1 0.4^9=0.998$$

习题 1.4

1. 从一副不含大小王的扑克牌中任取一张,记 $A=$"抽到 K",$B=$"抽到的牌是黑色的",事件 A、B 是否独立?

2. 2 门高射炮彼此独立地射击一架敌机,设甲炮击中敌机的概率为 0.9,乙炮击中敌机的概率为 0.8,求敌机被击中的概率.

3. 3 人独立译某一密码,他们能译出的概率分别为 $1/3,1/4,1/5$,求能将密码译出的概率.

4. 已知甲、乙两袋中分别装有编号为 $1,2,3,4$ 的 4 个球.今从甲、乙两袋中各取出一球,设 $A=\{$从甲袋中取出的是偶数号球$\}$,$B=\{$从乙袋中取出的是奇数号球$\}$,$C=\{$从两袋中取出的都是偶数号球或都是奇数号球$\}$,试证 A,B,C 两两独立但不相互独立.

5. 设某型号的高射炮发射一发炮弹击中飞机的概率为 0.6,现在用此型号的炮若干门同时各发射一发炮弹,问至少需要设置几门高射炮才能以不小于 0.99 的概率击中来犯的敌机(各门高射炮的射击相互独立).

6. 某人过去射击的成绩是每射 5 次总有 4 次命中目标,根据这一成绩,求:(1) 射击 3 次皆中目标的概率;(2) 射击 3 次有且只有 2 次命中目标的概率;(3) 射击 3 次至少有 2

次命中目标的概率.

7. 甲、乙、丙三射手同设一靶,设甲、乙、丙命中率各为 0.5、0.6、0.8;并设各人中靶的事件为独立事件,则:(1) 各射一发,求靶面恰中一发的概率;(2) 各射一发,求没有人命中靶的概率;(3) 若靶面恰中一发,求是由甲命中的概率.

8. 某车间有 12 台车床,每台车床由于种种原因,时常需要停车,设各台车床的停车或开车是相互独立的,若每台车床在任意时刻处于停车状态的概率为 1/3,求任意时刻车间里有 2 台车床处于停车状态的概率.

9. 用一门大炮对某目标进行 3 次独立射击,第一、二、三次的命中率分别为 0.4、0.5、0.7,若命中此目标一、二、三弹,该目标被摧毁的概率分别为 0.2、0.6 和 0.8,试求此目标被摧毁的概率.

10. 甲、乙、丙 3 位同学完成 6 道数学自测题,他们及格的概率依次为 4/5、3/5、7/10,求:(1) 3 人中有且只有 2 人及格的概率;(2) 3 人中至少有 1 人不及格的概率.

自测题 1

一、选择题

1. 设当事件 A 与 B 同时发生时 C 也发生,则(　　　).
   - A. $A \cup B$ 是 C 的子事件
   - B. $\overline{ABC}$ 或 $\overline{A} \cup \overline{B} \cup \overline{C}$
   - C. AB 是 C 的子事件
   - D. C 是 AB 的子事件

2. 从甲口袋内摸出 1 个白球的概率是 $\frac{1}{3}$,从乙口袋内摸出 1 个白球的概率是 $\frac{1}{2}$,从两个口袋内各摸出 1 个球,那么 $\frac{5}{6}$ 等于(　　　).
   - A. 2 个球都是白球的概率
   - B. 2 个球都不是白球的概率
   - C. 2 个球不都是白球的概率
   - D. 2 个球中恰好有 1 个是白球的概率

3. 设事件 A,B 满足 $P(B|A)=1$,则(　　　).
   - A. A 为必然事件
   - B. $P(B|\overline{A})=0$
   - C. $A \supset B$
   - D. $A \subset B$

4. 设 A,B,C 为 3 个相互独立的事件,且 $0<P(C)<1$,则不独立的事件为(　　　).
   - A. $\overline{A+B}$ 与 C
   - B. $\overline{AC}$ 与 $\overline{C}$
   - C. $\overline{A-B}$ 与 $\overline{C}$
   - D. $\overline{AB}$ 与 $\overline{C}$

5. 抛掷一颗骰子一次,记 A 表示事件"出现偶数点",记 B 表示事件"出现 3 点或 6 点",则事件 A 与 B 的关系是(　　　).
   - A. 相互互斥事件
   - B. 相互独立事件
   - C. 相互互斥事件且相互独立事件
   - D. 不互斥事件且不独立事件

6. 将一部四卷的文集任意排放在书架的同一层上,则卷序自左向右或自右向左恰好为 1,2,3,4 的概率为(　　　).
   - A. $\frac{1}{8}$
   - B. $\frac{1}{12}$
   - C. $\frac{1}{16}$
   - D. $\frac{1}{24}$

7. 甲、乙、丙射击命中目标的概率分别为 $\frac{1}{2}$、$\frac{1}{4}$、$\frac{1}{12}$,现在 3 人射击一个目标各一次,目标被射中的概率是(　　).

  A. $\frac{1}{96}$ B. $\frac{47}{96}$ C. $\frac{21}{32}$ D. $\frac{5}{6}$

8. 先后抛掷 2 颗骰子,设出现的点数之和为 12,11,10 的概率依次为 P_1,P_2,P_3,则(　　).

  A. $P_1=P_2<P_3$ B. $P_1<P_2=P_3$

  C. $P_1<P_2<P_3$ D. $P_3=P_2<P_1$

9. (2009 年考研)设事件 A,B 互不相容,则(　　).

  A. $P(\overline{A}\,\overline{B})=0$ B. $P(AB)=P(A)P(B)$

  C. $P(\overline{A})=1-P(B)$ D. $P(\overline{A}\cup\overline{B})=1$

10. (2007 年考研)某人向一目标独立重复地射击,每次射击命中目标的概率为 p,则此人 4 次射击中恰好命中目标 2 次的概率是(　　).

  A. $3p(1-p)^2$ B. $6p(1-p)^2$

  C. $3p^2(1-p)^2$ D. $6p^2(1-p)^2$

二、填空题

1. 设 A、B 为两个事件,若 $P(B)=0.7$,$P(B-A)=0.3$,则 $P(\overline{AB})=$ _____.

2. 若事件 A、B 互斥,且 $P(A\cup B)=0.8$,$P(A)=0.2$,则 $P(B)=$ _____.

3. 若事件 A、B 相互独立,且 $P(A)=0.25$,$P(B)=0.5$,则 $P(A-B)=$ _____.

4. 设 A、B 为两事件,且 $P(A)=p$,$P(AB)=P(\overline{A}\,\overline{B})$,则 $P(B)=$ _____.

5. 袋中有 1 只白球,2 只红球,甲、乙、丙 3 人依次有放回抽取一球,丙取到白球的概率为 _____.

6. 袋中有 8 只白球,2 只红球,甲、乙 2 人依次不放回抽取一球,甲、乙各取到红、白球的概率为 _____.

7. 设 3 次独立试验中,事件 A 出现的概率相等,若已知 A 至少出现一次的概率等于 19/27,则事件 A 在一次试验中出现的概率为 _____.

8. 甲、乙 2 人独立地对同一目标射击一次,其命中率分别为 0.6 和 0.5. 现已知目标被击中,则它是被甲、乙同时击中的概率为 _____.

9. (2012 年考研)设 A,B,C 是随机事件,A,C 互不相容,$P(AB)=\frac{1}{2}$,$P(C)=\frac{1}{3}$,则 $P(AB\overline{C})=$ _____.

10. (2000 年考研)设 2 个相互独立的事件 A、B 都不发生的概率为 $\frac{1}{9}$,A 发生 B 不发生的概率与 B 发生 A 不发生的概率相等,则 $P(A)=$ _____.

三、应用题

1. 指出下列事件是必然事件,不可能事件,还是随机事件:

(1) 在 1 个大气压下,水加热到 100℃沸腾;

(2) 同一门炮向同一目标发射多发炮弹,其中 50%的炮弹击中目标;

（3）某人给其朋友打电话,却忘记了朋友电话号码的最后一个数字,就随意在键盘上按了一串数字,恰巧是朋友的电话号码;

（4）技术充分发达后,不需要任何能量的"永动机"将会出现.

2. （1990 年考研）从 $0,1,\cdots,9$ 等 10 个数字中任意选出 3 个不同的数字,求下列事件的概率:A_1="3 个数字中不含 0 与 5",A_2="3 个数字中含 0 但不含 5".

3. 甲、乙 2 人独立地同时对同一目标射击一次,其命中率分别为 0.6 和 0.5,现在已知目标被命中,求它是甲射中的概率.

4. 从 5 双不同号码的鞋子中任取 4 只,求 4 只鞋子中至少有 2 只配成一双的概率.

5. 2 人相约 7～8 点在某地会面,先到者等候另一人 20 分钟,这时可以离去,试求这 2 人能会面的概率.

6. 从 1,2,3,4,5 五个数字中,任意有放回地连续抽取 3 个数字,求下列事件的概率:

（1）3 个数字完全不同;

（2）3 个数字中不含 1 和 5;

（3）3 个数字中 5 恰好出现 2 次.

7. 袋中有 5 个白球和 3 个黑球,从中任取 2 个球,求:（1）取得的两球同色的概率;（2）取得的两球至少有一个白球的概率.

8. 3 个人独立破译同一密码,他们能独立译出的概率分别是 0.2,0.5,0.4,求此密码被译出的概率.

9. 袋中装有 8 只红球,2 只黑球,每次从中任取一球,不放回地连续取两次,求下列事件的概率.（1）取出的 2 只球都是红球;（2）取出的 2 只球都是黑球;（3）取出的 2 只球一只是红球,一只是黑球;（4）第二次取出的是红球.

10. 某种仪器上装有大、中、小 3 个不同功率的灯泡,已知当 3 个灯泡完好时,仪器发生故障的概率仅为 1%,当烧坏一个灯泡时,仪器发生故障的概率为 25%,当烧坏 2 个灯泡及 3 个灯泡时,仪器发生故障的概率分别为 65% 和 90%,设每个灯泡被烧坏与否互不影响,并且它们被烧坏的概率分别为 0.1,0.2,0.3,求仪器发生故障的概率.

11. （1998 年考研）玻璃杯成箱出售,每箱 20 只,假设各箱含 0,1,2 只次品的概率分别为 0.8,0.1 和 0.1,一顾客欲购一箱玻璃杯,在购买时,售货员随意取一箱,而顾客开箱随机地查看 4 只,若无次品,则买下该箱玻璃杯,否则退回.试求:（1）顾客买下该箱的概率;（2）在顾客买下的一箱中,确实没有次品的概率.

12. 设有甲、乙、丙 3 门炮,同时独立地向某目标射击,各炮的命中率分别为 0.2,0.3 和 0.5,目标被命中一发而被击毁的概率为 0.2,被命中两发而被击毁的概率为 0.6,被命中三发而被击毁的概率为 0.9,求:（1）3 门炮在一次射击中击毁目标的概率;（2）在目标被击毁的条件下,只由甲炮击中的概率.

13. 在空战训练中,甲机先向乙机开火,击落乙机的概率为 0.2;若乙机未被击落,就进行还击,击落甲机的概率是 0.3;若甲机也没被击落,则再进攻乙机,此时击落乙机的概率是 0.4,求这几个回合中:（1）甲机被击落的概率;（2）乙机被击落的概率.

14. 有枪 8 支,其中 5 支经过试射校正,校正过的枪,击中靶的概率为 0.8,未经校正的枪,击中靶的概率是 0.3.今任取一支枪射击,结果击中靶,问此枪为校正过的概率是多少.

15. 已知每枚地对空导弹击中敌机的概率为 0.96,问需要发射多少枚导弹才能保证至少有一枚导弹击中敌机的概率大于 0.999.

16. 某人向一目标独立重复射击,每次射击命中目标的概率为 $p(0<p<1)$,求此人第 4 次射击恰好第 2 次命中目标的概率为多少.

17. 某仓库有同样规格的产品 6 箱,其中 3 箱是甲厂生产的,2 箱是乙厂生产的,另一箱是丙厂生产的,且它们的次品率依次为 1/11,1/10,1/25,现从中任取一件产品,试求该件产品为正品的概率.

18. 一学生接连参加同一课程的 2 次考试,第 1 次及格的概率为 p,若第 1 次及格,则第 2 次及格的概率也为 p;若第 1 次不及格,则第 2 次及格的概率为 $p/2$,(1) 若至少有一次及格,则他能取得某种资格,求他取得该资格的概率;(2) 若已知他第 2 次已及格,求他第 1 次及格的概率.

19. (1998 年考研)设有来自 3 个地区的各 10 名、15 名和 25 名考生的报名表,其中女生的报名表分别为 3 份、7 份和 5 份.随机地取一个地区的报名表,从中先后抽出 2 份.(1) 求先抽到的一份是女生表的概率 p;(2) 已知后抽到的一份是男生表,求先抽到的一份是女生表的概率 q.

20. (1996 年考研)考虑一元二次方程 $x^2+Bx+C=0$,其中 B、C 分别是将一枚骰子连掷两次先后出现的点数,求该方程有实根的概率 p 和有重根的概率 q.

第2章 随机变量及其分布

为了进一步从数量上研究随机现象的统计规律性,建立起一系列有关的公式与定理,以便更好地分析、解决各种与随机现象有关的实际问题,有必要把随机试验的结果或事件数量化,即把样本空间中的样本点与实数联系起来,建立起某种对应关系.

本章首先引入随机变量的概念,包括离散型随机变量及其分布律,连续型随机变量及其概率密度、分布函数.

2.1 随机变量及其分布规律

2.1.1 随机变量的概念

在第1章里,我们看到在随机现象中,有很大一部分问题与实数之间存在着某种客观的联系.例如,在产品检验抽样中出现的废品数,在电话问题中某一段时间内的话务量等.对于这类随机现象,其试验结果显然可以用数值来描述,并且随着试验的结果不同而取不同的 $X=X(e)$ 数值.然而,有些初看起来与数值无关的随机现象,也常常能联系数值来描述.现在来讨论如何引入一个法则,将随机变量的每一个结果,即样本空间 S 的每一个元素 e 与实数 x 对应起来,从而引入随机变量的概念.

【例2.1】 考察"抛一枚硬币"的试验,它有两种可能的结果:$e_1=$"正面朝上",$e_2=$"反面朝上".我们将试验的每一个结果用一个实数 X 来表示,例如正面朝上记1,反面朝上记0.这样就建立了一种数量化的关系,可以表示为

$$X=X(e)=\begin{cases}1, & \text{当 } e=e_1 \\ 0, & \text{当 } e=e_2\end{cases}$$

可见这是样本空间 $S=\{e_1,e_2\}$ 与实数子集 $\{0,1\}$ 之间的一种对应关系.

【例2.2】 考察"射击一目标,第一次命中时所需要射击的次数"的试验.它有可列个结果:$e_i=$"射击了 i 次",$i=1,2,3,\cdots$.如果用 X 表示所需射击的次数,就引入了一个变量 X,它满足 $X=X(e)=i$,当 $e=e_i$ 时$(i=1,2,3,\cdots)$.

可见这是样本空间 $S=\{e_1,e_2,e_3,\cdots\}$ 与自然数集之间的一种对应关系.

由于试验结果具有随机性,由此通过 $X=X(e)$ 所确定的变量 X 的取值通常是随机的,称之为随机变量.下面我们给出随机变量的定义.

定义2.1 设 $X=X(e)$ 是定义在样本空间 S 上的实值单值函数,称 $X=X(e)$ 为**随机变量**.常用大写字母 X,Y,Z 等表示随机变量,用小写字母 x,y,z 等表示随机变量的值.图2-1给出了样本点 e 与实数 $X=X(e)$ 对应的示意图.

注意:(1)随机变量不是普通变量,它的取值随试验的结果而定,而试验的各个结果的出现有一定的概率,因而随机变量的取值有一定的概率.例如,在例2.1中,$P(X=1)=\frac{1}{2}$,$P(X=0)=\frac{1}{2}$.

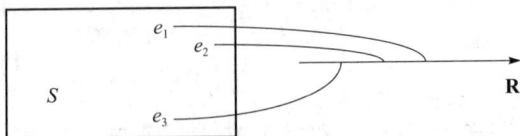

图 2-1

（2）引入随机变量后，可用随机变量来描述事件. 例如，掷骰子，设出现的点数为随机变量 X，则"出现 4 点"可以表示为"$X=4$"，"不少于 4 点"可以表示为"$X \geqslant 4$".

依据随机变量的取值不同，随机变量有两种类型，一种是离散型随机变量，其可能的取值为有限或可列个；一种是非离散型随机变量，它可以在整个数轴上取值，或至少有一部分取某实数区间的全部值. 非离散型随机变量的范围很广，情况比较复杂，它包括连续型和混合型. 其中最重要且在实际中常遇到的是连续型随机变量. 本书只研究离散型和连续型随机变量两种.

2.1.2　随机变量的分布函数

为了掌握随机变量的分布规律，就必须研究随机变量取各种可能值的概率分布情况.

因为在实际应用中，我们感兴趣的往往不是随机变量 X 取什么值，而是关心它取某个值的概率是多大，为此引入了随机变量的分布函数的概念.

定义 2.2　设 X 是一个随机变量，称
$$F(x) = P(X \leqslant x), \quad -\infty < x < +\infty$$
为 X 的分布函数. 有时记作 $X \sim F(x)$ 或 $F_X(x)$.

分布函数是一个以全体实数为定义域，以事件 $X \leqslant x$ 的概率为函数值的函数.

【例 2.3】　在掷硬币打赌试验中，规定出现正面赢 1 元，出现反面输 1 元，以 X 表示赢钱数（单位元），试求 X 的分布函数.

解　X 表示赢钱数，我们把赢 1 元看做是 $+1$，输 1 元看做是 -1，对任一 $x \in (-\infty, +\infty)$，有

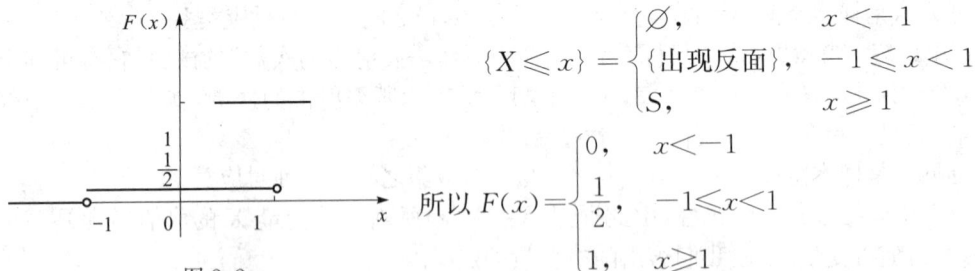

图 2-2

$$\{X \leqslant x\} = \begin{cases} \varnothing, & x < -1 \\ \{出现反面\}, & -1 \leqslant x < 1 \\ S, & x \geqslant 1 \end{cases}$$

所以 $F(x) = \begin{cases} 0, & x < -1 \\ \dfrac{1}{2}, & -1 \leqslant x < 1 \\ 1, & x \geqslant 1 \end{cases}$

$F(x)$ 的图形如图 2-2 所示.

【例 2.4】　等可能向区间 $[a, b]$ 随机投点，以 X 表示落点坐标位置. 求 X 的分布函数.

解　当 $x < a$ 时，$\{X \leqslant x\}$ 是不可能事件，故 $F(x) = P(X \leqslant x) = 0$.

当 $a \leqslant x < b$ 时，$\{X \leqslant x\} = \{a \leqslant X < x\}$，故由几何概型知
$$F(x) = P(a \leqslant X < x) = \frac{x-a}{b-a}$$

当 $x \geqslant b$ 时, $\{X \leqslant x\}$ 是必然事件, 故 $F(x) = P(X \leqslant x) = 1$.

综上, X 的分布函数为 $F(x) = \begin{cases} 0, & x < a \\ \dfrac{x-a}{b-a}, & a \leqslant x < b \\ 1, & x \geqslant b \end{cases}$

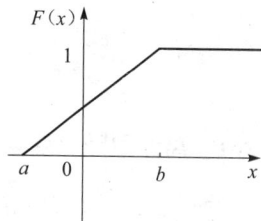

图 2-3

$F(x)$ 的图形如图 2-3 所示.

随机变量的分布函数 $F(x)$ 具有以下基本性质:

(1) $0 \leqslant F(x) \leqslant 1$;

(2) 单调非减, 若 $x_1 < x_2$, 则 $F(x_1) \leqslant F(x_2)$;

(3) $F(-\infty) = \lim\limits_{x \to -\infty} F(x) = 0$, $F(+\infty) = \lim\limits_{x \to +\infty} F(x) = 1$;

(4) 右连续性, 即 $\lim\limits_{x \to x_0^+} F(x) = F(x_0)$.

由分布函数的定义, 若随机变量 X 的分布函数已知, 则 X 取各种值的概率可以很容易得出, 如 $P\{a < X \leqslant b\} = F(b) - F(a)$,

$$P\{X > a\} = 1 - P(X \leqslant a) = 1 - F(a)$$

习题 2.1

1. 已知集合 $A = \{2, 4, 6, 8, 10\}$, 从集合 A 中任意取一个大于 5 的数, 这个数是否为随机变量? 若是随机变量, 指出它的可能取值, 并说明每一个可能的取值表示的随机试验的结果.

2. 写出下列各随机变量可能取的值, 并表示随机试验的结果:

(1) 从 $1, 2, 3, 4$ 中任取两个数, 所得的这两个数的积 X;

(2) 从装有 5 个黑球、4 个白球的口袋中, 任意取出 4 个球, 其中黑球的个数 X;

(3) 某次产品检验, 在包含有 3 件次品的 10 件产品中任意抽取 2 件, 其中含有次品的件数 X.

3. 判别下列函数是否为某随机变量的分布函数.

(1) $F(x) = \begin{cases} 0, & x < -2, \\ 1/2, & -2 \leqslant x < 0, \\ 1, & x \geqslant 0; \end{cases}$

(2) $F(x) = \begin{cases} 0, & x < 0, \\ \sin x, & 0 \leqslant x < \pi, \\ 1, & x \geqslant \pi; \end{cases}$

(3) $F(x) = \begin{cases} 0, & x < 0, \\ x + 1/2, & 0 \leqslant x < 1/2, \\ 1, & x \geqslant 1/2. \end{cases}$

4. 机房内有两台设备, 令 X 表示某时间内发生故障的设备数, 并知 $P\{X=0\} = 0.5$, $P\{X=1\} = 0.3$, $P\{X=2\} = 0.2$, 求 X 的分布函数 $F(x)$.

2.2 离散型随机变量及其分布律

2.2.1 离散型随机变量及其分布律的概念

定义 2.3 如果随机变量的所有可能取值是有限多个或可列无限多个,这样的随机变量称为**离散型随机变量**.

如掷一枚骰子,观察出现的点数.随机变量 X 所有可能结果可以用 $1,2,3,4,5,6$ 这 6 个数字来表示,它是一个离散型的随机变量.

定义 2.4 设离散型随机变量 X 所有可能取的值为 $x_k(k=1,2,\cdots)$,X 取各可能值的概率

$$P(X=x_k)=p_k, \quad k=1,2,\cdots$$

称为随机变量 X 的**概率分布**(或**分布律**).

为了直观,分布律也可以用表格的形式表示(表 2-1).

表 2-1

X	x_1	x_2	$\cdots$	x_k	$\cdots$
P	p_1	p_2	$\cdots$	p_k	$\cdots$

由概率的定义知,离散型随机变量 X 的概率分布具有以下两个性质:

(1) $p_k \geqslant 0, k=1,2,\cdots$;

(2) $\sum\limits_k p_k = 1$.

【例 2.5】 一袋中装有 6 个球,编号为 $\{1,1,1,2,2,3\}$,从袋中任取一球,用 X 表示取到的球上的编号,求 X 的分布律.

解 因为 X 可取的值为 $1,2,3$,而

$$P(X=1)=3/6=1/2, \quad P(X=2)=2/6=1/3, \quad P(X=3)=1/6$$

所以 X 的分布律如表 2-2 所示.

表 2-2

X	1	2	3
P	1/2	1/3	1/6

【例 2.6】 随机变量 X 的概率分布律为 $P(X=k)=\dfrac{k}{c}$,其中 $k=1,2,3,4$. 求:(1) 常数 c;(2) $P\left(\dfrac{1}{2}<X<\dfrac{5}{2}\right)$;(3) $P(1\leqslant X\leqslant3)$.

解 (1)利用随机变量概率分布的性质去求解,根据性质有

$$\frac{1}{c}+\frac{2}{c}+\frac{3}{c}+\frac{4}{c}=1, \quad 得 c=10$$

(2)计算概率 $P\left(\dfrac{1}{2}<X<\dfrac{5}{2}\right)$ 时,满足条件的随机变量 X 取值为 $1,2$,则

$$P\left(\frac{1}{2}<X<\frac{5}{2}\right)=P(X=1)+P(X=2)$$

$$=\frac{1}{10}+\frac{2}{10}=\frac{3}{10}$$

(3) $P(1\leqslant X\leqslant 3)=P(X=1)+P(X=2)+P(X=3)$

$$=\frac{1}{10}+\frac{2}{10}+\frac{3}{10}=\frac{3}{5}$$

【例 2.7】 设随机变量 X 的分布律如表 2-3 所示.

表 2-3

X	-1	2	3
P	$\frac{1}{4}$	$\frac{1}{2}$	$\frac{1}{4}$

求 X 的分布函数,并求 $P\left\{X\leqslant\frac{1}{2}\right\},P\left\{\frac{3}{2}<X\leqslant\frac{5}{2}\right\},P\{2\leqslant X\leqslant 3\}$.

解 由概率的有限可加性,得所求分布函数为

$$F(x)=\begin{cases}0, & x<-1\\ P\{X=-1\}, & -1\leqslant x<2\\ P\{X=-1\}+P\{X=2\}, & 2\leqslant x<3\\ 1, & x\geqslant 3\end{cases}$$

即

$$F(x)=\begin{cases}0, & x<-1\\ \dfrac{1}{4}, & -1\leqslant x<2\\ \dfrac{3}{4}, & 2\leqslant x<3\\ 1, & x\geqslant 3\end{cases}$$

$$P\left\{X\leqslant\frac{1}{2}\right\}=F\left(\frac{1}{2}\right)=\frac{1}{4}$$

$$P\left\{\frac{3}{2}<X\leqslant\frac{5}{2}\right\}=F\left(\frac{5}{2}\right)-F\left(\frac{3}{2}\right)=\frac{3}{4}-\frac{1}{4}=\frac{1}{2}$$

$$P\{2\leqslant X\leqslant 3\}=F(3)-F(2)+P(X=2)=1-\frac{3}{4}+\frac{1}{2}=\frac{3}{4}$$

一般地,设离散型随机变量 X 的分布律为 $P(X=x_k)=p_k(k=1,2,\cdots)$,根据概率的可列可加性得 X 的分布函数为

$$F(x)=\sum_{x_k\leqslant x}p_k \tag{2-1}$$

下面介绍几种常见的离散型随机变量及其分布.

2.2.2 常见的离散型随机变量

1. (0—1)分布

设随机变量 X 只可能取 0 和 1 两个值,它的分布律是

$$P(X=k)=p^k(1-p)^{1-k}, \quad k=0,1, \quad 0<p<1$$

则称 X 服从参数为 p 的 $(0-1)$**分布**或**两点分布**.

$(0-1)$ 分布的分布律也可写成表 2-4 形式.

表 2-4

X	0	1
P	$1-p$	p

对于一个随机试验,如果它的样本空间只包含两个元素,即 $S=\{e_1,e_2\}$,则这个试验就可以确定一个服从两点分布的随机变量. 例如抛硬币观察正反的试验,产品质量是否合格的试验,观察新生儿性别的试验等都可以用两点分布的随机变量来描述.

2. 二项分布

设随机变量 X 的概率分布为

$$P(X=k)=C_n^k p^k q^{n-k}, \quad k=0,1,2,\cdots,n$$

其中 $0<p<1,q=1-p$,则称 X 服从参数为 n,p 的**二项分布**,记为 $X\sim B(n,p)$.

一般地,在 n 重伯努利试验中,事件 A 恰好发生 k 次的概率为

$$P\{X=k\}=C_n^k p^k(1-p)^{n-k}, \quad k=0,1,\cdots,n$$

用 X 表示在 n 重伯努利试验中,事件 A 发生的次数,则 $X\sim B(n,p)$.

特别地,当 $n=1$ 时二项分布化为

$$P(X=k)=p^k q^{1-k}, \quad k=0,1$$

就是 $(0-1)$ 分布.

【**例 2.8**】 据报道,有 10% 的人对某药有胃肠道反应. 为考察某厂的产品质量,现任选 5 人服用此药. 试求

(1) k 人有反应的概率 $(k=0,1,2,3,4,5)$;

(2) 不多于 2 个人有反应的概率;

(3) 有人有反应的概率.

解 (1) 用 X 表示有反应的人数,则 X 服从二项分布 $B(5,0.10)$.

因为 $\qquad\qquad P\{X=k\}=C_5^k(0.10)^k(0.90)^{5-k}$,

所以 X 的分布列为

$$\begin{pmatrix} 0 & 1 & 2 & 3 & 4 & 5 \\ 0.59049 & 0.32805 & 0.07290 & 0.00810 & 0.00045 & 0.00001 \end{pmatrix}$$

(2) 不多于 2 个人有反应的概率为 $P\{X\leqslant 2\}$.

$$\begin{aligned} P\{X\leqslant 2\} &= P\{X=0\}+P\{X=1\}+P\{X=2\} \\ &= 0.59049+0.32805+0.07290=0.99144 \end{aligned}$$

(3) 有人有反应的概率为 $P\{X\geqslant 1\}$.

$$\begin{aligned} P\{X\geqslant 1\} &= \sum_{k=1}^{5} P\{X=k\} = 0.32805+0.07290 \\ &\quad +0.00810+0.00045+0.00001=0.40951 \end{aligned}$$

或　　　　　　　$P\{X \geqslant 1\} = 1 - P\{X = 0\} = 1 - 0.59049 = 0.40951$

【例 2.9】　某人对一目标射击 400 次,设每次射击的命中率为 0.02,且各次射击之间是相互独立的,试求至少 2 次击中目标的概率.

解　设 400 次射击中,击中目标的次数为 X,则 $X \sim B(400, 0.02)$. 于是所求概率为

$$P(X \geqslant 2) = 1 - P(X < 2) = 1 - \sum_{k=0}^{1} C_{400}^{k} (0.02)^{k} (0.98)^{400-k} \approx 0.9972$$

3. 泊松分布

设随机变量 X 的分布律为

$$P(X = k) = \frac{\lambda^k}{k!} e^{-\lambda}, \quad k = 0, 1, 2, \cdots$$

其中 $\lambda > 0$ 是常数,则称 X 服从参数为 λ 的**泊松分布**,记为 $X \sim P(\lambda)$.

下面来介绍一个用泊松分布来逼近二项分布的定理.

定理 2.1　设随机变量 X 服从二项分布 $B(n, p_n)$,且若 $n \to +\infty$ 时,$nP_n \to \lambda (\lambda > 0$ 是常数),则有

$$\lim_{n \to +\infty} P(X = k) = \lim_{n \to +\infty} C_n^k p_n^k (1 - p_n)^{n-k} = \frac{\lambda^k}{k!} e^{-\lambda}, \quad k = 1, 2, \cdots$$

注:(1) 当 n 很大而 p 较小时,有 $C_n^k p^k (1-p)^{n-k} \approx \dfrac{\lambda^k e^{-\lambda}}{k!}$,其中 $\lambda = np$. 在实际计算时,只要 $n \geqslant 20$,$p \leqslant 0.05$ 时,即可用此近似计算公式.

(2) 该定理说明,在适当的条件下,二项分布的极限分布是泊松分布.

泊松分布在各领域中有着广泛的应用. 例如某段时间内电话机接到的呼唤次数,候车的乘客数,放射性物质在某段时间内放射的粒子数,纺纱机的断头数,某页书上的印刷错误的个数等都可以用泊松分布来描述. 前面已知当 n 较大、p 很小,且 np 是一个大小适当的数时,可以用泊松分布近似公式

$$C_n^k p^k (1 - p)^{n-k} \approx \frac{\lambda^k}{k!} e^{-\lambda}$$

代替二项分布(取 $\lambda = np$).

【例 2.10】　一本 500 页的书,共 500 错字,每个字等可能地出现在每一页上,求在给定的某一页上最多 2 个错字的概率.

解　设 X 表示在给定的某一页上出现的错字的个数,则 $X \sim B(500, 1/500)$,因为 n 很大,$np = 1$,所以可以用泊松分布近似计算,依题意

$$P(X \leqslant 2) \approx \sum_{k=0}^{2} \frac{1}{k!} e^{-1} = e^{-1} + e^{-1} + \frac{e^{-1}}{2} = \frac{5}{2} e^{-1} \approx 0.92$$

习题 2.2

1. 一个口袋里有 6 只球,分别标有数字 -3、-3、1、1、1、2,从中任取一个球,用 ξ 表示所得球上的数字,求 ξ 的分布律.

2. 设随机变量 X 服从参数为 λ 的泊松分布,且 $P(X=1) = P(X=2)$,求 $P(X=4)$.

3. 设随机变量 X 的分布律为 $P(X=k)=\dfrac{c}{k(k+1)}, k=1,2,3,\cdots, c$ 为常数,求 $P\left(\dfrac{1}{2}<X<\dfrac{5}{2}\right)$ 的值.

4. 对目标进行 5000 次独立射击,设每次击中的概率为 0.001,求至少有两次命中的概率.

5. 某产品 40 件,其中有次品 3 件,现从中任取 3 件,求:(1) 取出的 3 件产品中所含次品数 X 的分布律;(2) 取出产品中至少有一件次品的概率;(3) 求 X 的分布函数 $F(x)$,并作其图形.

6. 某工厂每天用水量保持正常的概率为 $\dfrac{3}{4}$,求最近 6 天内用水量正常天数 X 的分布律,并求用水量正常天数不少于 5 天的概率.

7. 袋中有 4 个红球,3 个黑球,从袋中随机取球,设取到一个红球得 2 分,取到一个黑球得 1 分,从袋中任取 4 个球,求得分大于 6 分的概率.

8. 某药治某病的治愈率为 p,现用此药治该病 5 例,问治愈 3 例的概率是多少.

9. 袋中装有白球 20 个和黑球 10 个,每次抽一个:(1) 做有放回抽取 5 次,求抽到白球 3 次的概率;(2) 做无放回抽取 5 次,求抽到白球 3 次的概率.

10. 某人在一次试验中遇到危险的概率是 1%,如果他在一年里每天都要独立重复做一次这样的试验,那么他在一年中至少遇到一次危险的概率是多少?

2.3　连续型随机变量及其概率密度

2.3.1　连续型随机变量及其概率密度的概念

设随机变量 X 的分布函数为 $F(x)$,如果存在一个非负可积函数 $f(x)$,使得对于任意实数 x,有

$$F(x)=\int_{-\infty}^{x}f(t)\mathrm{d}t \tag{2-2}$$

则称 X 为**连续型随机变量**,而 $f(x)$ 称为 X 的**概率密度函数**(或**分布密度函数**),简称**概率密度**(或**分布密度**).

由定义可知,连续型随机变量的分布函数是连续函数.

概率密度 $f(x)$ 具有如下性质:

(1) $f(x)\geqslant 0, x\in \mathbf{R}$;

(2) $\displaystyle\int_{-\infty}^{+\infty}f(x)\mathrm{d}x=1$;

任意一个满足以上两个性质的函数,都可以作为某连续型随机变量的密度函数.

(3) 对于任意实数 a,b,且 $a\leqslant b$,有

$$P\{a<X\leqslant b\}=F(b)-F(a)=\int_{a}^{b}f(x)\mathrm{d}x$$

(4) 若 $f(x)$ 在点 x 处连续,则有 $F'(x)=f(x)$;

(5) 若 X 是连续型随机变量,则对于任意实数 a,有 $P\{X=a\}=0$. 即连续型随机变量取某一实数值的概率为零. 因此

$$P\{a<X<b\}=P\{a\leqslant X<b\}=P\{a<X\leqslant b\}=P\{a\leqslant X\leqslant b\}=\int_a^b f(x)\mathrm{d}x$$

同时说明,概率为 0 的事件不一定是不可能事件;同样地,概率为 1 的事件也不一定是必然事件.

(6) 若 $f(x)$ 在点 x 处连续,由中值定理易知,X 落入微小区间 $[x,x+\Delta x]$ 的概率近似为

$$P\{x\leqslant X\leqslant x+\Delta x\}\approx f(x)\Delta x$$

【例 2.11】 设随机变量 X 具有概率密度

$$f(x)=\begin{cases} K\mathrm{e}^{-3x}, & x>0 \\ 0, & x\leqslant 0 \end{cases}$$

(1) 试确定常数 K;(2) 求 $P\{X>0.1\}$;(3) 求 $F(x)$.

解 (1) 由于 $\int_{-\infty}^{+\infty} f(x)\mathrm{d}x=1$,即

$$\int_{-\infty}^{+\infty} f(x)\mathrm{d}x=\int_0^{+\infty} K\mathrm{e}^{-3x}\mathrm{d}x$$

$$=\frac{1}{-3}\int_0^{+\infty} K\mathrm{e}^{-3x}\mathrm{d}(-3x)=\frac{K}{-3}\mathrm{e}^{-3x}\Big|_0^{+\infty}=\frac{K}{3}=1$$

得 $K=3$. 于是 X 的概率密度

$$f(x)=\begin{cases} 3\mathrm{e}^{-3x}, & x>0 \\ 0, & x\leqslant 0 \end{cases}$$

(2) $P\{X>0.1\}=\int_{0.1}^{+\infty} f(x)\mathrm{d}x=\int_{0.1}^{+\infty} 3\mathrm{e}^{-3x}\mathrm{d}x=\mathrm{e}^{-0.3}\approx 0.7408$

(3) 由定义 $F(x)=\int_{-\infty}^x f(t)\mathrm{d}t$. 当 $x\leqslant 0$ 时,$F(x)=0$;当 $x>0$ 时,

$$F(x)=\int_{-\infty}^x f(t)\mathrm{d}t=\int_0^x 3\mathrm{e}^{-3x}\mathrm{d}x=1-\mathrm{e}^{-3x}$$

所以

$$F(x)=\begin{cases} 1-\mathrm{e}^{-3x}, & x>0 \\ 0, & x\leqslant 0 \end{cases}$$

【例 2.12】 设随机变量 X 的分布函数为

$$F(x)=\begin{cases} A+B\mathrm{e}^{-\frac{x^2}{2}}, & x>0 \\ 0, & x\leqslant 0 \end{cases}$$

(1) 试确定常数 A,B;(2) 求 X 的概率密度 $f(x)$.

解 (1) 因为 $F(+\infty)=1$,即 $\lim\limits_{x\to+\infty}(A+B\mathrm{e}^{-\frac{x^2}{2}})=1$,得 $A=1$. 又因为连续型随机变量的分布函数是连续的,所以 $F(x)$ 在 $x=0$ 处连续,从而

$$\lim\limits_{x\to 0^+}F(x)=\lim\limits_{x\to 0^-}F(x)$$

得 $A+B=0$,有 $B=-1$. 即

$$F(x) = \begin{cases} 1-\mathrm{e}^{-\frac{x^2}{2}}, & x>0 \\ 0, & x\leqslant 0 \end{cases}$$

(2) 对 $F(x)$ 求导得 X 的概率密度

$$f(x) = F'(x) = \begin{cases} x\mathrm{e}^{-\frac{x^2}{2}}, & x>0 \\ 0, & x\leqslant 0 \end{cases}$$

2.3.2　常见的连续型随机变量

1. 均匀分布

定义 2.5　设连续型随机变量 X 的概率密度为

$$f(x) = \begin{cases} \dfrac{1}{b-a}, & a<x<b \\ 0, & \text{其他} \end{cases}$$

则称 X 服从区间 (a,b) 上的**均匀分布**,记为 $X\sim U(a,b)$.

易知 $f(x)\geqslant 0$,且 $\displaystyle\int_{-\infty}^{+\infty} f(x)\mathrm{d}x=1$.

由均匀分布的密度函数可求得其分布函数为

$$F(x) = \begin{cases} 0, & x<a \\ \dfrac{x-a}{b-a}, & a\leqslant x<b \\ 1, & x\geqslant b \end{cases}$$

如果 X 服从 (a,b) 上的均匀分布,对于任意满足 $a<c\leqslant d<b$ 的 c,d,有

$$P(c\leqslant X\leqslant d) = \int_c^d f(x)\mathrm{d}x = \frac{d-c}{b-a}$$

该式说明 X 取值 (a,b) 的子区间的概率与子区间的长度有关,而与子区间的具体位置无关.

【例 2.13】　公共汽车站每隔 10 分钟有一辆汽车通过,乘客在 10 分钟内任一时刻到达汽车站是等可能的,求乘客候车不超过 3 分钟的概率.

解　设 X 表示乘客候车时间,则 $X\sim U(0,10)$,X 的密度函数为

$$f(x) = \begin{cases} \dfrac{1}{10}, & 0<X<10 \\ 0, & \text{其他} \end{cases}$$

故 $P(0\leqslant X\leqslant 3) = \displaystyle\int_0^3 \frac{1}{10}\mathrm{d}x = \frac{3}{10}$.

2. 指数分布

定义 2.6　设连续型随机变量 X 的概率密度为

$$f(x) = \begin{cases} \dfrac{1}{\theta} e^{-\frac{x}{\theta}}, & x > 0 \\ 0, & \text{其他} \end{cases}$$

其中 $\theta > 0$ 为常数,则称 X 服从参数为 θ 的**指数分布**,记为 $X \sim E(\theta)$. 其分布函数为

$$F(x) = \begin{cases} 1 - e^{-\frac{x}{\theta}}, & x > 0 \\ 0, & \text{其他} \end{cases}$$

指数分布常用于可靠性统计研究中,也被称为寿命分布,如电子元件的寿命、电话通话的时间、随机服务系统的服务时间等都可近似看作是服从指数分布的. 服从指数分布的随机变量具有以下有趣的性质:

对于任意 $s, t > 0$,有 $P\{X > s + t \mid X > s\} = p\{X > t\}$,称为指数分布的无记忆性. 具有这一性质是指数分布具有广泛应用的重要原因.

【例 2.14】 设顾客在某银行的窗口等待服务的时间 X(分钟)服从 $\theta = 5$ 的指数分布,某顾客在窗口等待服务,若超过 10 分钟,他就离开. 求他未等到服务而离开的概率.

解 因为顾客等待的时间服从指数分布,则其概率密度为

$$f(x) = \begin{cases} \dfrac{1}{5} e^{-\frac{x}{5}}, & x > 0 \\ 0, & \text{其他} \end{cases}$$

所以"他未等到服务而离开"的概率为

$$P(X \geqslant 10) = \int_{10}^{+\infty} f(x)\,\mathrm{d}x = \int_{10}^{+\infty} \frac{1}{5} e^{-\frac{x}{5}}\,\mathrm{d}x = -\left. e^{-\frac{x}{5}} \right|_{10}^{+\infty} = e^{-2} \approx 0.1353$$

3. 正态分布

定义 2.7 设连续型随机变量 X 的概率密度为

$$f(x) = \frac{1}{\sqrt{2\pi}\sigma} e^{-\frac{1}{2\sigma^2}(x-\mu)^2}, \qquad -\infty < x < +\infty$$

其中 $\mu, \sigma (\sigma > 0)$ 为常数,则称 X 服从参数为 μ, σ 的**正态分布**或**高斯分布**,记为 $X \sim N(\mu, \sigma^2)$. 其分布函数为

$$F(x) = \int_{-\infty}^{x} f(t)\,\mathrm{d}t = \frac{1}{\sqrt{2\pi}\sigma} \int_{-\infty}^{x} e^{-\frac{1}{2\sigma^2}(t-\mu)^2}\,\mathrm{d}t$$

正态分布的概率密度 $f(x)$ 的图形如图 2-4 所示,它具有以下的性质:

(1) 曲线关于 $x = \mu$ 对称. 那么对于任意 $h > 0$,有

$$P(\mu - h < X \leqslant \mu) = P(\mu < X \leqslant \mu + h)$$

(2) 当 $x = \mu$ 时取得最大值,$f(\mu) = \dfrac{1}{\sqrt{2\pi}\sigma}$.

x 离 μ 越远,$f(x)$ 的值越小. 表明对于相同长度的区间,离 μ 越远,X 落在该区间上的概率越小.

曲线在 $x = \mu - \sigma$ 和 $x = \mu + \sigma$ 处各有一个拐点,曲线以 x 轴为渐近线.

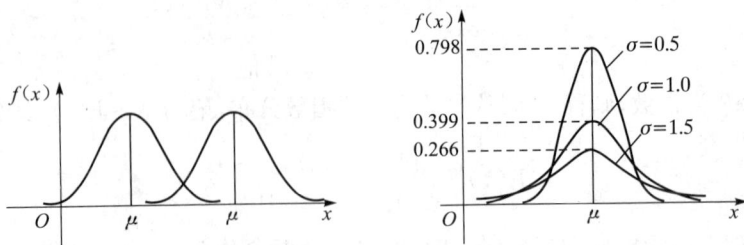

图 2-4

(3) 若 σ 不变,改变 μ 的值,图形的形状不发生改变,只是图形沿 Ox 轴平移,可见 $f(x)$ 的位置完全由参数 μ 所确定,称 μ 为位置参数. 若 μ 不变,改变 σ 的值,由于最大值 $f(\mu)=\dfrac{1}{\sqrt{2\pi}\sigma}$, σ 越小,则 $f(\mu)$ 越大,图形越尖; σ 越大,则 $f(\mu)$ 越小. 可见, $f(x)$ 的形状由参数 σ 所确定,称 σ 为形状参数.

特别地,当 $\mu=0$, $\sigma=1$ 时称 X 服从**标准正态分布**,其概率密度和分布函数分别用 $\varphi(x)$, $\Phi(x)$ 表示,即有

$$\varphi(x) = \frac{1}{\sqrt{2\pi}}\mathrm{e}^{-\frac{x^2}{2}}, \quad \Phi(x) = \frac{1}{\sqrt{2\pi}}\int_{-\infty}^{x}\mathrm{e}^{-\frac{u^2}{2}}\mathrm{d}u$$

易知 $\Phi(-x)=1-\Phi(x)$. 人们已编制了 $\Phi(x)$ 的函数表,可供查用.

【例 2.15】 设 $X\sim N(0,1)$,查表求: $P(X<2.35)$, $P(X<-1.25)$ 以及 $P(|X|<1.55)$.

解　$P(X<2.35)=\Phi(2.35)=0.9906$

$P(X<-1.25)=\Phi(-1.25)=1-\Phi(1.25)=1-0.8944=0.1056$

$P(|X|<1.55)=P(-1.55<X<1.55)=\Phi(1.55)-\Phi(-1.55)$

$=2\Phi(1.55)-1=2\times0.9394-1=0.8788$

一般,若 $X\sim N(\mu,\sigma^2)$,我们只要通过一个线性变换就能将它化成标准正态分布.

定理 2.2　若 $X\sim N(\mu,\sigma^2)$,则 $Z=\dfrac{X-\mu}{\sigma}\sim N(0,1)$.

证　$Z=\dfrac{X-\mu}{\sigma}$ 的分布函数为

$$P(Z\leqslant x)=P\left(\frac{X-\mu}{\sigma}\leqslant x\right)=P(X\leqslant\mu+\sigma x)$$

$$=\frac{1}{\sqrt{2\pi}\sigma}\int_{-\infty}^{\mu+\sigma x}\mathrm{e}^{-\frac{(t-\mu)^2}{2\sigma^2}}\mathrm{d}t$$

令 $\dfrac{t-\mu}{\sigma}=u$,得

$$P(Z\leqslant x)=\frac{1}{\sqrt{2\pi}}\int_{-\infty}^{x}\mathrm{e}^{-\frac{u^2}{2}}\mathrm{d}u=\Phi(x)$$

由此知 $Z=\dfrac{X-\mu}{\sigma}\sim N(0,1)$.

这样正态分布与标准正态分布建立了联系,可以通过标准正态分布来求正态分布的值.

$$F(x) = P(X \leqslant x) = P\left(\frac{X-\mu}{\sigma} \leqslant \frac{x-\mu}{\sigma}\right) = \Phi\left(\frac{x-\mu}{\sigma}\right)$$

$$P(x_1 < X \leqslant x_2) = P\left(\frac{x_1-\mu}{\sigma} < \frac{X-\mu}{\sigma} \leqslant \frac{x_2-\mu}{\sigma}\right) = \Phi\left(\frac{x_2-\mu}{\sigma}\right) - \Phi\left(\frac{x_1-\mu}{\sigma}\right)$$

【例 2.16】 设 $X \sim N(1,2^2)$,求 $P(0 < X \leqslant 5)$.

解 $P(0 < X \leqslant 5) = \Phi\left(\dfrac{5-1}{2}\right) - \Phi\left(\dfrac{0-1}{2}\right) = \Phi(2) - \Phi(-0.5)$

$$= \Phi(2) + \Phi(0.5) - 1$$

$$= 0.9772 + 0.6915 - 1$$

$$= 0.6687$$

尽管服从正态分布 $N(\mu, \sigma^2)$ 的随机变量 X 的取值范围是 $(-\infty, +\infty)$,但 X 落在区间 $(\mu-3\sigma, \mu+3\sigma)$ 内的概率为 0.9974,由此可认为 X 几乎不可能在区间 $(\mu-3\sigma, \mu+3\sigma)$ 之外取值. 这就是人们所说的"3σ 规则".

【例 2.17】 设一批零件的长度 X 服从参数为 $\mu=20, \sigma^2=0.02^2$ 的正态分布,规定长度 X 在 20 ± 0.03 内为合格品,现任取一个零件,问它为合格品的概率.

解 由题意,即求

$$P\{20 - 0.03 < X < 20 + 0.03\} = \Phi\left(\frac{20 + 0.03 - 20}{0.02}\right) - \Phi\left(\frac{20 - 0.03 - 20}{0.02}\right)$$

$$= \Phi(1.5) - \Phi(-1.5)$$

$$= 2\Phi(1.5) - 1 = 0.8664$$

【例 2.18】 将一温度调节器放置在贮存着某种液体的容器内,调节器整定在 d℃,液体的温度 X(以℃计)是一个随机变量,且 $X \sim N(d, 0.5^2)$. (1) 若 $d=90$,求 X 小于 89 的概率;(2) 若要求液体的温度保持在 80℃以上的概率不低于 0.99,问 d 至少为多少.

解 (1) 所求概率为

$$P(X < 89) = P\left(\frac{X-90}{0.5} < \frac{89-90}{0.5}\right) = \Phi\left(\frac{89-90}{0.5}\right) = \Phi(-2)$$

$$= 1 - \Phi(2) = 1 - 0.9772 = 0.0228$$

(2) 根据题意,要求 $P(X > 80) \geqslant 0.99$

$$P(X > 80) = P\left(\frac{X-d}{0.5} > \frac{80-d}{0.5}\right) = 1 - P\left(\frac{X-d}{0.5} \leqslant \frac{80-d}{0.5}\right)$$

$$= 1 - \Phi\left(\frac{80-d}{0.5}\right)$$

即 $$1 - \Phi\left(\frac{80-d}{0.5}\right) \geqslant 0.99$$

有 $\Phi\left(\dfrac{80-d}{0.5}\right) \leqslant 1 - 0.99 = 0.01, \dfrac{80-d}{0.5} \leqslant -2.327, d > 81.1635.$

为了便于今后在数理统计中的应用,对于标准正态分布,我们引入上 α 分位点的定义.

设 $X \sim N(0,1)$,若 Z_α 满足条件

$$P\{X > Z_\alpha\} = \alpha, \quad 0 < \alpha < 1$$

则称点 Z_α 为标准正态分布的上 α 分位点.

显然,由 $\varphi(x)$ 的对称性知 $Z_{1-\alpha}=Z_\alpha$,下面给出常用的 Z_α 值(表 2-5):

表 2-5　常用的 Z_α 值

α	0.001	0.005	0.01	0.025	0.05	0.10
Z_α	3.090	2.576	2.326	1.960	1.645	1.282

习题 2.3

1. 设随机变量 X 的分布函数为 $F(x)=A+B\arctan x$,(1) 求 A,B 的值;(2) 求 $P(-1<X<1)$.

2. 设连续型随机变量 X 的分布函数为

$$F(x)=\begin{cases}0, & x<0 \\ Ax^2, & 0\leqslant x\leqslant 1 \\ 1, & x>1\end{cases}$$

求(1) A 的值;(2) 概率 $P\left(-1<X<\dfrac{1}{2}\right),P\left(\dfrac{1}{3}<X<2\right)$;(3) X 的密度函数.

3. 已知 X 的概率密度函数为 $f(x)=\begin{cases}2x, & 0<x<1 \\ 0, & \text{其他}\end{cases}$,求(1) $P(X\leqslant 0.5)$; (2) $P(X=0.5)$;(3)分布函数 $F(x)$.

4. 设 $X\sim N(2,\sigma^2)$ 且 $P(2<X<4)=0.3$,求 $P(X<0)$.

5. 设 K 在 $(0,5)$ 上服从均匀分布,求方程 $4x^2+4Kx+K+2=0$ 有实根的概率.

6. 一食盐供应站的月销售量 X(百吨)是随机变量,其概率密度为 $f(x)=\begin{cases}2(1-x), & 0<x<1 \\ 0, & \text{其他}\end{cases}$,问每月至少储备多少食盐,才能以 96% 的概率不至于脱销.

7. 设 $X\sim N(3,2^2)$,(1) 确定 c,使得 $P(X\leqslant c)=P(X>c)$;(2) $P(X\geqslant d)\geqslant 0.9$,问 d 至多为多少.

8. 设顾客排队等待服务的时间 X(以分计)服从 $\theta=5$ 的指数分布,某顾客等待服务,若超过 10 分钟他就离开,求他离开的概率是多少.

9. 设一个汽车站上,某路公共汽车每 5 分钟有一辆车到达,设乘客在 5 分钟内任一时刻到达是等可能的,计算在车站候车的 10 位乘客中只有一位等待时间超过 4 分钟的概率.

2.4　随机变量函数的分布

在许多实际问题中,所考虑的随机变量往往依赖于另一个随机变量.例如设 X 是圆柱体的直径,它是随机变量.而圆柱体的横断面面积 Y 也是随机变量.在试验中,当 X 取可能值 x 时,Y 就取得可能值 y.不过 y 不是试验的直接结果,而是通过普通的函数关系 $y=\dfrac{\pi}{4}x^2$ 而得.这时随机变量 Y 是随机变量 X 的函数,记为 $Y=\dfrac{\pi}{4}X^2$.一般地,设 X 是随机变量,则函数 $Y=g(X)$ 也是随机变量.本节将讨论如何从一些随机变量的概率分布导出这些随机变量的函数的概率分布.

2.4.1 离散型随机变量函数的分布

当 X 是离散型随机变量时,$Y=g(X)$ 也是离散型随机变量,这时设随机变量 X 的概率分布如表 2-6 所示.

表 2-6

X	x_1	x_2	x_3	$\cdots$	x_k	$\cdots$
P	p_1	p_2	p_3	$\cdots$	p_k	$\cdots$

当 X 取某值 x_k 时,随机变量 Y 取值 $y_k=g(x_k)$,如果所有 $g(x_k)$ 的值全不相等,则随机变量 Y 的概率分布如表 2-7 所示.

表 2-7

Y	y_1	y_2	y_3	$\cdots$	y_k	$\cdots$
P	p_1	p_2	p_3	$\cdots$	p_k	$\cdots$

如果某些 $y_k=g(x_k)$ 有相同的值,则这些相同的值仅取一次.根据概率加法定理应把相应的概率值 p_k 加起来,就得到 Y 的分布.

【例 2.19】 设 X 的分布律如表 2-8 所示.

表 2-8

X	-1	0	1	2
P	0.1	0.2	0.3	0.4

求(1) $Y=2X-1$ 的分布律;(2) $Y=X^2$ 的分布律.

解 (1) 因为 Y 的可能取值为 $-3,-1,1,3$,而且

$$P\{Y=-3\}=P\{X=-1\}=0.1, \quad P\{Y=-1\}=P\{X=0\}=0.2$$
$$P\{Y=1\}=P\{X=1\}=0.3, \quad P\{Y=3\}=P\{X=2\}=0.4$$

因而,Y 的分布律如表 2-9 所示。

表 2-9

Y	-3	-1	1	3
P	0.1	0.2	0.3	0.4

(2) 类似地可求出 $Y=X^2$ 的分布律如表 2-10 所示.

表 2-10

X^2	$(-1)^2$	0^2	1^2	2^2
P	0.1	0.2	0.3	0.4

因为 Y 的可能取值为 $0,1,4$,而且

$$P\{Y=1\} = P\{X=-1\} + P\{X=1\} = 0.1 + 0.3 = 0.4$$

所以,$Y=X^2$ 的分布律整理如表 2-11 所示.

表 2-11

Y	0	1	4
P	0.2	0.4	0.4

2.4.2 连续型随机变量函数的分布

一般地,连续型随机变量的函数不一定是连续型随机变量,但我们主要讨论连续型随机变量的函数还是连续型随机变量的情形,此时我们不仅希望求出随机变量函数的分布函数,而且还希望求出其概率密度函数.

设已知 X 的分布函数 $F_X(x)$ 或概率密度函数 $f_X(x)$,则随机变量函数 $Y=g(X)$ 的分布函数可按如下方法求得

$$F_Y(y) = P\{Y \leqslant y\} = P\{g(X) \leqslant y\} = P\{X \in C_y\}$$

其中 $C_y = \{x | g(x) \leqslant y\}$.

而 $P\{X \in C_y\}$ 常常可由 X 的分布函数 $F_X(x)$ 来表达或用其概率密度函数 $f_X(x)$ 的积分来表达:

$$P\{X \in C_y\} = \int_{C_y} f_X(x)\mathrm{d}x$$

进而可通过 Y 的分布函数 $F_Y(x)$,求出 Y 的密度函数.

【例 2. 20】 设随机变量 X 具有概率密度

$$f_X(x) = \begin{cases} \dfrac{x}{8}, & 0 < x < 4 \\ 0, & 其他 \end{cases}$$

求随机变量 $Y=2X+8$ 的概率密度.

解 $F_Y(y) = P(Y \leqslant y) = P(2X+8 \leqslant y) = P\left(X \leqslant \dfrac{y-8}{2}\right) = \int_{-\infty}^{\frac{y-8}{2}} f_X(x)\mathrm{d}x$

$$f_Y(y) = f_X\left(\frac{y-8}{2}\right)\left(\frac{y-8}{2}\right)'$$

$$= \begin{cases} \dfrac{1}{8}\left(\dfrac{y-8}{2}\right)\dfrac{1}{2}, & 0 < \dfrac{y-8}{2} < 4 \\ 0, & 其他 \end{cases}$$

$$= \begin{cases} \dfrac{y-8}{32}, & 8 < y < 16 \\ 0, & 其他 \end{cases}$$

从上述例中可以看到,在求 $P(Y \leqslant y)$ 的过程中,关键的一步是设法从 $\{g(X) \leqslant y\}$ 中解出 X,从而得到与 $\{g(X) \leqslant y\}$ 等价的 X 的不等式. 一般来说可以用这样的方法求出连续性随机变量的函数的分布函数与密度函数.

定理 2.3 设随机变量 X 具有概率密度 $f_X(x)$,$-\infty < x < +\infty$,又设函数 $g(x)$ 处

处可导且有 $g'(x) > 0$（或恒有 $g'(x) < 0$），则 $Y = g(X)$ 是连续型随机变量，其概率密度为

$$f_Y(y) = \begin{cases} f_X[h(y)] \cdot |h'(y)|, & \alpha < y < \beta \\ 0, & \text{其他} \end{cases}$$

其中 $\alpha = \min(g(-\infty), g(+\infty))$，$\beta = \max(g(-\infty), g(+\infty))$，$h(y)$ 是 $g(x)$ 的反函数.

证　先考虑 $g'(x) > 0$ 的情况. 此时，$g(x)$ 在 $(-\infty, +\infty)$ 严格单调递增，它的反函数 $h(y)$ 存在，且在 (α, β) 严格单调递增，可导. 分别记 X, Y 的分布函数为 $F_X(x), F_Y(y)$.

由于 $Y = g(x)$ 在 (α, β) 内取值，故当 $y \leqslant \alpha$ 时，$F_Y(y) = 0$；当 $y \geqslant \beta$ 时，$F_Y(y) = 1$

当 $\alpha < y < \beta$ 时，

$$F_Y(y) = P\{Y \leqslant y\} = P\{g(X) \leqslant y\} = P\{X \leqslant h(y)\} = F_X[h(y)]$$

将 $F_Y(y)$ 关于 y 求导，得 Y 的概率密度

$$f_Y(y) = \begin{cases} f_X[h(y)] \cdot h'(y), & \alpha < y < \beta \\ 0, & \text{其他} \end{cases}$$

对于 $g'(x) < 0$ 时，同理可求得

$$f_Y(y) = \begin{cases} f_X[h(y)] \cdot [-h'(y)], & \alpha < y < \beta \\ 0, & \text{其他} \end{cases}$$

合并以上两式可得

$$f_Y(y) = \begin{cases} f_X[h(y)] \cdot |h'(y)|, & \alpha < y < \beta \\ 0, & \text{其他} \end{cases}$$

【例 2.21】　设随机变量 $X \sim N(\mu, \sigma^2)$. 试证明 X 的线性函数 $Y = aX + b \,(a \neq 0)$ 也服从正态分布.

证　X 的概率密度为

$$f_X(x) = \frac{1}{\sqrt{2\pi}\sigma} e^{-\frac{(x-\mu)^2}{2\sigma^2}}, \quad -\infty < x < +\infty$$

线性函数 $Y = aX + b \,(a \neq 0)$ 是单调函数，且值域为 $(-\infty, +\infty)$，由 $y = g(x) = ax + b$ 解得

$$x = \frac{y-b}{a}, \quad \frac{\mathrm{d}x}{\mathrm{d}y} = \frac{1}{a}$$

$Y = aX + b$ 的概率密度为

$$f_Y(y) = f\left(\frac{y-b}{a}\right)\left|\frac{1}{a}\right|$$

$$= \frac{1}{\sqrt{2\pi}\sigma} e^{-\frac{\left[\frac{y-b}{a}-\mu\right]^2}{2\sigma^2}} \left|\frac{1}{a}\right|$$

$$= \frac{1}{\sqrt{2\pi}\sigma|a|} e^{-\frac{[y-(b+a\mu)]^2}{2\sigma^2 a^2}}, \quad -\infty < y < +\infty$$

即有 $Y = aX + b \sim N(a\mu + b, (a\sigma)^2)$.

【例 2.22】　设随机变量 X 在 $\left(-\frac{\pi}{2}, \frac{\pi}{2}\right)$ 内服从均匀分布，$Y = \sin X$，试求随机变量 Y

的概率密度.

解　$Y = \sin X$ 对应的函数 $y = g(x) = \sin x$, 在 $\left(-\dfrac{\pi}{2}, \dfrac{\pi}{2}\right)$ 上恒有 $g'(x) = \cos x > 0$, 且由反函数 $x = h(y) = \arcsin y$, $h'(y) = \dfrac{1}{\sqrt{1-y^2}}$.

又 X 的概率密度为

$$f_X(x) = \begin{cases} \dfrac{1}{\pi}, & -\dfrac{\pi}{2} < x < \dfrac{\pi}{2} \\ 0, & \text{其他} \end{cases}$$

由以上定理可得 $Y = \sin X$ 的概率密度为

$$f_Y(y) = \begin{cases} \dfrac{1}{\pi} \cdot \dfrac{1}{\sqrt{1-y^2}}, & -1 < y < 1 \\ 0, & \text{其他} \end{cases}$$

若在此题中 $X \sim U(0, \pi)$, 此时 $y = g(x) = \sin x$ 在 $(0, \pi)$ 上不是单调函数, 则上述定理失效.

习题 2.4

1. 已知 X 的概率分布如表 2-12 所示.

表 2-12

X	-2	-1	0	1	2	3
p	$2a$	$\dfrac{1}{10}$	$3a$	a	a	$2a$

试求: (1) a 的值; (2) $Y = X^2 - 1$ 的概率分布.

2. 设 X 的分布律为 $P(X = k) = \dfrac{1}{2^k}$ $(k = 1, 2 \cdots)$, 求 $Y = \sin\left(\dfrac{\pi}{2} X\right)$ 的分布律.

3. 设 X 服从 $[a, b]$ 的均匀分布, 求 $Y = cX + d$ 的密度函数.

4. 对一圆片直径进行测量, 其值在 $[5, 6]$ 上均匀分布, 求圆片面积的概率分布密度.

5. 设随机变量 X 服从 $[0, 1]$ 上的均匀分布, 求随机变量函数 $Y = e^X$ 的概率密度.

6. 设 $X \sim N(0, 1)$, 求 $Y = 2X^2 + 1$ 的概率密度.

自测题 2

一、选择题

1. 设随机变量 $X \sim N(\mu, \sigma^2)$, 则随 σ 增大 $P(|X - \mu| < \sigma)$ 将(　　).

　　A. 单调增大　　　　B. 单调减小　　　　C. 保持不变　　　　D. 增减不定

2. 设随机变量 X 的密度函数为 $f(x)$, 且 $f(-x) = f(x)$, $F(x)$ 是 X 的分布函数, 则对任意实数 a 有(　　).

　　A. $F(-a) = 1 - \displaystyle\int_0^a f(x)\mathrm{d}x$　　　　　　B. $F(-a) = \dfrac{1}{2} - \displaystyle\int_0^a f(x)\mathrm{d}x$

    C. $F(-a)=F(a)$ D. $F(-a)=2F(a)-1$

  3. 设连续型随机变量 X 的密度函数和分布函数分别是 $f(x)$ 和 $F(x)$,则(　　).

    A. $f(x)$ 可以是奇函数   B. $f(x)$ 可以是偶函数

    C. $F(x)$ 可以是奇函数   D. $F(x)$ 可以是偶函数

  4. 在某次试验中事件 A 出现的概率为 P,则在 n 次独立重复试验中 $\overline{A}$ 出现 k 次的概率为(　　).

    A. $1-P^k$ B. $(1-P)^k P^{n-k}$

    C. $1-(1-P)^k$ D. $C_n^k(1-P)^k P^{n-k}$

  5. 假设随机变量 X 的密度函数和分布函数分别是 $f(x)$ 和 $F(x)$,若 X 与 $-X$ 有相同的分布函数,则(　　).

    A. $F(x)=F(-x)$ B. $F(x)=-F(-x)$

    C. $f(x)=f(-x)$ D. $f(x)=-f(-x)$

  6. (2004 年考研)设随机变量 X 服从正态分布 $N(0,1)$,对给定的 $a(0<a<1)$,数 u_a 满足 $P(X>u_a)=a$,若 $P(|X|<x)=a$,则 x 等于(　　).

    A. $u_{\frac{a}{2}}$ B. $u_{1-\frac{a}{2}}$ C. $u_{\frac{1-a}{2}}$ D. u_{1-a}

  7. (2013 年考研)设 X_1,X_2,X_3 是随机变量,$X_1\sim N(0,1)$,$X_2\sim N(0,2^2)$,$X_3\sim N(5,3^2)$,$P_i=\{-2\leqslant X\leqslant 2\}(i=1,2,3)$,则(　　).

    A. $P_1>P_2>P_3$ B. $P_2>P_1>P_3$ C. $P_3>P_2>P_1$ D. $P_1>P_3>P_2$

  8. (2011 年考研)设 $F_1(x),F_2(x)$ 为 2 个分布函数,其对应的概率密度为 $f_1(x)$,$f_2(x)$ 是连续函数,则必为概率密度的是(　　).

    A. $f_1(x)f_2(x)$ B. $2f_2(x)F_1(x)$

    C. $f_1(x)F_2(x)$ D. $f_1(x)F_2(x)+F_1(x)f_2(x)$

  9. (2010 年考研)随机变量的分布函数 $F(x)=\begin{cases}0, & x<0 \\ \dfrac{1}{2}, & 0\leqslant x<1 \\ 1-e^{-x}, & x\geqslant 1\end{cases}$,则 $P\{X=1\}=(\quad)$.

    A. 0 B. $\dfrac{1}{2}$ C. $\dfrac{1}{2}-e^{-1}$ D. $1-e^{-1}$

  10. (2010 年考研)设 $f_1(x)$ 为标准正态分布的概率密度,$f_2(x)$ 为 $[-1,3]$ 上均匀分布的概率密度,若 $f(x)=\begin{cases}af_1(x), & x\leqslant 0 \\ bf_2(x), & x>0\end{cases}(a>0,b>0)$ 为概率密度,则 a,b 应满足(　　).

    A. $2a+3b=4$ B. $3a+2b=4$ C. $a+b=1$ D. $a+b=2$

二、填空题

1. 设 X 的分布列为 $\begin{pmatrix} 0 & 2 & 3 \\ 0.2 & 0.4 & \alpha \end{pmatrix}$,则 $\alpha=$_____.

2. (1989 年考研)设随机变量 X 的分布函数为 $F(x)=\begin{cases}0, & x<0 \\ A\sin x, & 0\leqslant x\leqslant \dfrac{\pi}{2} \\ 1, & x>\dfrac{\pi}{2}\end{cases}$,则 $A=$

_____ , $P\left\{|X|<\dfrac{\pi}{6}\right\}=$ _____ .

3. (1991年考研)设随机变量 X 的分布函数 $F(x)=P(X\leqslant x)=\begin{cases}0, & x<-1 \\ 0.4, & -1\leqslant x<1 \\ 0.8, & 1\leqslant x<3 \\ 1, & x\geqslant 3\end{cases}$,则

X 的概率分布为_____ .

4. (1997年考研)设随机变量 X 服从参数为 $(2,p)$ 的二项分布,随机变量 Y 服从参数为 $(3,p)$ 的二项分布,若 $P\{X\geqslant 1\}=\dfrac{5}{9}$,则 $P\{Y\geqslant 1\}=$ _____ .

5. (1996年考研)一实习生用同一台机器接连独立地制造3个同种零件,第 i 个零件是不合格品的概率 $p_i=\dfrac{1}{i+1}(i=1,2,3)$,以 X 表示3个零件中合格品的个数,则 $P(X=2)=$ _____ .

6. (2000年考研)设随机变量 X 的概率密度为 $f(x)=\begin{cases}\dfrac{1}{3}, & x\in[0,1] \\ \dfrac{2}{9}, & x\in[3,6] \\ 0, & \text{其他}\end{cases}$,若 k 使得

$P\{X\geqslant k\}=\dfrac{2}{3}$,则 k 的取值范围是_____ .

7. (2002年考研)设随机变量 X 服从正态分布 $N(\mu,\sigma^2)$,且二次方程 $y^2+4y+X=0$ 无实根的概率为 $\dfrac{1}{2}$,则 $\mu=$ _____ .

8. (1993年考研)设随机变量 X 在区间 $(0,2)$ 上服从均匀分布,则 $Y=X^2$ 在 $(0,4)$ 上的概率分布密度函数为_____ .

9. (2005年考研)从 $1,2,3,4$ 中任取一数,记为 X ,再从 $1,2,\cdots,X$ 中任取一数,记为 Y ,求 $P\{Y=2\}=$ _____ .

三、计算题

1. 设某种零件的合格品率为0.9,不合格品率为0.1,现对这种零件逐一有放回地进行测试,直到测得一个合格品为止,求测试次数的分布律.

2. 有3个小球和2只杯子,将小球随机地放入杯中,设 X 为有小球的杯子数,求 X 的概率分布.

3. 一袋中有8个球,5个红的,3个白的,每次从中任取一个.有下述两种方法进行抽取, X 表示直到取得红球为止所进行的抽取次数.(1) 不放回地抽取;(2) 有放回地抽取.求 X 的概率分布.

4. 设随机变量 ξ 的概率分布为 $P(\xi=k)=\dfrac{c}{2+k}$, $k=0,1,2,3$,求 c 的值和下列概率:

(1) $P(\xi=3)$;

(2) $P(\xi<3)$;

(3) $P(\xi=2$ 或 $\xi=3)$.

5. 已知随机变量 X 的概率分布 $P\{X=1\}=0.2, P\{X=2\}=0.3, P\{X=3\}=0.5$, 试写出其分布函数 $F(x)$.

6. 已知随机变量 X 的密度函数为 $f(x)=\begin{cases} x, & 0 \leqslant x < 1 \\ 2-x, & 1 \leqslant x < 2, \\ 0, & 其他 \end{cases}$ (1) 求 X 的分布函数; (2) 求 $P(X<0.5), P(X>0.3), P(0.2<x<1.2)$.

7. 已知随机变量 X 的概率密度为 $f(x)=\begin{cases} ax+b, & 1<x<3 \\ 0, & 其他 \end{cases}$, 又知 $P(2<x<3)=2P(-1<x<2)$, 求常数 a, b 的值.

8. 设连续型随机变量 X 的概率密度为 $f(x)=\begin{cases} \dfrac{2}{\pi(1+x^2)}, & a<x<+\infty \\ 0, & 其他 \end{cases}$, (1) 确定常数 a 的值; (2) 如果 $P(a<x<b)=0.5$, 确定常数 b 的值.

9. (1989 年考研) 设随机变量 X 在 $[2,5]$ 上服从均匀分布, 现在对 X 进行三次独立观测, 试求至少有两次观测值大于 3 的概率.

10. (1991 年考研) 一辆汽车沿一街道行驶, 要过三个均设有红绿信号灯的路口, 每个信号灯为红或绿与其他信号灯为红或绿相互独立, 且红、绿两种信号显示的时间相等. 以 X 表示该汽车首次遇到红灯前已通过的路口的个数, 求 X 的概率分布.

11. (1989 年考研) 某仪器装有三只独立工作的同型号电子元件, 其寿命(单位: 小时)都服从同一指数分布 $f(x)=\begin{cases} \dfrac{1}{600} e^{-\frac{x}{600}}, & x>0 \\ 0, & x \leqslant 0 \end{cases}$. 试求: 在仪器使用的最初 200 小时内, 至少有一只电子元件损坏的概率.

12. (1993 年考研) 设一大型设备在任何长为 t 的时间内发生故障的次数 $N(t)$ 服从参数为 λt 的泊松分布. (1) 求相继两次故障之间时间间隔 T 的概率分布; (2) 求在设备已经无故障工作 8 小时的情形下, 再无故障运行 8 小时的概率 Q.

13. (1990 年考研) 对某地抽样调查的结果表明, 考生的外语成绩(百分制)近似服从正态分布, 平均成绩为 72 分, 96 分以上的占考生总数的 2.3%, 试求考生的外语成绩在 60~84 分之间的概率.

14. 某种型号的电子的寿命 X(以小时计)具有以下的概率密度: $f(x)=\begin{cases} \dfrac{1000}{x^2}, & x>1000 \\ 0, & 其他 \end{cases}$. 现有一大批此种管子(设各电子管损坏与否相互独立), 任取 5 只, 问其中至少有 2 只寿命大于 1500 小时的概率是多少.

15. 设 $X \sim N(3, 2^2)$, (1) 求 $P(2<X \leqslant 5), P(-4<X \leqslant 10), P(X>3)$; (2) 决定 c 的值, 使得 $P(X>c)=P(X \leqslant c)$.

16. 由某机器生产的螺栓长度(厘米)服从参数为 $\mu=10.05, \sigma=0.06$ 的正态分布. 规定长度在范围 10.05 ± 0.12 内为合格品, 求一螺栓为不合格品的概率是多少.

17. (1988 年考研)设随机变量 X 在区间 $(1,2)$ 上服从均匀分布,试求随机变量 $Y=$ e^{2X} 的概率密度 $f(y)$.

18. (2006 年考研)设随机变量 X 的概率密度为 $f_X(x) = \begin{cases} \dfrac{1}{2}, & -1<x<0 \\ \dfrac{1}{4}, & 0\leqslant x<2 \\ 0, & \text{其他} \end{cases}$,令 $Y=$ X^2,求 Y 的概率密度.

19. (2003 年考研)设随机变量 X 的概率密度为 $f(x) = \begin{cases} \dfrac{1}{3\sqrt[3]{x^2}}, & x\in[1,8] \\ 0, & \text{其他} \end{cases}$,$F(x)$ 是 X 的分布函数,求随机变量 $Y=F(X)$ 的分布函数.

20. 设 K 在 $(0,5)$ 上服从均匀分布,求方程 $4x^2+4xK+K+2=0$ 有实根的概率.

21. 设随机变量 X 在区间 $(0,1)$ 上服从均匀分布,(1) 试求随机变量 $Y=e^X$ 的概率密度;(2) 求 $Y=-2\ln X$ 的概率密度.

第3章 多维随机变量及其分布

在实际问题中,对于某些随机现象需要同时用2个或2个以上的随机变量来描述.例如,炮弹的弹着点要用定义在同一个样本空间上的两个随机变量来表示.又如导弹在飞行过程中,其位置要用定义在同一个样本空间上的3个随机变量来描述.这一章主要研究二维随机变量.

3.1 二维随机变量及其分布

3.1.1 二维随机变量及其分布函数的概念

定义 3.1 设随机试验 E 的样本空间为 S,$X=X(e)$ 和 $Y=Y(e)$ 是定义在 S 上的随机变量,由它们构成的一个向量 (X,Y),叫做**二维随机向量**或**二维随机变量**.

第2章讨论的随机变量也叫一维随机变量.显然二维随机变量 (X,Y) 的性质不仅与 X 及 Y 有关,而且还依赖于这2个随机变量的相互关系.因此,逐个地来研究 X 或 Y 的性质是不够的,还需将 (X,Y) 作为一个整体来进行研究.

和一维的情况类似,我们也借助"分布函数"来研究二维随机变量.

定义 3.2 设 (X,Y) 是二维随机变量,对于任意实数 x,y,二元函数:

$$F(x,y)=P\{(X\leqslant x)\bigcap(Y\leqslant y)\}\triangleq P\{X\leqslant x,Y\leqslant y\}$$

称为二维随机变量 (X,Y) 的**分布函数**,或称为随机变量 X 和 Y 的**联合分布函数**.

如果将二维随机变量 (X,Y) 看成是平面上随机点的坐标,那么,分布函数 $F(x,y)$ 在 (x,y) 处的函数值就是随机点 (X,Y) 落在如图 3-1 所示的,以点 (x,y) 为顶点而位于该点左下方的无穷矩形域内的概率.

依照上述解释,借助于图 3-2 容易算出随机点 (X,Y) 落在矩形域 $\{(x,y)|x_1<x\leqslant x_2,y_1<y\leqslant y_2\}$ 的概率为

$$P\{x_1<X\leqslant x_2,y_1<Y\leqslant y_2\}=F(x_2,y_2)-F(x_2,y_1)+F(x_1,y_1)-F(x_1,y_2)$$

(3-1)

分布函数 $F(x,y)$ 具有以下的基本性质:

(1) $F(x,y)$ 是变量 x 和 y 的不减函数,即对于任意固定的 y,当 $x_2>x_1$ 时 $F(x_2,y)\geqslant F(x_1,y)$;对于任意固定的 x,当 $y_2>y_1$ 时 $F(x,y_2)\geqslant F(x,y_1)$;

(2) $0\leqslant F(x,y)\leqslant 1$,且

对于任意固定的 y,$F(-\infty,y)=0$,

对于任意固定的 x,$F(x,-\infty)=0$,

$F(-\infty,-\infty)=0$,$F(+\infty,+\infty)=1$.

上面四个式子可以从几何上加以说明.

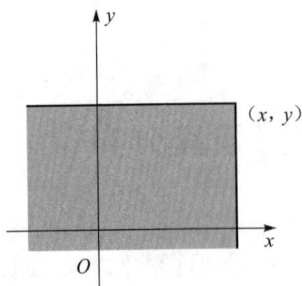

图 3-1

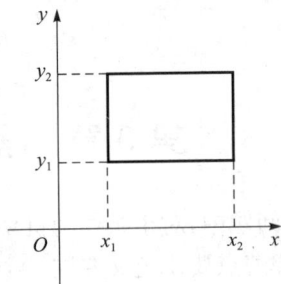

图 3-2

(3) $F(x+0,y)=F(x,y)$，$F(x,y+0)=F(x,y)$，即 $F(x,y)$ 关于 x 右连续，关于 y 也右连续；

(4) 对于任意 (x_1,y_1)，(x_2,y_2)，$x_1<x_2$，$y_1<y_2$，下述不等式成立：

$$F(x_2,y_2)-F(x_2,y_1)+F(x_1,y_1)-F(x_1,y_2)\geqslant 0$$

这一性质由式(3-1)及概率的非负性即可得.

3.1.2 二维离散型随机变量及其分布律

定义 3.3 若二维随机变量 (X,Y) 所有可能的取值是有限对或可列无限多对,则称 (X,Y) 为**二维离散型随机变量**.

设二维离散型随机变量 (X,Y) 所有可能取的值为 (x_i,y_j)，$i,j=1,2,\cdots$，记 $P\{X=x_i,Y=y_j\}=p_{ij}$，$i,j=1,2,\cdots$，则由概率的定义有

(1) $p_{ij}\geqslant 0$，$i,j=1,2,\cdots$；

(2) $\sum\limits_{i=1}^{+\infty}\sum\limits_{j=1}^{+\infty}p_{ij}=1$.

我们称 $P\{X=x_i,Y=y_j\}=p_{ij}$，$i,j=1,2,\cdots$ 为二维离散型随机变量 (X,Y) 的**分布律**，或称为随机变量 X 和 Y 的**联合分布律**.

我们也能用表格来表示 X 和 Y 的联合分布律,如表 3-1 所示.

表 3-1

Y \ X	x_1	x_2	...	x_i	...
y_1	p_{11}	p_{21}	...	p_{i1}	...
y_2	p_{12}	p_{22}	...	p_{i2}	...
⋮	⋮	⋮		⋮	
y_j	p_{1j}	p_{2j}	...	p_{ij}	...
⋮	⋮	⋮		⋮	

【例 3.1】 设随机变量 X 在 $1,2,3,4$ 四个整数中等可能地取一个值,另一个随机变量 Y 在 $1\sim X$ 中等可能地取一整数值. 试求 (X,Y) 的分布律.

解 由乘法公式容易求得 (X,Y) 的分布律. 易知 $\{X=i,Y=j\}$ 的取值情况是：$i=1$，$2,3,4$，j 取不大于 i 的正整数,且

$$P\{X=i,Y=j\}=P\{Y=j \mid X=i\}P\{X=i\}=\frac{1}{i}\cdot\frac{1}{4}$$

$$i=1,2,3,4,\quad j\leqslant i$$

于是(X,Y)的分布律如表 3-2 所示.

表 3-2

Y＼X	1	2	3	4
1	$\frac{1}{4}$	$\frac{1}{8}$	$\frac{1}{12}$	$\frac{1}{16}$
2	0	$\frac{1}{8}$	$\frac{1}{12}$	$\frac{1}{16}$
3	0	0	$\frac{1}{12}$	$\frac{1}{16}$
4	0	0	0	$\frac{1}{16}$

将(X,Y)看成一个随机点的坐标,由图 3-1 知道离散型随机变量 X 和 Y 的联合分布函数为

$$F(x,y)=\sum_{x_i\leqslant x}\sum_{y_j\leqslant y}p_{ij} \tag{3-2}$$

其中和式是对一切满足 $x_i\leqslant x,y_j\leqslant y$ 的 i,j 来求和的.

3.1.3　二维连续型随机变量及其概率密度

定义 3.4　设二维随机变量(X,Y)的分布函数为 $F(x,y)$,如果存在非负可积函数 $f(x,y)$使对于任意 x,y 有

$$F(x,y)=\int_{-\infty}^{y}\int_{-\infty}^{x}f(u,v)\mathrm{d}u\mathrm{d}v$$

则称(X,Y)是**连续型的二维随机变量**,函数 $f(x,y)$ 称为二维随机变量(X,Y)的**概率密度**,或称为随机变量 X 和 Y 的**联合概率密度**.

按定义,概率密度 $f(x,y)$ 具有以下性质:

(1) $f(x,y)\geqslant0$;

(2) $\int_{-\infty}^{+\infty}\int_{-\infty}^{+\infty}f(x,y)\mathrm{d}x\mathrm{d}y=F(+\infty,+\infty)=1$;

(3) 设 G 是 xOy 平面上的区域,点(X,Y)落在 G 内的概率为

$$P\{(x,y)\in G\}=\iint_{G}f(x,y)\mathrm{d}x\mathrm{d}y \tag{3-3}$$

(4) 若 $f(x,y)$在点(x,y)连续,则有

$$\frac{\partial^2 F(x,y)}{\partial x\partial y}=f(x,y)$$

由性质(4),这表示若 $f(x,y)$在点(x,y)处连续,则当 $\Delta x,\Delta y$ 很小时

$$P\{x<X\leqslant x+\Delta x,y<Y\leqslant y+\Delta y\}\approx f(x,y)\Delta x\Delta y$$

也就是点(X,Y)落在小长方形$(x,x+\Delta x]\times(y,y+\Delta y]$内的概率近似地等于 $f(x,y)\Delta x\Delta y$.

在几何上 $z=f(x,y)$ 表示空间的一个曲面.由性质(2)知,介于它和 xOy 平面的空间区域的体积为 1.由性质(3),$P\{(X,Y)\in G\}$ 的值等于以 G 为底,以曲面 $z=f(x,y)$ 为顶面的柱体体积.

【例 3.2】 设二维随机变量 (X,Y) 具有概率密度

$$f(x,y)=\begin{cases}2e^{-(2x+y)}, & x>0,y>0\\0, & \text{其他}\end{cases}$$

(1) 求分布函数 $F(x,y)$;(2) 求概率 $P\{Y\leqslant X\}$.

解 (1)

$$F(x,y)=\int_{-\infty}^{y}\int_{-\infty}^{x}f(x,y)\mathrm{d}x\mathrm{d}y=\begin{cases}\displaystyle\int_{0}^{y}\int_{0}^{x}2e^{-(2x+y)}\mathrm{d}x\mathrm{d}y, & x>0,y>0\\0, & \text{其他}\end{cases}$$

即有

$$F(x,y)=\begin{cases}(1-e^{-2x})(1-e^{-y}), & x>0,y>0\\0, & \text{其他}\end{cases}$$

(2) 将 (X,Y) 看做是平面上随机点的坐标,即有

$$\{Y\leqslant X\}=\{(X,Y)\in G\}$$

其中 G 为 xOy 平面上直线 $y=x$ 及其下方的部分,如图 3-3 所示.于是

$$P\{Y\leqslant X\}=P\{(X,Y)\in G\}=\iint\limits_{G}f(x,y)\mathrm{d}x\mathrm{d}y=\int_{0}^{\infty}\int_{0}^{x}2e^{-(2x+y)}\mathrm{d}x\mathrm{d}y=\frac{1}{3}$$

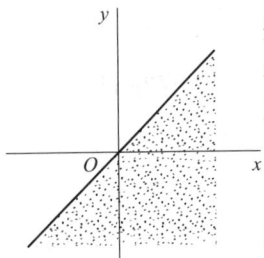

图 3-3

以上关于二维随机变量的讨论,不难推广到 $n(n>2)$ 维随机变量的情况.一般,设随机试验的样本空间为 S,设 $X_1,X_2,\cdots,X_n$ 均是定义在 S 上的随机变量,由它们构成的一个 n 维向量 $(X_1,X_2,\cdots,X_n)$ 叫做 n **维随机向量**或 n **维随机变量**.

对于任意 n 个实数 $x_1,x_2,\cdots,x_n$,n 元函数

$$F(x_1,x_2,\cdots,x_n)=P\{X_1\leqslant x_1,X_2\leqslant x_2,\cdots,X_n\leqslant x_n\}$$

称为 n 维随机变量 $(X_1,X_2,\cdots,X_n)$ 的**分布函数**或随机变量 $X_1,X_2,\cdots,X_n$ 的**联合分布函数**.它具有类似于二维随机变量的分布函数的性质.

习题 3.1

1. 盒子中装有 3 只黑球、2 只红球、2 只白球,在其中任取 4 只球,以 X 表示取到黑球的只数,以 Y 表示取到红球的只数,求:(1) X 和 Y 的联合分布律;(2) 求 $P\{X>Y\}$,$P\{Y=2X\}$,$P\{X+Y=3\}$,$P\{X<3-Y\}$.

2. 设随机变量 (X,Y) 的分布律如表 3-3 所示.

表 3-3

X \ Y	-1	0
1	1/4	1/4
2	1/6	k

求(1) 常数 k;(2) (X,Y) 的分布函数 $F(x,y)$.

3. 设随机变量 (X,Y) 的概率密度为

$$f(x,y) = \begin{cases} k(6-x-y), & 0<x<2, 2<y<4 \\ 0, & 其他 \end{cases}$$

(1) 确定常数 k;

(2) 求 $P\{X<1,Y<3\}$;

(3) 求 $P\{X+Y<4\}$.

3.2 边 缘 分 布

3.2.1 边缘分布函数

定义 3.5 二维随机变量 (X,Y) 作为一个整体,具有分布函数 $F(x,y)$. 而 X 和 Y 作为一维随机变量各自也有分布函数,将它们分别记为 $F_X(x)$,$F_Y(y)$,称 $F_X(x)$,$F_Y(y)$ 分别为二维随机变量 (X,Y) 关于 X 和 Y 的**边缘分布函数**. 边缘分布函数可以由 (X,Y) 的分布函数 $F(x,y)$ 所确定,事实上,

$$F_X(x) = P\{X \leqslant x\} = P\{X \leqslant x, Y < +\infty\} = F(x, +\infty)$$

即
$$F_X(x) = F(x, +\infty) \tag{3-4}$$

就是说,只要在函数 $F(x,y)$ 中令 $y \to +\infty$ 就能得到 $F_X(x)$. 同理

$$F_Y(y) = F(+\infty, y) \tag{3-5}$$

3.2.2 边缘分布律

对于离散型随机变量,由式(3-2)、式(3-4)可得

$$F_X(x) = F(x, +\infty) = \sum_{x_i \leqslant x} \sum_{j=1}^{\infty} p_{ij}$$

与第 2 章式(2-1)比较,知道 X 的分布律为

$$P\{X = x_i\} = \sum_{j=1}^{\infty} p_{ij}, \quad i = 1,2,\cdots$$

同样,Y 的分布律为

$$P\{Y = y_j\} = \sum_{i=1}^{\infty} p_{ij}, \quad j = 1,2,\cdots$$

记
$$p_{i\cdot} = \sum_{j=1}^{\infty} p_{ij} = P\{X = x_i\}, \quad i = 1,2,\cdots$$

$$p_{\cdot j} = \sum_{i=1}^{\infty} p_{ij} = P\{Y = y_j\}, \quad j = 1,2,\cdots$$

定义 3.6 分别称 $p_{i\cdot}(i=1,2,\cdots)$ 和 $p_{\cdot j}(1,2,\cdots)$ 为 (X,Y) 关于 X 和关于 Y 的**边缘分布律**(注意,记号 $p_{i\cdot}$ 中的"·"表示 $p_{i\cdot}$ 是由 p_{ij} 关于 j 求和后得到的;同样,$p_{\cdot j}$ 是由 p_{ij} 关于 i 求和后得到的).

【例 3.3】 一整数 N 等可能地在 $1,2,3,\cdots,10$ 十个值中取一个值. 设 $D=D(N)$ 表

示 N 的正因数的个数，$F=F(N)$ 表示 N 的素因数的个数(注意 1 不是素数).试写出 D 和 F 的联合分布律.并求边缘分布律.

解　先将实验的样本空间及 D、F 取值的情况列出如表 3-4 所示.

表 3-4

样本点	1	2	3	4	5	6	7	8	9	10
D	1	2	2	3	2	4	2	4	3	4
F	0	1	1	1	1	2	1	1	1	2

D 所有可能取的值为 $1,2,3,4$；F 所有可能取的值为 $0,1,2$. 容易得到 (D,F) 取 $(i,j),i=1,2,3,4,j=0,1,2$ 的概率,例如

$$P\{D=1,F=0\}=\frac{1}{10},\quad P\{D=2,F=1\}=\frac{4}{10}$$

可得 D 和 F 的联合分布律及边缘分布律如表 3-5～表 3-7 所示.

表 3-5

F ＼ D	1	2	3	4	$P\{F=j\}$
0	$\frac{1}{10}$	0	0	0	$\frac{1}{10}$
1	0	$\frac{4}{10}$	$\frac{2}{10}$	$\frac{1}{10}$	$\frac{7}{10}$
2	0	0	0	$\frac{2}{10}$	$\frac{2}{10}$
$P\{D=i\}$	$\frac{1}{10}$	$\frac{4}{10}$	$\frac{2}{10}$	$\frac{3}{10}$	1

表 3-6

D	1	2	3	4
p_k	$\frac{1}{10}$	$\frac{4}{10}$	$\frac{2}{10}$	$\frac{3}{10}$

表 3-7

F	0	1	2
p_k	$\frac{1}{10}$	$\frac{7}{10}$	$\frac{2}{10}$

我们常常将边缘分布律写在联合分布律表格的边缘上,如表 3-5 所示.这就是"边缘分布律"这个名词的来源.

3.2.3　边缘概率密度

对于二维连续型随机变量 (X,Y),设它的概率密度为 $f(x,y)$,由于

$$F_X(x)=F(x,\infty)=\int_{-\infty}^{x}\left[\int_{-\infty}^{\infty}f(x,y)\mathrm{d}y\right]\mathrm{d}x$$

由第 2 章式(2-2)知道, X 是一个连续型随机变量,且其概率密度为

$$f_X(x) = \int_{-\infty}^{\infty} f(x,y) \mathrm{d}y \tag{3-6}$$

同样, Y 也是连续型随机变量,其概率密度为

$$f_Y(y) = \int_{-\infty}^{\infty} f(x,y) \mathrm{d}x \tag{3-7}$$

定义 3.7　分别称 $f_X(x), f_Y(y)$ 为 (X,Y) 关于 X 和关于 Y 的边缘概率密度.

【例 3.4】　设随机变量 X 和 Y 具有联合概率密度(图 3-4)

$$f(x,y) = \begin{cases} 6, & x^2 \leqslant y \leqslant x \\ 0, & \text{其他} \end{cases}$$

求边缘概率密度 $f_X(x), f_Y(y)$.

解

$$f_X(x) = \int_{-\infty}^{\infty} f(x,y) \mathrm{d}y = \begin{cases} \int_{x^2}^{x} 6\mathrm{d}y = 6(x - x^2), & 0 \leqslant x \leqslant 1 \\ 0, & \text{其他} \end{cases}$$

$$f_Y(y) = \int_{-\infty}^{\infty} f(x,y) \mathrm{d}x = \begin{cases} \int_{y}^{\sqrt{y}} 6\mathrm{d}x = 6(\sqrt{y} - y), & 0 \leqslant y \leqslant 1 \\ 0, & \text{其他} \end{cases}$$

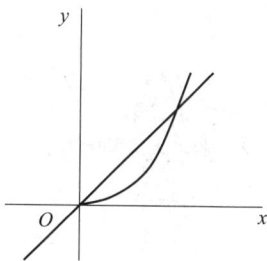

图 3-4

【例 3.5】　设二维随机变量 (X,Y) 的概率密度为

$$f(x,y) = \frac{1}{2\pi\sigma_1\sigma_2\sqrt{1-\rho^2}} \exp\left\{ \frac{-1}{2(1-\rho^2)} \left[\frac{(x-\mu_1)^2}{\sigma_1^2} - 2\rho\frac{(x-\mu_1)(y-\mu_2)}{\sigma_1\sigma_2} + \frac{(y-\mu_2)^2}{\sigma_2^2} \right] \right\}$$

其中 $\mu_1, \mu_2, \sigma_1, \sigma_2, \rho$ 是常数,且 $\sigma_1 > 0, \sigma_2 > 0, -1 < \rho < 1$. 我们称 (X,Y) 为服从参数为 $\mu_1,$ $\mu_2, \sigma_1, \sigma_2, \rho$ 的**二维正态分布**(这五个参数的意义将在下一章说明),记为 $(X,Y) \sim$ $N(\mu_1, \mu_2, \sigma_1^2, \sigma_2^2, \rho)$. 试求二维正态随机变量的边缘概率密度.

解　$f_X(x) = \int_{-\infty}^{\infty} f(x,y) \mathrm{d}y$,由于

$$\frac{(y-\mu_2)^2}{\sigma_2^2} - 2\rho\frac{(x-u_1)(y-\mu_2)}{\sigma_1\sigma_2} = \left(\frac{y-\mu_2}{\sigma_2} - \rho\frac{x-\mu_1}{\sigma_1}\right)^2 - \rho^2\frac{(x-\mu_1)^2}{\sigma_1^2}$$

于是

$$f_X(x) = \frac{1}{2\pi\sigma_1\sigma_2\sqrt{1-\rho^2}} \mathrm{e}^{-\frac{(x-\mu_1)^2}{2\mathrm{e}_1^2}} \int_{-\infty}^{\infty} \mathrm{e}^{-\frac{1}{2(1-\rho^2)}\left(\frac{y-\mu_2}{\mathrm{e}_2} - \rho\frac{x-\mu_1}{\sigma_1}\right)^2} \mathrm{d}y$$

令 $t = \frac{1}{\sqrt{1-\rho^2}}\left(\frac{y-\mu_2}{\sigma_2} - \rho\frac{x-\mu_1}{\sigma_1}\right)$,则有

$$f_X(x) = \frac{1}{2\pi\sigma_1} \mathrm{e}^{-\frac{(x-\mu_1)^2}{2\sigma_1^2}} \int_{-\infty}^{\infty} \mathrm{e}^{-\frac{t^2}{2}} \mathrm{d}t$$

即

$$f_X(x) = \frac{1}{2\pi\sigma_1} \mathrm{e}^{-\frac{(x-\mu_1)^2}{2\sigma_1^2}}, \quad -\infty < x < \infty$$

同理

$$f_Y(y) = \frac{1}{\sqrt{2\pi}\sigma_2} e^{-\frac{(y-\mu_2)^2}{2\sigma_2^2}}, \quad -\infty < y < \infty$$

我们看到二维正态分布的两个边缘分布都是一维正态分布,并且都不依赖于参数 ρ,亦即对于给定的 $\mu_1, \mu_2, \sigma_1, \sigma_2$,不同的 ρ 对应不同的二维正态分布,它们的边缘分布却都是一样的. 这一事实表明,单由关于 X 和关于 Y 的迹缘分布,一般来说是不能确定随机变量 X 和 Y 的联合分布的.

习题 3.2

1. 设随机变量 (X,Y) 的分布函数为
$$F(x,y) = \begin{cases} 1 - e^{-x} - e^{-y} + e^{-x-y-2xy}, & x > 0, y > 0 \\ 0, & \text{其他} \end{cases}$$
求边缘分布函数.

2. 将一枚硬币掷 3 次,以 X 表示前 2 次中出现正面的次数,以 Y 表示第 3 次出现正面的次数,求 X,Y 的联合分布律及边缘分布律.

3. 设二维随机变量 (X,Y) 的概率密度为
$$f(x,y) = \begin{cases} e^{-y}, & 0 < x < y \\ 0, & \text{其他} \end{cases}$$
求边缘概率密度.

4. 设二维随机变量 (X,Y) 的概率密度为
$$f(x,y) = \begin{cases} cx^2 y, & x^2 \leqslant y \leqslant 1 \\ 0, & \text{其他} \end{cases}$$
(1) 确定常数 c;(2) 求边缘概率密度.

3.3　条件分布

我们由条件概率很自然地引出条件概率分布的概念.

3.3.1　条件分布律

设 (X,Y) 是二维离散型随机变量,其分布律为
$$P\{X = x_i, Y = y_j\} = p_{ij}, \quad i,j = 1,2,\cdots$$
(X,Y) 关于 X 和关于 Y 的边缘分布律分别为
$$P\{X = x_i\} = p_{i\cdot} = \sum_{j=1}^{\infty} p_{ij}, \quad i = 1,2,\cdots$$
$$P\{Y = y_j\} = p_{\cdot j} = \sum_{i=1}^{\infty} p_{ij}, \quad j = 1,2,\cdots$$
设 $p_{\cdot j} > 0$,我们来考虑在事件 $\{Y=y_j\}$ 已发生的条件下事件 $\{X=x_i\}$ 发生的概率,即求事件
$$\{X = x_i \mid Y = y_j\}, \quad i = 1,2,\cdots$$

的概率,由条件概率公式,可得

$$P\{X=x_i \mid Y=y_j\} = \frac{P\{X=x_i, Y=y_j\}}{P\{Y=y_j\}} = \frac{p_{ij}}{p_{\cdot j}}, \quad i=1,2,\cdots$$

易知上述条件概率具有分布律的性质:

(1) $P\{X=x_i \mid Y=y_j\} \geqslant 0$;

(2) $\displaystyle\sum_{t=1}^{\infty} P\{X=x_i \mid Y=y_j\} = \sum_{i=1}^{\infty} \frac{p_{ij}}{p_{\cdot j}} = \frac{1}{p_{\cdot j}} \sum_{i=1}^{\infty} p_{ij} = \frac{p_{\cdot j}}{p_{\cdot j}} = 1.$

于是我们引入以下的定义.

定义 3.8　设 (X,Y) 是二维离散型随机变量,对于固定的 j,若 $P\{Y=y_j\}>0$,则称

$$P\{X=x_i \mid Y=y_j\} = \frac{P\{X=x_i, Y=y_j\}}{P\{Y=y_j\}} = \frac{p_{ij}}{p_{\cdot j}}, \quad i=1,2,\cdots \tag{3-8}$$

为在 $Y=y_j$ 条件下随机变量 X 的**条件分布律**.

同样,对于固定的 i,若 $P\{X=x_i\}>0$,则称

$$P\{Y=y_j \mid X=x_i\} = \frac{P\{X=x_i, Y=y_j\}}{P\{X=x_i\}} = \frac{p_{ij}}{p_{i\cdot}}, \quad j=1,2,\cdots \tag{3-9}$$

为在 $X=x_i$ 条件下随机变量 Y 的**条件分布律**.

【例 3.6】　在一汽车工厂中,一辆汽车有两道工序是由机器人完成的. 其一是紧固 3 只螺栓,其二是焊接 2 处焊点,以 X 表示由机器人紧固的螺栓紧固得不良的数目,以 Y 表示由机器人焊接的不良焊点的数目,据积累的资料知 (X,Y) 具有分布律如表 3-8 所示.

表 3-8

Y＼X	0	1	2	3	$P\{Y=j\}$
0	0.840	0.030	0.020	0.010	0.900
1	0.060	0.010	0.008	0.002	0.080
2	0.010	0.005	0.004	0.001	0.020
$P\{X=i\}$	0.910	0.045	0.032	0.013	1.000

(1) 求在 $X=1$ 的条件下,Y 的条件分布律;(2) 求在 $Y=0$ 的条件下,X 的条件分布律.

解　边缘分布律已经求出列在上表中. 在 $X=1$ 的条件下,Y 的条件分布律为

$$P\{Y=0 \mid X=1\} = \frac{P\{X=1, Y=0\}}{P\{X=1\}} = \frac{0.030}{0.045}$$

$$P\{Y=1 \mid X=1\} = \frac{P\{X=1, Y=1\}}{P\{X=1\}} = \frac{0.010}{0.045}$$

$$P\{Y=2 \mid X=1\} = \frac{P\{X=1, Y=2\}}{P\{X=1\}} = \frac{0.005}{0.045}$$

或写成表 3-9.

表 3-9

$Y=k$	0	1	2
$P\{Y=k \mid X=1\}$	$\dfrac{6}{9}$	$\dfrac{2}{9}$	$\dfrac{1}{9}$

同样可得在 $Y=0$ 的条件下 X 的条件分布律如表 3-10 所示.

表 3-10

$X=k$	0	1	2	3
$P\{X=k\mid Y=0\}$	$\frac{84}{90}$	$\frac{3}{90}$	$\frac{2}{90}$	$\frac{1}{90}$

【例 3.7】 一射手进行射击,击中目标的概率为 $p(0<p<1)$,射击直至击中目标两次为止. 设以 X 表示首次击中目标所进行的射击次数,以 Y 表示总共进行的射击次数,试求 X 和 Y 的联合分布律及条件分布律.

解 按题意 $Y=n$ 就表示在第 n 次射击时击中目标,且在第 1 次,第 2 次,…,第 $n-1$ 次射击中恰有一次击中目标. 已知各次射击是相互独立的,于是不管 $m(m<n)$ 是多少,概率 $P\{X=m,Y=n\}$ 都应等于

$$p \cdot p \cdot \underbrace{q \cdot q \cdot \cdots \cdot q}_{n-2 \text{个}} = p^2 q^{n-2} \quad (\text{这里 } q = 1-p)$$

即得 X 和 Y 的联合分布律为

$$p\{X=m, Y=n\} = p^2 q^{n-2}, n=2,3,\cdots; m=1,2,\cdots,n-1$$

又

$$P\{X=m\} = \sum_{n=m+1}^{\infty} p\{X=m,Y=n\} = \sum_{n=m+1}^{\infty} p^2 q^{n-2}$$

$$= p^2 \sum_{n=m+1}^{\infty} q^{n-2} = \frac{p^2 q^{m-1}}{1-q} = pq^{m-1}, m=1,2,\cdots,n-1$$

$$P\{Y=n\} = \sum_{m=1}^{n-1} P\{X=m,Y=n\}$$

$$= \sum_{m=1}^{n-1} p^2 q^{n-2} = (n-1)p^2 q^{n-2}, n=2,3,\cdots$$

于是由式(3-8)、式(3-9)得到所求的条件分布律为

当 $n=2,3,\cdots$ 时,

$$P\{X=m \mid Y=n\} = \frac{p^2 q^{n-2}}{(n-1)p^2 q^{n-2}} = \frac{1}{n-1}, m=1,2,\cdots,n-1$$

当 $m=1,2,\cdots$ 时,

$$P\{Y=n \mid X=m\} = \frac{p^2 q^{n-2}}{pq^{m-1}} = pq^{n-m-1}, n=m+1,m+2,\cdots$$

例如,$P\{X=m\mid Y=3\}=\dfrac{1}{2}, m=1,2$;

$$P\{Y=n \mid X=3\} = pq^{n-4}, \quad n=4,5,\cdots$$

3.3.2 条件概率密度

设 (X,Y) 是二维连续型随机变量,这时由于对任意 x,y 有 $P\{X=x\}=0, P\{Y=y\}=0$,因此就不能直接用条件概率公式引入"条件分布函数"了.

设 (X,Y) 的概率密度为 $f(x,y)$,(X,Y) 关于 Y 的边缘概率密度为 $f_Y(y)$. 给定 y,对于任意固定的 $\varepsilon>0$,对于任意 x,考虑条件概率

$$P\{X\leqslant x\mid y<Y\leqslant y+\varepsilon\}$$

设 $P\{y<Y\leqslant y+\varepsilon\}>0$,则有

$$P\{X\leqslant x\mid y<Y\leqslant y+\varepsilon\}=\frac{P\{X\leqslant x,y<Y\leqslant y+\varepsilon\}}{P\{y<Y\leqslant y+\varepsilon\}}=\frac{\int_{-\infty}^{x}\left[\int_{y}^{y+\varepsilon}f(x,y)\mathrm{d}y\right]\mathrm{d}x}{\int_{y}^{y+\varepsilon}f_Y(y)\mathrm{d}y}$$

在某些条件下,当 ε 很小时,上式右端分子、分母分别近似于 $\varepsilon\int_{-\infty}^{x}f(x,y)\mathrm{d}x$ 和 $\varepsilon f_Y(y)$,于是当 ε 很小时,有

$$P\{X\leqslant x\mid y<Y\leqslant y+\varepsilon\}\approx\frac{\varepsilon\int_{-\infty}^{x}f(x,y)\mathrm{d}x}{\varepsilon f_Y(y)}=\int_{-\infty}^{x}\frac{f(x,y)}{f_Y(y)}\mathrm{d}x \tag{3-10}$$

与一维随机变量概率密度的定义式第 2 章式 (2-1) 比较. 我们给出以下的定义.

定义 3.9 设二维随机变量 (X,Y) 的概率密度为 $f(x,y)$,(X,Y) 关于 Y 的边缘概率密度为 $f_Y(y)$. 若对于固定的 y,$f_Y(y)>0$,则称 $\dfrac{f(x,y)}{f_Y(y)}$ 为在 $Y=y$ 的条件下 X 的 **条件概率密度**,记为[①]

$$f_{X|Y}(x\mid y)=\frac{f(x,y)}{f_Y(y)} \tag{3-11}$$

称 $\int_{-\infty}^{\infty}f_{X|Y}(x\mid y)\mathrm{d}x=\int_{-\infty}^{x}\dfrac{f(x,y)}{f_Y(y)}\mathrm{d}x$ 为在 $Y=y$ 的条件下 X 的条件分布函数,记为 $P\{X\leqslant x\mid Y=y\}$ 或 $F_{X|Y}(x\mid y)$,即

$$F_{X|Y}(x\mid y)=P\{X\leqslant x\mid Y=y\}=\int_{-\infty}^{x}\frac{f(x,y)}{f_Y(y)}\mathrm{d}x \tag{3-12}$$

类似地,可以定义 $f_{Y|X}(y\mid x)=\dfrac{f(x,y)}{f_X(x)}$ 和 $F_{Y|X}(y\mid x)=\int_{-\infty}^{x}\dfrac{f(x,y)}{f_X(x)}\mathrm{d}y$.

由公式 (3-10) 知道,当 ε 很小时,有

$$P\{X\leqslant x\mid y<Y\leqslant y+\varepsilon\}\approx\int_{-\infty}^{x}f_{X|Y}(x\mid y)\mathrm{d}x=F_{X|Y}(x\mid y)$$

上式说明了条件密度和条件分布函数的含义.

【例 3.8】 设 G 是平面上的有界区域,其面积为 A. 若二维随机变量 (X,Y) 具有概率密度

$$f(x,y)=\begin{cases}\dfrac{1}{A}, & (x,y)\in G\\[2mm]0, & \text{其他}\end{cases}$$

---

① 条件概率密度满足条件: $f_{X|Y}(x|y)=\dfrac{f(x,y)}{f_Y(y)}\geqslant 0$;

$$\int_{-\infty}^{\infty}f_{X|Y}(x\mid y)\mathrm{d}x=\int_{-\infty}^{\infty}\frac{f(x,y)}{f_Y(y)}\mathrm{d}x=\frac{1}{f_Y(y)}\int_{-\infty}^{\infty}f(x,y)\mathrm{d}x=1$$

则称(X,Y)在G上服从**均匀分布**,现设二维随机变量(X,Y)在圆域 $x^2+y^2\leqslant 1$ 上服从均匀分布,求条件概率密度 $f_{X|Y}(x|y)$.

解 由假设随机变量(X,Y)具有概率密度

$$f(x,y) = \begin{cases} \dfrac{1}{\pi}, & x^2+y^2 \leqslant 1 \\ 0, & \text{其他} \end{cases}$$

且有边缘概率密度

$$f_Y(y) = \int_{-\infty}^{\infty} f(x,y)\mathrm{d}x = \begin{cases} \dfrac{1}{\pi}\int_{-\sqrt{1-y^2}}^{\sqrt{1-y^2}} \mathrm{d}x = \dfrac{2}{\pi}\sqrt{1-y^2}, & -1 \leqslant y \leqslant 1 \\ 0, & \text{其他} \end{cases}$$

于是当$-1<y<1$时有

$$f_{X|Y}(x|y) = \begin{cases} \dfrac{\dfrac{1}{\pi}}{\dfrac{2}{\pi}\sqrt{1-y^2}} = \dfrac{1}{2\sqrt{1-y^2}}, & -\sqrt{1-y^2} \leqslant x \leqslant \sqrt{1-y^2} \\ 0, & \text{其他} \end{cases}$$

当 $y=0$ 和 $y=\dfrac{\sqrt{3}}{2}$ 时 $f_{X|Y}(x|y)$的图形分别如图 3-5 和图 3-6 所示.

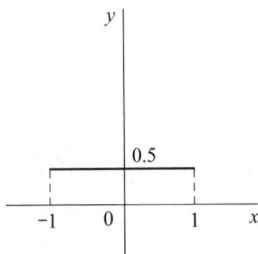

图 3-5

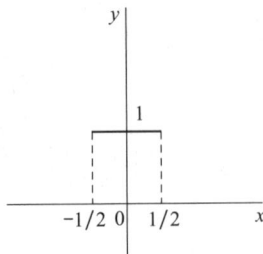

图 3-6

【例 3.9】 设数 X 在区间$(0,1)$上随机地取值,当观察到$X=x(0<x<1)$时,数 Y 在区间$(x,1)$上随机地取值.求 Y 的概率密度 $f_Y(y)$.

解 按题意 X 具有概率密度

$$f_X(x) = \begin{cases} 1, & 0<x<1 \\ 0, & \text{其他} \end{cases}$$

对于任意给定的值 $x(0<x<1)$,在 $X=x$ 的条件下 Y 的条件概率密度为

$$f_{Y|X}(y|x) = \begin{cases} \dfrac{1}{1-x}, & x<y<1 \\ 0, & \text{其他} \end{cases}$$

由式(3-11)得 X 和 Y 的联合概率密度为

$$f(x,y) = f_{Y|X}(y|x)f_X(x) = \begin{cases} \dfrac{1}{1-x}, & 0<x<y<1 \\ 0, & \text{其他} \end{cases}$$

于是得关于 Y 的边缘概率密度为

$$f_Y(y) = \int_{-\infty}^{\infty} f(x,y)\mathrm{d}x = \begin{cases} \displaystyle\int_0^y \frac{1}{1-x}\mathrm{d}x = -\ln(1-y), & 0 < y < 1 \\ 0, & \text{其他} \end{cases}$$

习题 3.3

1. 设二维离散型随机变量 (X,Y) 的联合分布律如表 3-11 所示.

表 3-11

X \ Y	1	2	3
1	0.1	0.3	0.2
2	0.2	0.05	0.15

求:(1) 在 $Y=1$ 条件下 X 的条件分布律;(2) 在 $X=1$ 条件下 Y 的条件分布律.

2. 将一枚硬币掷三次,以 X 表示前两次中出现正面的次数,以 Y 表示第三次出现正面的次数,求 X,Y 的联合分布律及条件分布律 $P\{X=i|Y=2\}$,$P\{Y=j|X=2\}$.

3. 设二维连续型随机变量 (X,Y) 的概率密度函数为

$$f(x,y) = \begin{cases} 1, & |y| < x, 0 < x < 1 \\ 0, & \text{其他} \end{cases}$$

求条件密度函数.

4. 设二维随机变量 (X,Y) 的概率密度为

$$f(x,y) = \begin{cases} \mathrm{e}^{-y}, & 0 < x < y \\ 0, & \text{其他} \end{cases}$$

求条件概率密度.

5. 设随机变量 $X \sim U(0,1)$,当 $X=x$ 给定时,随机变量 Y 的条件概率密度为

$$f_{Y|X}(y \mid x) = \begin{cases} x, & 0 < y < 1/x \\ 0, & \text{其他} \end{cases}$$

(1) 求 (X,Y) 的概率密度 $f(x,y)$;

(2) 求边缘概率密度 $f_Y(y)$,并画出它的图形;

(3) 求 $P\{X>Y\}$.

3.4　相互独立的随机变量

本节我们将利用两个事件相互独立的概念引出两个随机变量相互独立的概念.

定义 3.10　设 $F(x,y)$ 及 $F_X(x),F_Y(y)$ 分别是二维随机变量 (X,Y) 的分布函数及边缘分布函数. 若对于所有 $x,y\in \mathbf{R}$ 有

$$P\{X \leqslant x, Y \leqslant y\} = P\{X \leqslant x\}P\{Y \leqslant y\} \tag{3-13}$$

即

$$F(x,y) = F_X(x)F_Y(y) \tag{3-14}$$

则称随机变量 X 和 Y 是**相互独立的**.

由于概率密度和分布律分别反映了连续型和离散型随机变量的概率分布,因此由上述定义得到如下定理(证明略).

定理 3.1 (1) 设 (X,Y) 是连续型随机变量, $f(x,y)$, $f_X(x)$, $f_Y(y)$ 分别为 (X,Y) 的概率密度和边缘概率密度,则 X 和 Y 相互独立的条件式(3-14)等价于:等式

$$f(x,y) = f_X(x)f_Y(y) \tag{3-15}$$

在平面上几乎处处[①]成立.

(2) 当 (X,Y) 是离散型随机变量时, X 和 Y 相互独立的条件式(3-14)等价于:对于 (X,Y) 的所有可能取的值 (x_i, y_j), 有

$$P\{X=x_i, Y=y_j\} = P\{X=x_i\}P\{Y=y_j\} \tag{3-16}$$

在实际中使用式(3-15)或式(3-16)要比使用式(3-14)方便.

例如 3.1 节中例 3.2 中的随机变量 X 和 Y, 由于

$$f_X(x) = \begin{cases} 2e^{-2x}, & x > 0 \\ 0, & \text{其他} \end{cases} \qquad f_Y(y) = \begin{cases} e^{-y}, & y > 0 \\ 0, & \text{其他} \end{cases}$$

故有 $f(x,y) = f_X(x)f_Y(y)$, 因而 X,Y 是相互独立的.

又如,若 X,Y 具有联合分布律如表 3-12 所示.

表 3-12

Y \ X	0	1	$P\{Y=j\}$
1	1/6	2/6	1/2
2	1/6	2/6	1/2
$P\{X=i\}$	1/3	2/3	1

则有
$$P\{X=0, Y=1\} = 1/6 = P\{X=0\}P\{Y=1\}$$
$$P\{X=0, Y=2\} = 1/6 = P\{X=0\}P\{Y=2\}$$
$$P\{X=1, Y=1\} = 2/6 = P\{X=1\}P\{Y=1\}$$
$$P\{X=1, Y=2\} = 2/6 = P\{X=1\}P\{Y=2\}$$

因而 X,Y 是相互独立的.

再如 3.2 节例 3.3 中的随机变量 F 和 D, 由于 $P\{D=1, F=0\} = 1/10 \neq P\{D=1\} \times P\{F=0\}$, 因而 F 和 D 不是相互独立的.

下面考察二维正态随机变量 (X,Y). 它的概率密度为

$$f(x,y) = \frac{1}{2\pi\sigma_1\sigma_2\sqrt{1-\rho^2}} \exp\left\{ \frac{-1}{2(1-\rho^2)} \left[\frac{(x-\mu_1)^2}{\sigma_1^2} \right.\right.$$
$$\left.\left. -2\rho \frac{(x-\mu_1)(y-\mu_2)}{\sigma_1\sigma_2} + \frac{(y-\mu_2)^2}{\sigma_2^2} \right] \right\}$$

[①] 此处"几乎处处成立"的含义是:在平面上除去"面积"为零的集合以外,处处成立.

如果 X 和 Y 相互独立,由于 $f(x,y)$, $f_X(x)$, $f_Y(y)$ 都是连续函数,故对于所有的 x,y 有 $f(x,y) = f_X(x)f_Y(y)$.

特别,令 $x=\mu_1$, $y=\mu_2$, 自这一等式得到 $\dfrac{1}{2\pi\sigma_1\sigma_2\sqrt{1-\rho^2}} = \dfrac{1}{2\pi\sigma_1\sigma_2}$.

由 3.2 节中例 3.5 知道,其边缘概率密度 $f_X(x), f_Y(y)$ 的乘积为

$$f_X(x)f_Y(y) = \frac{1}{2\pi\sigma_1\sigma_2}\exp\left\{-\frac{1}{2}\left[\frac{(x-\mu_1)^2}{\sigma_1^2} + \frac{(y-\mu_2)^2}{\sigma_2^2}\right]\right\}$$

因此,如果 $\rho=0$,则对于所有 x,y 有 $f(x,y)=f_X(x)f_Y(y)$,即 X 和 Y 相互独立.反之, $\rho=0$.综上所述,得到以下的结论:

对于二维正态随机变量 (X,Y), X 和 Y 相互独立的充要条件是参数 $\rho=0$.

【例 3.10】 一负责人到达办公室的时间均匀分布在 8～12 时,他的秘书到达办公室的时间均匀分布在 7～9 时,设他们两人到达的时间相互独立,求他们到达办公室的时间相差不超过 5 分钟(1/12 小时)的概率.

解 设 X 和 Y 分别是负责人和他的秘书到达办公室的时间,由假设 X 和 Y 的概率密度分别为

$$f_X(x) = \begin{cases} \dfrac{1}{4}, & 8 < x < 12 \\ 0, & \text{其他} \end{cases} \qquad f_Y(y) = \begin{cases} \dfrac{1}{2}, & 7 < y < 9 \\ 0, & \text{其他} \end{cases}$$

因为 X,Y 相互独立,故 (X,Y) 的概率密度为

$$f(x,y) = f_X(x)f_Y(y) = \begin{cases} \dfrac{1}{8}, & 8 < x < 12, 7 < y < 9 \\ 0, & \text{其他} \end{cases}$$

按题意需要求概率 $P\{|X-Y|\leqslant 1/12\}$.画出区域: $|x-y|\leqslant 1/12$,以及长方形 $[8<x<12;7<y<9]$,它们的公共部分是四边形 BCC_1B_1,记为 G(图 3-7).显然仅当 (X,Y) 取值于 G 内,他们两人到达的时间相差才不超过 1/12 小时.因此,所求的概率为

$$P\left\{|X-Y|\leqslant\frac{1}{12}\right\} = \iint_G f(x,y)\mathrm{d}x\mathrm{d}y = \frac{1}{8}\times(G\text{ 的面积})$$

而 G 的面积 $=\triangle ABC$ 的面积 $-\triangle AB_1C_1$ 的面积

$$=\frac{1}{2}\left(\frac{13}{12}\right)^2 - \frac{1}{2}\left(\frac{11}{12}\right)^2 = \frac{1}{6}$$

于是

$$P\left\{|X-Y|\leqslant\frac{1}{12}\right\} = \frac{1}{48}$$

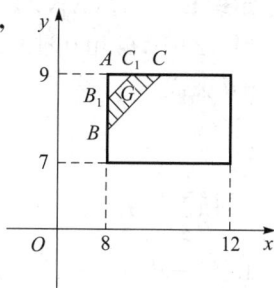

图 3-7

即负责人和他的秘书到达办公室的时间相差不超过 5 分钟的概率为 1/48.

上所述关于二维随机变量的一些概念,容易推广到 n 维随机变量的情况.

上面说过, n 维随机变量 $(X_1,X_2,\cdots,X_n)$ 的分布函数定义为

$$F(x_1,x_2,\cdots,x_n) = P\{X_1\leqslant x_1, X_2\leqslant x_2, \cdots, X_n\leqslant x_n\}$$

其中 $x_1,x_2,\cdots,x_n$ 为任意实数.

若存在非负可积函数 $f(x_1,x_2,\cdots,x_n)$,使对于任意实数 $x_1,x_2,\cdots,x_n$ 有

$$F(x_1,x_2,\cdots,x_n)$$

$$=\int_{-\infty}^{x_n}\int_{-\infty}^{x_{n-1}}\cdots\int_{-\infty}^{x_1} f(x_1,x_2,\cdots,x_n)\mathrm{d}x_1\mathrm{d}x_2\cdots\mathrm{d}x_n$$

则称 $f(x_1,x_2,\cdots,x_n)$ 为 $(X_1,X_2,\cdots,X_n)$ 的概率密度函数.

设 $(X_1,X_2,\cdots,X_n)$ 的分布函数 $F(x_1,x_2,\cdots,x_n)$ 为已知,则 $(X_1,X_2,\cdots,X_n)$ 的 $k(1\leqslant k<n)$ 维边缘分布函数就随之确定.例如 $(X_1,X_2,\cdots,X_n)$ 关于 X_1、关于 (X_1,X_2) 的边缘分布函数分别为

$$F_{X_1}(x_1) = F(x_1,\infty,\infty,\cdots,\infty)$$

$$F_{X_1,X_2}(x_1,x_2) = F(x_1,x_2,\infty,\infty,\cdots,\infty)$$

又若 $f(x_1,x_2,\cdots,x_n)$ 是 $(X_1,X_2,\cdots,X_n)$ 的概率密度,则 $(X_1,X_2,\cdots,X_n)$ 关于 X_1、关于 (X_1,X_2) 的边缘概率密度分别为

$$f_{X_1}(x_1) = \int_{-\infty}^{\infty}\int_{-\infty}^{\infty}\cdots\int_{-\infty}^{\infty} f(x_1,x_2,\cdots,x_n)\mathrm{d}x_2\mathrm{d}x_3\cdots\mathrm{d}x_n$$

$$f_{X_1,X_2}(x_1,x_2) = \int_{-\infty}^{\infty}\int_{-\infty}^{\infty}\cdots\int_{-\infty}^{\infty} f(x_1,x_2,\cdots,x_n)\mathrm{d}x_3\mathrm{d}x_4\cdots\mathrm{d}x_n$$

若对于所有的 $x_1,x_2,\cdots,x_n$ 有

$$F(x_1,x_2,\cdots,x_n) = F_{X_1}(x_1)F_{X_2}(x_2)\cdots F_{X_n}(x_n)$$

则称 $X_1,X_2,\cdots,X_n$ 是相互独立的.

若对于所有的 $x_1,x_2,\cdots,x_m;y_1,y_2,\cdots,y_n$ 有 $F(x_1,x_2,\cdots,x_m,y_1,y_2,\cdots,y_n) = F_1(x_1,x_2,\cdots,x_m)F_2(y_1,y_2,\cdots,y_n)$,其中 F_1,F_2,F 依次为随机变量 $(X_1,X_2,\cdots,X_m)$,$(Y_1,Y_2,\cdots,Y_n)$ 和 $(X_1,X_2,\cdots,X_m,Y_1,Y_2,\cdots,Y_n)$ 的分布函数,则称随机变量 $(X_1,X_2,\cdots,X_m)$ 和 $(Y_1,Y_2,\cdots,Y_n)$ 是相互独立的.

我们有以下的定理,它在数理统计中是很有用的.

定理 3.2　设 $(X_1,X_2,\cdots,X_m)$ 和 $(Y_1,Y_2,\cdots,Y_n)$ 相互独立,则 $X_i(i=1,2,\cdots,m)$ 和 $Y_j(j=1,2,\cdots,n)$ 相互独立.又若 h,g 是连续函数,则 $h(X_1,X_2,\cdots,X_m)$ 和 $g(Y_1,Y_2,\cdots,Y_n)$ 相互独立.

(证明略)

习题 3.4

1. 将一枚硬币掷 3 次,以 X 表示前两次中出现正面的次数,以 Y 表示第三次出现正面的次数,试判断 X 和 Y 的独立性.

2. 设随机变量 (X,Y) 的分布律如表 3-13 所示.

表 3-13

X ＼ Y	-1	0
1	1/3	1/3
2	1/6	1/6

试判断 X 和 Y 的独立性.

3. 设二维连续型随机变量 (X,Y) 的概率密度函数为

$$f(x,y) = \begin{cases} 1, & |y|<x,0<x<1 \\ 0, & \text{其他} \end{cases}$$

试判断 X 和 Y 的独立性.

4. 设二维随机变量 (X,Y) 的分布律如表 3-14 所示,并且 X 与 Y 相互独立,求 a,b,c 的值.

表 3-14

X \ Y	1	2	3
1	a	1/9	c
2	1/9	b	1/3

5. 设 X 和 Y 是 2 个相互独立的随机变量,$X \sim U(0,1)$,$Y \sim E(2)$,求关于 a 的方程
$$a^2 + 2Xa + Y = 0$$
有实根的概率.

3.5　两个随机变量的函数的分布

在 2.5 节中已经讨论过一个随机变量的函数的分布,本节讨论两个随机变量的函数的分布.

3.5.1　(X,Y) 为离散型随机变量

已知 (X,Y) 的分布律为:$P\{X = x_i, Y = y_j\} = p_{ij}$,$i,j = 1,2,\cdots$,$Z = g(X,Y)$,显然 Z 也是离散型随机变量,其所有可能的取值为 $z_{ij} = g(x_i, y_j)$,$i,j = 1,2,\cdots$,其分布律为
$$p\{z = z_k\} = \sum_{z_k = g(x_i, y_j)} p_{ij}$$

【例 3.11】　设 (X,Y) 的分布律如表 3-15 所示.

表 3-15

X \ Y	-1	1	2
-1	5/20	2/20	6/20
2	3/20	3/20	1/20

试求 (1) $Z_1 = X + Y$; (2) $Z_2 = X - Y$; (3) $Z_3 = \max(X,Y)$.

解　列表 3-16.

表 3-16

P	5/20	2/20	6/20	3/20	3/20	1/20
(X,Y)	$(-1,-1)$	$(-1,1)$	$(-1,2)$	$(2,-1)$	$(2,1)$	$(2,2)$
$Z_1 = X + Y$	-2	0	1	1	3	4
$Z_2 = X - Y$	0	-2	-3	3	1	0
$Z_3 = \max(X,Y)$	-1	1	2	2	2	2

整理得 Z_1, Z_2, Z_3 的分布律分别为表 3-17～表 3-19.

表 3-17

Z_1	-2	0	1	3	4
P	5/20	2/20	9/20	3/20	1/20

表 3-18

Z_2	-3	-2	0	1	3
P	6/20	2/20	6/20	3/20	3/20

表 3-19

Z_3	-1	1	2
P	5/20	2/20	13/20

3.5.2　(X,Y)为连续型随机变量

下面仅就几个特殊函数进行讨论.

1) $Z=X+Y$ 的分布

设(X,Y)是二维连续型随机变量,它具有概率密度 $f(x,y)$,则 $Z=X+Y$ 仍为连续型随机变量,其概率密度为

$$f_{X+Y}(z) = \int_{-\infty}^{\infty} f(z-y,y)\mathrm{d}y \tag{3-17}$$

或

$$f_{X+Y}(z) = \int_{-\infty}^{\infty} f(x,z-x)\mathrm{d}x \tag{3-18}$$

又若 X 和 Y 相互独立,设(X,Y)关于 X,Y 的边缘密度分别为 $f_X(x)$,$f_Y(y)$,则式(3-17)和式(3-18)分别化为

$$f_{X+Y}(z) = \int_{-\infty}^{\infty} f_X(z-y)f_Y(y)\mathrm{d}y \tag{3-19}$$

和

$$f_{X+Y}(z) = \int_{-\infty}^{\infty} f_X(x)f_Y(z-x)\mathrm{d}x \tag{3-20}$$

这两个公式称为 f_X 和 f_Y 的**卷积公式**,记为 $f_X * f_Y$,即

$$f_X * f_Y = \int_{-\infty}^{\infty} f_X(z-y)f_Y(y)\mathrm{d}y = \int_{-\infty}^{\infty} f_X(x)f_Y(z-x)\mathrm{d}x$$

证　先来求 $Z=X+Y$ 的分布函数 $F_Z(z)$,即有

$$F_Z(z) = P\{Z \leqslant z\} = \iint\limits_{x+y \leqslant z} f(x,y)\mathrm{d}x\mathrm{d}y$$

这里积分区域 $G:x+y \leqslant z$ 是直线 $x+y=z$ 及其左下方的半平面(图 3-8).将二重积分化成累次积分,得

$$F_Z(z) = \int_{-\infty}^{\infty} \left[\int_{-\infty}^{z-y} f(x,y)\mathrm{d}x \right] \mathrm{d}y$$

固定 z 和 y 对积分 $\int_{-\infty}^{z-y} f(x,y)\mathrm{d}x$ 作变量变换,令 $x=u-y$,得

$$\int_{-\infty}^{z-y} f(x,y)\mathrm{d}x = \int_{-\infty}^{z} f(u-y,y)\mathrm{d}u$$

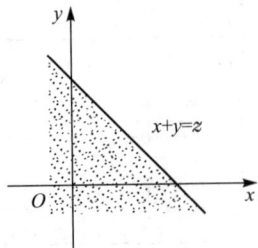

图 3-8

于是

$$F_Z(z) = \int_{-\infty}^{\infty} \left[\int_{-\infty}^{z} f(u-y,y) \mathrm{d}u \right] \mathrm{d}y = \int_{-\infty}^{z} \left[\int_{-\infty}^{\infty} f(u-y,y) \mathrm{d}y \right] \mathrm{d}u$$

由概率密度的定义即得式(3-17).类似可证得式(3-18).

【例 3.12】 设 X 和 Y 是两个相互独立的随机变量.它们都服从 $N(0,1)$ 分布,其概率密度为

$$f_X(x) = \frac{1}{\sqrt{2\pi}} \mathrm{e}^{-x^2/2}, \quad -\infty < x < \infty$$

$$f_Y(y) = \frac{1}{\sqrt{2\pi}} \mathrm{e}^{-y^2/2}, \quad -\infty < y < \infty$$

求 $Z=X+Y$ 的概率密度.

解 由式(3-20)

$$f_Z(z) = \int_{-\infty}^{\infty} f_X(x) f_Y(z-x) \mathrm{d}x = \frac{1}{2\pi} \int_{-\infty}^{\infty} \mathrm{e}^{-\frac{x^2}{2}} \cdot \mathrm{e}^{-\frac{(z-x)^2}{2}} \mathrm{d}x = \frac{1}{2\pi} \mathrm{e}^{-\frac{z^2}{4}} \int_{-\infty}^{\infty} \mathrm{e}^{-(x-\frac{z}{2})^2} \mathrm{d}x$$

令 $t = x - \dfrac{z}{2}$,得

$$f_Z(z) = \frac{1}{2\pi} \mathrm{e}^{-\frac{z^2}{4}} \int_{-\infty}^{\infty} \mathrm{e}^{-t^2} \mathrm{d}t = \frac{1}{2\pi} \mathrm{e}^{-\frac{z^2}{4}} \sqrt{\pi} = \frac{1}{2\sqrt{\pi}} \mathrm{e}^{-\frac{z^2}{4}}$$

即 Z 服从 $N(0,2)$ 分布.

一般地,设 X,Y 相互独立且 $X \sim N(\mu_1, \sigma_1^2), Y \sim N(\mu_2, \sigma_2^2)$.由式(3-20)经过计算知 $Z=X+Y$ 仍然服从正态分布,且有 $Z \sim N(\mu_1+\mu_2, \sigma_1^2+\sigma_2^2)$.这个结论还能推广到 n 个独立正态随机变量之和的情况.即若 $X_i \sim N(\mu_i, \sigma_i^2)(i=1,2,\cdots,n)$,且它们相互独立,则它们的和 $Z=X_1+X_2+\cdots+X_n$ 仍然服从正态分布,且有 $Z \sim N(\mu_1+\mu_2+\cdots+\mu_n, \sigma_1^2+\sigma_2^2+\cdots+\sigma_n^2)$.

更一般地,可以证明**有限个相互独立的正态随机变量的线性组合仍然服从正态分布**.

【例 3.13】 在一简单电路中,两电阻 R_1 和 R_2 串联连接,设 R_1, R_2 相互独立,它们的概率密度均为

$$f(x) = \begin{cases} \dfrac{10-x}{50}, & 0 \leqslant x \leqslant 10 \\ 0, & \text{其他} \end{cases}$$

求总电阻 $R=R_1+R_2$ 的概率密度.

解 由式(3-20),R 的概率密度为

$$f_R(z) = \int_{-\infty}^{\infty} f(x) f(z-x) \mathrm{d}x$$

易知仅当

$$\begin{cases} 0 < x < 10, \\ 0 < z-x < 10, \end{cases} \quad \text{即} \begin{cases} 0 < x < 10 \\ z-10 < x < z \end{cases}$$

时上述积分的被积函数不等于零.参考图 3-9,即得

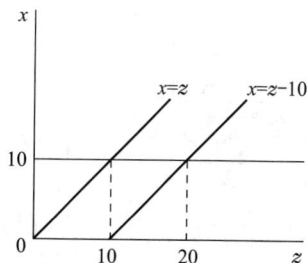

图 3-9

$$f_R(z) = \begin{cases} \int_0^z f(x)f(z-x)\mathrm{d}x, & 0 \leqslant z \leqslant 10 \\ \int_{z-10}^{10} f(x)f(z-x)\mathrm{d}x, & 10 \leqslant z \leqslant 20 \\ 0, & 其他 \end{cases}$$

将 $f(x)$ 的表达式代入上式得

$$f_R(z) = \begin{cases} \dfrac{1}{15000}(600z - 60z^2 + z^3), & 0 \leqslant z < 10 \\ \dfrac{1}{15000}(20-z)^3, & 10 \leqslant z < 20 \\ 0, & 其他 \end{cases}$$

2) $M = \max\{X, Y\}$ 及 $N = \min\{X, Y\}$ 的分布

设 X, Y 是两个相互独立的随机变量,它们的分布函数分别为 $F_X(x)$ 和 $F_Y(y)$,现在来求 $M = \max\{X, Y\}$ 及 $N = \min\{X, Y\}$ 的分布函数.

由于 $M = \max\{X, Y\}$ 不大于 z 等价于 X 和 Y 都不大于 z,故有

$$P\{M \leqslant z\} = P\{X \leqslant z, Y \leqslant z\}$$

又由于 X 和 Y 相互独立,得到 $M = \max\{X, Y\}$ 的分布函数为

$$F_{\max}(z) = P\{M \leqslant z\} = P\{X \leqslant z, Y \leqslant z\} = P\{X \leqslant z\}P\{Y \leqslant z\}$$

即有
$$F_{\max}(z) = F_X(z)F_Y(z) \tag{3-21}$$

类似地,可得 $N = \min\{X, Y\}$ 的分布函数为

$$F_{\min}(z) = P\{N \leqslant z\} = 1 - P\{N > z\}$$
$$= 1 - P\{X > z, Y > z\} = 1 - P\{X > z\} \cdot P\{Y > z\}$$

即
$$F_{\min}(z) = 1 - [1 - F_X(z)][1 - F_Y(z)] \tag{3-22}$$

以上结果容易推广到 n 个相互独立的随机变量的情况. 设 $X_1, X_2, \cdots, X_n$ 是 n 个相互独立的随机变量. 它们的分布函数分别为 $F_{X_i}(x_i)(i = 1, 2, \cdots, n)$,则 $M = \max\{X_1, X_2, \cdots, X_n\}$ 及 $N = \min\{X_1, X_2, \cdots X_n\}$ 的分布函数分别为

$$F_{\max}(z) = F_{X_1}(z)F_{X_2}(z)\cdots F_{X_n}(z) \tag{3-23}$$

$$F_{\min}(z) = 1 - [1 - F_{X_1}(z)][1 - F_{X_2}(z)]\cdots[1 - F_{X_n}(z)] \tag{3-24}$$

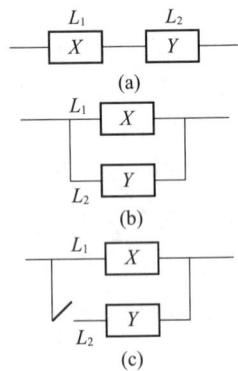

特别,当 $X_1, X_2, \cdots, X_n$ 相互独立且具有相同分布函数 $F(x)$ 时有

$$F_{\max}(z) = [F(z)]^n \tag{3-25}$$

$$F_{\min}(z) = 1 - [1 - F(z)]^n \tag{3-26}$$

【例 3.14】 设系统 L 由两个相互独立的子系统 L_1, L_2 连接而成,连接的方式分别为图 3-10 (a) 串联,(b) 并联,(c) 备用(当系统 L_1 损坏时,系统 L_2 开始工作),设 L_1, L_2 的寿命分别为 X, Y,已知它们的概率密度分别为

$$f_X(x) = \begin{cases} \alpha \mathrm{e}^{-\alpha x}, & x > 0 \\ 0, & x \leqslant 0 \end{cases} \tag{3-27}$$

图 3-10

$$f_Y(y) = \begin{cases} \beta e^{-\beta y}, & y > 0 \\ 0, & y \leqslant 0 \end{cases} \qquad (3\text{-}28)$$

其中 $\alpha > 0, \beta > 0$ 且 $\alpha \neq \beta$. 试分别就以上三种连接方式写出 L 的寿命 Z 的概率密度.

解 (1) 串联的情况. 由于当 L_1, L_2 中有一个损坏时,系统 L 就停止工作,所以这时 L 的寿命为

$$Z = \min\{X, Y\}$$

由式(3-27)、式(3-28)得 X, Y 的分布函数分别为

$$F_X(x) = \begin{cases} 1 - e^{-\alpha x}, & x > 0 \\ 0, & x \leqslant 0 \end{cases} \qquad F_Y(y) = \begin{cases} 1 - e^{-\beta y}, & y > 0 \\ 0, & y \leqslant 0 \end{cases}$$

由式(3-22)得 $Z = \min\{X, Y\}$ 的分布函数为

$$F_{\min}(z) = \begin{cases} 1 - e^{-(\alpha + \beta)z}, & z > 0 \\ 0, & z \leqslant 0 \end{cases}$$

于是 $Z = \min\{X, Y\}$ 的概率密度为

$$f_{\min}(z) = \begin{cases} (\alpha + \beta) e^{-(\alpha + \beta)z}, & z > 0 \\ 0, & z \leqslant 0 \end{cases}$$

(2) 并联的情况. 由于当且仅当 L_1, L_2 都损坏时,系统 L 才停止工作,所以这时 L 的寿命 Z 为

$$Z = \max\{X, Y\}.$$

按式(3-21)得 $Z = \max\{X, Y\}$ 的分布函数为

$$F_{\max}(z) = F_X(z)F_Y(z) = \begin{cases} (1 - e^{-\alpha z})(1 - e^{-\beta z}), & z > 0 \\ 0, & z \leqslant 0 \end{cases}$$

于是 $Z = \max\{X, Y\}$ 的概率密度为

$$f_{\max}(z) = \begin{cases} \alpha e^{-\alpha z} + \beta e^{-\beta z} - (\alpha + \beta) e^{-(\alpha + \beta)z}, & z > 0 \\ 0, & z \leqslant 0 \end{cases}$$

(3) 备用的情况. 由于这时当系统 L_1 损坏时系统 L_2 才开始工作,因此整个系统 L 的寿命 Z 是 L_1, L_2 两者寿命之和,即

$$Z = X + Y$$

按式(3-19),当 $z > 0$ 时 $Z = X + Y$ 的概率密度为

$$f(z) = \int_{-\infty}^{\infty} f_X(z - y) f_Y(y) \, dy = \int_0^z \alpha e^{-\alpha(z - y)} \beta e^{-\beta y} \, dy$$

$$= \alpha \beta e^{-\alpha z} \int_0^z e^{-(\beta - \alpha)y} \, dy = \frac{\alpha \beta}{\beta - \alpha} (e^{-\alpha z} - e^{-\beta z})$$

当 $z \leqslant 0$ 时,$f(z) = 0$,于是 $Z = X + Y$ 的概率密度为

$$f(z) = \begin{cases} \dfrac{\alpha \beta}{\beta - \alpha} (e^{-\alpha z} - e^{-\beta z}), & z > 0 \\ 0, & z \leqslant 0 \end{cases}$$

习题 3.5

1. 设随机变量(X,Y)的分布律如表 3-20 所示.

表 3-20

Y＼X	0	1	2	3	4	5
0	0.00	0.01	0.03	0.05	0.07	0.09
1	0.01	0.02	0.04	0.05	0.06	0.08
2	0.01	0.03	0.05	0.05	0.05	0.06
3	0.01	0.02	0.04	0.06	0.06	0.05

(1) $Z_1＝X+Y$;(2) $Z_2＝\min(X,Y)$;(3) $Z_3＝\max(X,Y)$.

2. 设 X,Y 是相互独立的随机变量,$X\sim P(\lambda_1)$,$Y\sim P(\lambda_2)$.证明 $X+Y\sim P(\lambda_1+\lambda_2)$.

3. 设 X,Y 是相互独立的随机变量,其概率密度分别为

$$f_X(x)=\begin{cases}1, & 0\leqslant x\leqslant 1\\0, & 其他\end{cases} \quad f_Y(y)=\begin{cases}\mathrm{e}^{-y}, & y>0\\0, & 其他\end{cases}$$

求随机变量 $Z＝X+Y$ 的概率密度.

4. 设随机变量(X,Y)的概率密度为

$$f(x,y)=\begin{cases}\dfrac{1}{2}(x+y)\mathrm{e}^{-(x+y)}, & x>0,y>0\\0, & 其他\end{cases}$$

求随机变量 $Z＝X+Y$ 的概率密度.

5. 设随机变量(X,Y)的概率密度为

$$f(x,y)=\begin{cases}b\mathrm{e}^{-(x+y)}, & 0<x<1,y>0\\0, & 其他\end{cases}$$

(1) 试确定常数 b;

(2) 求函数 $U＝\max(X,Y)$的分布函数.

6. 某商品一周的需求量是一个随机变量,其概率密度为

$$f(t)=\begin{cases}t\mathrm{e}^{-t}, & t>0\\0, & t\leqslant 0\end{cases}$$

设各周的需求量是相互独立的,求:(1) 两周的需求量的概率密度;(2) 三周的需求量的概率密度.

自测题 3

一、单项选择题

1. 设随机变量 X 和 Y 同分布,则(　　).

　　A. 必有 $X＝Y$

　　B. 对任意实数 a,使 $P(X\leqslant a)＝P(Y\leqslant a)$

C. 事件$(X \leqslant a)$与事件$(Y \leqslant a)$不相互独立

D. 只对某些实数a,事件$(X \leqslant a)$与事件$(Y \leqslant a)$相互独立.

2. 设随机变量X和Y相互独立且同分布,$P(X=-1)=P(Y=-1)=1/2,P(X=1)=P(Y=1)=1/2$,则下列各式中成立的是(　　).

    A. $P(X=Y)=1/2$　　　　　　B. $P(X=Y)=1$

    C. $P(X \bigcup Y=0)=1/4$　　　　D. $P(XY)=1/4$

3. 设随机变量X和Y的联合分布函数$F(x,y)=A\left(\arctan\dfrac{x}{4}+B\right) \cdot \left(\arctan\dfrac{x}{5}+C\right)$,则$A,B,C$的值分别为(　　).

    A. $1/\pi,\pi,\pi$　　　　　　　　B. $1/\pi,\pi/2,\pi/2$

    C. $1/\pi^2,\pi,\pi$　　　　　　　D. $1/\pi^2,\pi/2,\pi/2$

4. 设随机变量X和Y的联合分布函数为$F(x,y)$,则落在区域D(图3-11)内的概率为(　　).

    A. $F(a_3,b_3)+F(a_2,b_2)+F(a_1,b_2)-F(a_1,b_3)-F(a_3,b_1)-F(a_2,b_1)$

    B. $F(a_3,b_3)+F(a_1,b_2)+F(a_2,b_1)-F(a_2,b_2)-F(a_1,b_3)-F(a_3,b_1)$

    C. $F(a_3,b_3)+F(a_1,b_3)+F(a_3,b_1)-F(a_1,b_2)-F(a_2,b_2)-F(a_2,b_1)$

    D. $F(a_3,b_3)+F(a_2,b_2)+F(a_3,b_1)-F(a_1,b_3)-F(a_1,b_2)-F(a_2,b_1)$

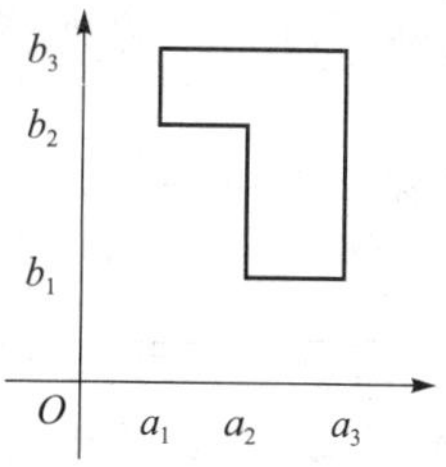

图 3-11

5. 设X_1和X_2是任意两个相互独立的连续型随机变量,它们的概率密度函数分别为$f_1(x)$和$f_2(x)$,分布函数分别为$F_1(x)$和$F_2(x)$,则(　　).

    A. $f_1(x)+f_2(x)$必为某随机变量的概率密度函数

    B. $f_1(x)f_2(x)$必为某随机变量的概率密度函数

    C. $F_1(x)+F_2(x)$必为某随机变量的分布函数

    D. $F_1(x)F_2(x)$必为某随机变量的分布函数

6. 设随机变量X_1和X_2的分布律均如表3-21所示.

表 3-21

X	-1	0	1
P	1/4	1/2	1/4

且满足$P(X_1 \cdot X_2=0)=1$,则$P(X_1=X_2)=$(　　).

    A. 0　　　　　　B. 1/4　　　　　　C. 1/2　　　　　　D. 1

7. 设二维随机变量(X,Y)的概率密度为

$$f(x,y)=\begin{cases} x^2+\dfrac{1}{3}xy, & 0 \leqslant x \leqslant 1,0 \leqslant y \leqslant 2 \\ 0, & \text{其他} \end{cases}$$

则$P(X+Y \geqslant 2)=$(　　).

　　A. 7/72　　　　　B. 13/72　　　　　C. 41/72　　　　　D. 65/72

　　8. 设二维随机变量(X,Y)的概率密度为

$$f(x,y)=\begin{cases} kx, & \sqrt{y}\leqslant x\leqslant 1 \\ ky, & 0\leqslant x<\sqrt{y}<1 \\ 0, & \text{其他} \end{cases}$$

则 $k=($　　$)$.

　　A. 20/13　　　　B. 20/9　　　　　C. 5/2　　　　　D. 4

　　9. 设二维随机变量(X,Y)在以 $O(0,0),P(1,0),Q(2,2)$ 为顶点的三角形区域上服从均匀分布,则 $f_{X|Y}\left(\dfrac{3}{2}\Big|1\right)=($　　$)$.

　　A. 1/2　　　　　B. 2/3　　　　　C. 1　　　　　D. 2

　　10. 设二维随机变量(X,Y)的概率密度为

$$f(x,y)=\begin{cases} \dfrac{1}{2}, & 0\leqslant x\leqslant 1,0\leqslant y\leqslant 2 \\ 0, & \text{其他} \end{cases}$$

则 X 与 Y 中至少有一个小于 1/2 的概率为(　　).

　　A. 1/11　　　　B. 1/7　　　　　C. 5/8　　　　　D. 7/8

二、填空题

　　1. 设二维随机变量(X,Y)的概率密度为

$$f(x,y)=\begin{cases} \dfrac{1}{8}, & 0<x<4,1<y<2 \\ 0, & \text{其他} \end{cases}$$

则 $F(2,2)=$_____.

　　2. 设二维随机变量(X,Y)的概率密度为

$$f(x,y)=\begin{cases} c(x+2y), & 0\leqslant x\leqslant 2,0\leqslant y\leqslant x^2 \\ 0, & \text{其他} \end{cases}$$

则 $c=$_____.

　　3. (1999 年考研)设随机变量 X 与 Y 相互独立,表 3-22 给出了二维随机变量(X,Y)的分布律及关于 X,Y 的边缘分布律中的部分值,试将其余值填入表 3-22 中的空白处.

表 3-22

X＼Y	y_1	y_2	y_3	$p_i.$
x_1		1/8		
x_2	1/8			
$p._j$	1/6			1

　　4. 设平面区域 D 由曲线 $y=1/x$ 及直线 $y=0,x=1,x=\mathrm{e}^2$ 所围成,二维随机变量(X,Y)在区域 D 上服从均匀分布,则(X,Y)关于 X 的边缘概率密度函数在 $X=2$ 处的值为_____.

5. 设离散型随机变量 (X,Y) 的分布律如表 3-23 所示.

表 3-23

X \ Y	1	2	3
1	1/36	1/18	1/12
2	1/18	1/9	1/6
3	1/12	1/6	1/4

则 $P(1\leqslant X\leqslant 2,2\leqslant Y\leqslant 3)=$＿＿＿＿$,P(1\leqslant X\leqslant 2|2\leqslant Y\leqslant 3)=$＿＿＿＿.

6. (1994 年考研) 设 X,Y 独立同分布,且 X 的分布律如表 3-24 所示.

表 3-24

X	0	1
P	1/2	1/2

则随机变量 $Z=\max(X,Y)$ 的分布律为＿＿＿＿.

7. (1995 年考研) 设 X 和 Y 为两个连续型随机变量,且 $P(X\geqslant 0,Y\geqslant 0)=3/7$, $P(X\geqslant 0)=P(Y\leqslant 0)=4/7$,则 $P(\max(X,Y)\geqslant 0)=$＿＿＿＿.

8. (2003 年考研) 设二维随机变量 (X,Y) 的概率密度为

$$f(x,y)=\begin{cases}6x, & 0\leqslant x\leqslant y\leqslant 1\\0, & \text{其他}\end{cases}$$

则 $P(X+Y\leqslant 1)=$＿＿＿＿.

三、计算题

1. 设二维随机变量 (X,Y) 的分布函数为

$$F(x,y)=\begin{cases}1-2^{-x}-2^{-y}+2^{-x-y}, & x\geqslant 0,y\geqslant 0\\0, & \text{其他}\end{cases}$$

求 $P(1<X\leqslant 2,3<Y\leqslant 5)$.

2. 一只口袋中装有 4 只球,球上分别标有数字 1,2,2,3,从此袋中任取一只球,取后不放回,再从袋中任取一只球,分别以 X 与 Y 表示第 1 次、第 2 次取到的球上标有的数字,求随机变量 X 和 Y 的联合分布律及边缘分布律.

3. 设二维随机变量 (X,Y) 的概率密度为

$$f(x,y)=\begin{cases}A(x^2+y^2), & 0\leqslant x\leqslant 2,1\leqslant y\leqslant 4\\0, & \text{其他}\end{cases}$$

求:(1) 常数 A;(2) 边缘概率密度函数.

4. 设二维随机变量 (X,Y) 的概率密度为

$$f(x,y)=\begin{cases}k(6-x-y), & 0<x<2,2<y<4\\0, & \text{其他}\end{cases}$$

求:(1) 常数 k;(2) $P(X<1,Y<3)$;(3) $P(X+Y\leqslant 4)$.

5. 设二维随机变量 (X,Y) 在平面区域 D 上服从均匀分布,其中 D 是由直线 $y=x$ 和曲线 $y=x^2$ 所围成的平面区域,求 (X,Y) 的边缘概率密度函数.

6. 设离散型随机变量(X,Y)的分布律如表 3-25 所示.

表 3-25

Y\X	1	2	3
0	3/16	3/18	a
1	b	1/8	1/16

a 和 b 为何值时,X 与 Y 相互独立?

7. 设随机变量 X 与 Y 相互独立,并且它们的概率密度函数分别为

$$f_X(x) = \begin{cases} e^{-x}, & x > 0 \\ 0, & x \leqslant 0 \end{cases}, \quad f_Y(y) = \begin{cases} e^{-y}, & y > 0 \\ 0, & y \leqslant 0 \end{cases}$$

求:(1) (X,Y) 的概率密度函数;(2) $P(X \leqslant 1 | Y > 0)$.

8. 一只袋内有 4 个球,分别标以号码 1,2,3,4. 现从口袋内随机地取球,不放回,再取一球,记第一、二次取出球上的号码分别为 X,Y,试写出 $X=2$ 的条件下 Y 的条件分布律.

9. 设二维随机变量(X,Y)的概率密度为

$$f(x,y) = \begin{cases} 3x, & 0 < x < 1, 0 < y < x \\ 0, & \text{其他} \end{cases}$$

求:(1) X 与 Y 的边缘概率密度和条件概率密度;(2) X 与 Y 是否相互独立.

10. 设随机变量 X 与 Y 相互独立,其概率密度函数分别为

$$f_X(x) = \begin{cases} \dfrac{1}{2}e^{-x/2}, & x \geqslant 0 \\ 0, & x < 0 \end{cases}, \quad f_Y(y) = \begin{cases} \dfrac{1}{3}e^{-y/3}, & y \geqslant 0 \\ 0, & y < 0 \end{cases}$$

求随机变量 $Z = X + Y$ 的概率密度函数.

11. 设离散型随机变量(X,Y)的分布律如表 3-26 所示.

表 3-26

Y\X	-1	1	2
-1	5/20	2/20	6/20
2	3/20	3/20	1/20

求 $X+Y, X-Y$ 的分布律.

第4章 随机变量的数字特征

前两章我们介绍了一维和二维随机变量及其分布,它们都能完整地描述随机变量的统计规律.但在某些实际问题中,求概率分布并不容易;另一方面,有时不需要知道随机变量的分布全貌,而只需要知道能反映随机变量分布性质的某些重要特征.例如,在评定某一地区粮食产量的水平时,单位面积产量是一个随机变量,但我们更关心的是平均亩产量及单位亩产量相对于平均亩产量的分散程度;又如评价一批棉花的质量时,既需要注意纤维的平均长度,又需要注意纤维长度与平均长度的偏离程度,平均长度较大,偏离程度较小,质量就较好.由此看来,需要引进一些能反映随机变量的平均值及差异程度的量.这些量以及与随机变量有关的其他某些数值,虽不能完整地描述随机变量,但能描述它的某些方面的重要特征,我们称之为随机变量的数字特征.它在理论和实际应用中都很重要.本章将介绍常用的几个数字特征:数学期望、方差、相关系数和矩.

4.1 数 学 期 望

4.1.1 数学期望的定义

1. 离散型随机变量的数学期望

在现实问题中,人们常常很关注随机变量的平均取值.例如,观察一名射手 100 次的射击成绩(表 4-1),若以平均中靶环数 $\overline{X}$ 来考察他的射击水平,则

表 4-1

中靶环数 x_i	5	6	7	8	9	10
频数 n_i	20	20	10	20	20	10

$$\overline{X} = \frac{5 \times 20 + 6 \times 20 + 7 \times 10 + 8 \times 20 + 9 \times 20 + 10 \times 10}{100}$$

$$= 5 \times \frac{2}{10} + 6 \times \frac{2}{10} + 7 \times \frac{1}{10} + 8 \times \frac{2}{10} + 9 \times \frac{2}{10} + 10 \times \frac{1}{10} = 7.3$$

其中 $\frac{2}{10}, \frac{2}{10}, \frac{1}{10}, \frac{2}{10}, \frac{2}{10}, \frac{1}{10}$ 是各中靶环数的频率.在第 5 章将讲到当实验次数 n 很大时,频率 $\frac{n_i}{n}$ 在一定意义下接近于随机事件的概率 p_i.也就是说以概率为权重的加权平均 $\sum\limits_{i=1}^{6} x_i p_i$ 会更真实地反映该射手的射击水平.我们称 $\sum\limits_{i=1}^{6} x_i p_i$ 为随机变量 X 的数学期望或均值.

由此,可以给出数学期望的定义.

定义 4.1　设离散型随机变量 X 的分布律为

$$P\{X = x_k\} = p_k, \quad k = 1, 2, \cdots$$

若级数 $\sum_{k=1}^{\infty} x_k p_k$ 绝对收敛,则称级数 $\sum_{k=1}^{\infty} x_k p_k$ 的和为随机变量 X 的**数学期望或均值**,记为 $E(X)$. 即

$$E(X) = \sum_{k=1}^{\infty} x_k p_k \tag{4-1}$$

若 $\sum_{k=1}^{\infty} |x_k| p_k$ 不收敛,则称随机变量 X 的数学期望不存在.

在定义 4.1 中要求 $\sum_{k=1}^{\infty} x_k p_k$ 绝对收敛是因为随机变量的取值顺序是任意排列的,所以要保证数学期望的值和随机变量取值的次序无关,这就是 $\sum_{k=1}^{\infty} x_k p_k$ 级数绝对收敛的充分必要条件. 由定义也可以看出,离散型随机变量的数学期望是由分布唯一确定的,因此该期望也是概率分布的数学期望.

【例 4.1】　设随机变量 X 的分布如下

$$P\left\{X = (-1)^k \frac{2^k}{k}\right\} = \frac{1}{2^k}, \quad k = 1, 2, \cdots$$

求 $E(X)$.

解　因为 $\sum_{k=1}^{\infty} |x_k| p_k = \sum_{k=1}^{\infty} \frac{1}{k}$ 不收敛,所以 X 的期望不存在.

若离散型随机变量取有限个值,那么它的期望一定是存在的;若离散型随机变量取无限可列个值,就要先讨论 $\sum_{k=1}^{\infty} |x_k| p_k$ 的收敛性来确定期望是否存在.

【例 4.2】　某品种蛋鸡的月产蛋个数 X 的分布律如表 4-2 所示.

表 4-2

X	20	21	22	23	24	25	26	27	28	29
P	0.02	0.05	0.09	0.14	0.18	0.19	0.15	0.10	0.06	0.02

求 $E(X)$.

解　由于随机变量取有限个值,其数学期望一定存在. 其期望为

$$
\begin{aligned}
E(X) &= \sum_{k=1}^{10} x_k p_k \\
&= 20 \times 0.02 + 21 \times 0.05 + 22 \times 0.09 + 23 \times 0.14 + 24 \times 0.18 + 25 \times 0.19 + 26 \\
&\quad \times 0.15 + 27 \times 0.10 + 28 \times 0.06 + 29 \times 0.02 \\
&= 24.58
\end{aligned}
$$

即月产蛋的均值为 24.58 个.

【例 4.3】　按规定,某车站每天 8:00~9:00,9:00~10:00 都恰有一辆客车到站,但到站的时刻是随机的,且两者到站的时间相互独立. 其规律如表 4-3 所示.

表 4-3

到站时刻	8:10 9:10	8:30 9:30	8:50 9:50
概率	$\frac{1}{6}$	$\frac{3}{6}$	$\frac{2}{6}$

一旅客 8:20 到车站,求他候车时间的数学期望.

解 设旅客的候车时间为 X(以分计),则 X 的分布律如表 4-4 所示.

表 4-4

X	10	30	50	70	90
p_k	$\frac{3}{6}$	$\frac{2}{6}$	$\frac{1}{6} \times \frac{1}{6}$	$\frac{1}{6} \times \frac{3}{6}$	$\frac{1}{6} \times \frac{2}{6}$

在表 4-4 中,例如

$$P(X = 70) = P(AB) = P(A)P(B) = \frac{1}{6} \times \frac{3}{6}$$

其中 A 为事件"第一班车在 8:10 到站",B 为"第二班车在 9:30 到站". 候车时间的数学期望为

$$E(X) = 10 \times \frac{3}{6} + 30 \times \frac{2}{6} + 50 \times \frac{1}{36} + 70 \times \frac{3}{36} + 90 \times \frac{2}{36} = 27.22(分)$$

【**例 4.4**】 设 $X \sim \pi(\lambda)$(参数为 λ 的泊松分布),求 $E(X)$.

解 X 的分布律为

$$P(X = k) = \frac{\lambda^k}{k!} e^{-\lambda}, \quad k = 0, 1, 2, \cdots \quad \lambda > 0$$

X 的数学期望为

$$E(X) = \sum_{k=0}^{\infty} k \frac{\lambda^k}{k!} e^{-\lambda} = \lambda e^{-\lambda} \sum_{k=1}^{\infty} \frac{\lambda^{k-1}}{(k-1)!} = \lambda e^{-\lambda} e^{\lambda} = \lambda$$

即泊松分布的期望是它的参数 λ,这是 λ 的概率意义.

接下来我们给出连续型随机变量的数学期望的定义.

2. 连续型随机变量的数学期望

设随机变量 X 的概率密度为 $f(x)$,由于对任意的 x,有 $P(X=x)=0$,因此不能直接按式(4-1)定义数学期望. 把 X 的取值区间分成 n 个不相交的小区间 $x_0 < x_1 < \cdots < x_n$,则 X 落在第 i 个小区间 $(x_{i-1}, x_i]$ 的概率

$$P(x_{i-1} < X \leqslant x_i) = \int_{x_{i-1}}^{x_i} f(x) dx \approx f(x_i) \Delta x_i, \quad \Delta x_i = x_i - x_{i-1}$$

于是 X 的平均值近似地等于 $\sum_{i=1}^{n} x_i f(x_i) \Delta x_i$. 若令 $\lambda = \max_{1 \leqslant i \leqslant n} \{\Delta x_i\}$,当 $\lambda \rightarrow 0$ 时,若 $\lim_{\lambda \rightarrow 0} \sum_{i=1}^{n} x_i f(x_i) \Delta x_i$ 存在,则该极限值为 $\int_{-\infty}^{+\infty} x f(x) dx$.

由此,有如下期望的定义.

定义 4.2　设连续型随机变量 X 的概率密度为 $f(x)$,若积分 $\int_{-\infty}^{+\infty} xf(x)\mathrm{d}x$ 绝对收敛,则称积分 $\int_{-\infty}^{+\infty} xf(x)\mathrm{d}x$ 的值为随机变量 X 的**数学期望**或**均值**,记为 $E(X)$. 即

$$E(X) = \int_{-\infty}^{+\infty} xf(x)\mathrm{d}x \tag{4-2}$$

若积分 $\int_{-\infty}^{+\infty} xf(x)\mathrm{d}x$ 不是绝对收敛,则 X 的数学期望不存在.

【**例 4.5**】　设 $X \sim U(a,b)$,求 $E(X)$.

解　X 的概率密度为 $f(x) = \begin{cases} \dfrac{1}{b-a}, & a < x < b \\ 0, & \text{其他} \end{cases}$

X 的数学期望

$$E(X) = \int_{-\infty}^{+\infty} xf(x)\mathrm{d}x = \int_{-\infty}^{a} xf(x)\mathrm{d}x + \int_{a}^{b} xf(x)\mathrm{d}x + \int_{b}^{+\infty} xf(x)\mathrm{d}x$$

$$= \int_{a}^{b} \frac{x}{b-a}\mathrm{d}x = \frac{a+b}{2}$$

即均匀分布的数学期望位于区间 (a,b) 的中点.

【**例 4.6**】　设 $X \sim N(\mu, \sigma^2)$,求 $E(X)$.

解　X 的概率密度 $f(x) = \dfrac{1}{\sqrt{2\pi}\sigma} \mathrm{e}^{-\frac{(x-\mu)^2}{2\sigma^2}}$ $(-\infty < x < +\infty)$.

$$E(X) = \int_{-\infty}^{+\infty} xf(x)\mathrm{d}x = \int_{-\infty}^{+\infty} x \frac{1}{\sqrt{2\pi}\sigma} \mathrm{e}^{-\frac{(x-\mu)^2}{2\sigma^2}}\mathrm{d}x$$

令 $t = \dfrac{x-\mu}{\sigma}$,则 $x = \sigma t + \mu$,且

$$E(X) = \int_{-\infty}^{+\infty} (\sigma t + \mu) \frac{1}{\sqrt{2\pi}} \mathrm{e}^{-\frac{t^2}{2}}\mathrm{d}t = \frac{\sigma}{\sqrt{2\pi}} \int_{-\infty}^{+\infty} t\mathrm{e}^{-\frac{t^2}{2}}\mathrm{d}t + \frac{\mu}{\sqrt{2\pi}} \int_{-\infty}^{+\infty} \mathrm{e}^{-\frac{t^2}{2}}\mathrm{d}t = \mu$$

即正态分布的期望是它的第一个参数 μ,这是 μ 的概率意义.

对已给定二维随机变量 (X,Y),若 $E(X)$ 和 $E(Y)$ 存在,则 (X,Y) 数学期望为 $E(X,Y) = (E(X), E(Y))$,且

(1) 当 (X,Y) 为二维离散型随机变量时,

$$E(X) = \sum_i x_i P(X = x_i) = \sum_i \sum_j x_i p_{ij}$$

$$E(Y) = \sum_j x_j P(Y = x_j) = \sum_j \sum_i y_j p_{ij}$$

(2) 当 (X,Y) 为二维连续型随机变量时,

$$E(X) = \int_{-\infty}^{+\infty} xf_X(x)\mathrm{d}x = \int_{-\infty}^{+\infty} \int_{-\infty}^{+\infty} xf(x,y)\mathrm{d}x\mathrm{d}y$$

$$E(Y) = \int_{-\infty}^{+\infty} yf_Y(y)\mathrm{d}y = \int_{-\infty}^{+\infty} \int_{-\infty}^{+\infty} yf(x,y)\mathrm{d}x\mathrm{d}y$$

【**例 4.7**】　设二维随机变量 (X,Y) 在圆域 $x^2 + y^2 \leqslant 1$ 上服从均匀分布,求 $E(X,Y)$.

解　因为圆域 $x^2 + y^2 \leqslant 1$ 的面积为 π,则 (X,Y) 的联合概率密度为

$$f(x,y) = \begin{cases} \dfrac{1}{\pi}, & x^2 + y^2 \leqslant 1 \\ 0, & \text{其他} \end{cases}$$

$$E(X) = \int_{-\infty}^{+\infty} \int_{-\infty}^{+\infty} x f(x,y) \mathrm{d}x \mathrm{d}y = \int_{-1}^{1} \mathrm{d}x \int_{-\sqrt{1-x^2}}^{\sqrt{1-x^2}} x \frac{1}{\pi} \mathrm{d}y = 0$$

$$E(Y) = \int_{-\infty}^{+\infty} \int_{-\infty}^{+\infty} y f(x,y) \mathrm{d}x \mathrm{d}y = \int_{-1}^{1} \mathrm{d}x \int_{-\sqrt{1-x^2}}^{\sqrt{1-x^2}} y \frac{1}{\pi} \mathrm{d}y = 0$$

所以 $E(X,Y) = (E(X), E(Y)) = (0,0)$，即二维均匀分布的期望是它的对称中心.

4.1.2　随机变量函数的数学期望

在实际问题中,我们经常需要求随机变量函数的期望,例如飞机机翼受到压力 $W = kV^2$ (V 是风速,$k > 0$ 是常数)的作用,需要求 W 的数学期望,这里 W 是随机变量 V 的函数. 我们可以先求出随机变量函数的分布,然后按期望的定义来计算. 其实在多数的情况下,我们不必求出随机变量函数的分布,而是直接求随机变量函数的期望. 这里不加证明给出下列结论.

定理 4.1　设 $Y = g(X)$ 为随机变量 X 的连续函数.

(1) 如果 X 是离散型随机变量,其分布律为 $P\{X = x_k\} = p_k (k = 1, 2, \cdots)$. 若级数 $\sum\limits_{k=1}^{\infty} g(x_k) p_k$ 绝对收敛,则有

$$E(Y) = E[g(X)] = \sum_{k=1}^{\infty} g(x_k) p_k \tag{4-3}$$

(2) 如果 X 是连续型随机变量,其概率密度为 $f(x)$,若 $\int_{-\infty}^{+\infty} g(x) f(x) \mathrm{d}x$ 绝对收敛,则有

$$E(Y) = E[g(X)] = \int_{-\infty}^{+\infty} g(x) f(x) \mathrm{d}x \tag{4-4}$$

上述定理还可以推广到 2 个或 2 个以上随机变量的函数的情况.

定理 4.2　设 $Z = g(X,Y)$ 为随机变量 X, Y 的连续函数.

(1) 如果 (X,Y) 是离散型随机变量,其联合分布律为

$$P\{X = x_i, Y = y_j\} = p_{ij} \quad i, j = 1, 2, \cdots$$

若级数 $\sum\limits_{i=1}^{\infty} \sum\limits_{j=1}^{\infty} g(x_i, y_j) p_{ij}$ 绝对收敛,则有 $E(Z) = E[g(X,Y)] = \sum\limits_{i=1}^{\infty} \sum\limits_{j=1}^{\infty} g(x_i, y_j) p_{ij}$.

(2) 如果 (X,Y) 是连续型随机变量,其联合概率密度为 $f(x,y)$,若积分

$$\int_{-\infty}^{\infty} \int_{-\infty}^{+\infty} g(x,y) f(x,y) \mathrm{d}x \mathrm{d}y$$

绝对收敛,则有 $E(Z) = E[g(X,Y)] = \int_{-\infty}^{\infty} \int_{-\infty}^{+\infty} g(x,y) f(x,y) \mathrm{d}x \mathrm{d}y$.

【例 4.8】　设风速 V 在 $(0,a)$ 上服从均匀分布,即有概率密度

$$f(v) = \begin{cases} \dfrac{1}{a}, & 0 < v < a \\ 0, & \text{其他} \end{cases}$$

又设飞机机翼受到的正压力 W 是 V 的函数：$W=kV^2(k>0$，常数)，求 W 的数学期望.

解　由定理 4.1 知

$$E(W) = \int_{-\infty}^{\infty} kv^2 f(v) \mathrm{d}v = \int_0^a kv^2 \frac{1}{a} \mathrm{d}v = \frac{1}{3} ka^2$$

【**例 4.9**】　设随机变量 X,Y 相互独立，且均服从 $N(0,1)$ 分布，求 $E(\sqrt{X^2+Y^2})$.

解　由 $X\sim N(0,1)$，$Y\sim N(0,1)$，且 X,Y 相互独立，则 (X,Y) 的联合概率密度为

$$f(x,y) = f_X(x)f_Y(y) = \frac{1}{\sqrt{2\pi}}\mathrm{e}^{-\frac{x^2}{2}} \frac{1}{\sqrt{2\pi}}\mathrm{e}^{-\frac{y^2}{2}} = \frac{1}{2\pi}\mathrm{e}^{-\frac{x^2+y^2}{2}}$$

从而

$$\begin{aligned}
E(\sqrt{X^2+Y^2}) &= \int_{-\infty}^{+\infty}\int_{-\infty}^{+\infty} \sqrt{x^2+y^2}\, f(x,y) \mathrm{d}x\mathrm{d}y \\
&= \int_{-\infty}^{+\infty}\int_{-\infty}^{+\infty} \frac{1}{2\pi}\sqrt{x^2+y^2}\,\mathrm{e}^{-\frac{x^2+y^2}{2}} \mathrm{d}x\mathrm{d}y \\
&= \frac{1}{2\pi}\int_0^{2\pi}\mathrm{d}\theta \int_0^{+\infty} r\mathrm{e}^{-\frac{r^2}{2}} r\mathrm{d}r \quad (x=r\cos\theta, y=r\sin\theta) \\
&= \frac{\sqrt{2\pi}}{2}
\end{aligned}$$

【**例 4.10**】　某个体户经营豆制品，月销售量 X 可看成服从 $(2000,4000)$（单位：千克）上的均匀分布的随机变量，假设出售 1 千克豆制品获利 3 元，若销不出去造成积压 1 千克亏损 1 元钱，问：该个体户每月需要往市场投放多少豆制品，才能获得最大的平均利润.

解　设投放市场豆制品的重量为 $a(2000<a<4000)$，则利润 Y 是销售量 X 的函数

$$Y = g(X) = \begin{cases} 3a, & X\geqslant a \\ 3X-1\cdot(a-X), & X<a \end{cases}$$

从而利润的数学期望为

$$\begin{aligned}
E(Y) = E(g(X)) &= \int_{-\infty}^{+\infty} g(x) f(x) \mathrm{d}x = \int_{2000}^{4000} g(x) \frac{1}{2000} \mathrm{d}x \\
&= \int_{2000}^{a} [3x-(a-x)] \frac{1}{2000} \mathrm{d}x + \int_a^{4000} 3a \frac{1}{2000} \mathrm{d}x \\
&= \frac{1}{1000}(-a^2+7000a-4000000)
\end{aligned}$$

由于　　　　　　　　$-a^2+7000a-4000000 = -(a-3500)^2+8250000$

所以当 $a=3500$ 时，利润的均值达到最大，也就是说，该个体户每月投放市场 3500 千克时，利润最大，最大利润为 8250 元.

4.1.3　数学期望的性质

随机变量的数学期望具有下述基本性质，假设以下描述中各变量的数学期望均存在：

(1) 设 C 是常数，则有 $E(C)=C$；

(2) 设 X 是一个随机变量，C 是常数，则有 $E(CX)=CE(X)$；

(3) 设 X,Y 是两个随机变量,则有 $E(X+Y)=E(X)+E(Y)$;

这一性质可以推广到任意有限个随机变量之和的情况,即

$$E\left(\sum_{i=1}^{n} X_i\right) = \sum_{i=1}^{n} E(X_i)$$

(4) 设 X,Y 是相互独立的随机变量,则有 $E(XY)=E(X)E(Y)$.

这一性质可以推广到任意 n 个相互独立的随机变量之积的情况,即

$$E(X_1 X_2 \cdots X_n) = E(X_1)E(X_2)\cdots E(X_n)$$

证明 (1)、(2)证明略,只证明(3)和(4).

设二维随机变量 (X,Y) 的概率密度为 $f(x,y)$,其边缘概率密度为 $f_X(x), f_Y(y)$,则有

$$
\begin{aligned}
E(X+Y) &= \int_{-\infty}^{\infty} \int_{-\infty}^{\infty} (x+y) f(x,y) \mathrm{d}x \mathrm{d}y \\
&= \int_{-\infty}^{\infty} \int_{-\infty}^{\infty} x f(x,y) \mathrm{d}x \mathrm{d}y + \int_{-\infty}^{\infty} \int_{-\infty}^{\infty} y f(x,y) \mathrm{d}x \mathrm{d}y \\
&= E(X) + E(Y) \\
E(XY) &= \int_{-\infty}^{\infty} \int_{-\infty}^{\infty} xy f(x,y) \mathrm{d}x \mathrm{d}y \\
&= \int_{-\infty}^{\infty} \int_{-\infty}^{\infty} xy f_X(x) f_Y(y) \mathrm{d}x \mathrm{d}y \\
&= \left[\int_{-\infty}^{\infty} x f_X(x) \mathrm{d}x\right]\left[\int_{-\infty}^{\infty} y f_Y(y) \mathrm{d}y\right] \\
&= E(X)E(Y)
\end{aligned}
$$

【例 4.11】 设 $X \sim B(n,p)$,试求 $E(X)$.

解 由第 2 章二项分布知,X 可以看做 n 次重复试验中事件 A 发生的次数,且 $P(A)=p$,令

$$X_i = \begin{cases} 0 & \text{第 } i \text{ 次试验 } A \text{ 不发生} \\ 1 & \text{第 } i \text{ 次试验 } A \text{ 发生} \end{cases}, \quad i=1,2,\cdots,n$$

则 $X_1, X_2, \cdots, X_n$ 相互独立且都服从参数为 p 的两点分布,且 $E(X_i)=p$. 易知

$$X = X_1 + X_2 + \cdots + X_n$$

由期望的性质知

$$E(X) = E(X_1 + X_2 + \cdots + X_n) = np$$

本题是将 X 分解成若干个随机变量之和,然后利用随机变量和的数学期望等于随机变量数学期望之和来求数学期望的,这种处理方法具有一定的普遍意义.

【例 4.12】 一民航送客车载有 20 位旅客自机场开出,旅客有 10 个车站可以下车. 如到达一个车站没有旅客下车就不停车,以 X 表示停车的次数,求 $E(X)$(设每位旅客在各个车站下车是等可能的,并设各位旅客是否下车相互独立).

解 引入随机变量

$$X_i = \begin{cases} 0, & \text{在第 } i \text{ 站没有人下车,} \\ 1, & \text{在第 } i \text{ 站有人下车,} \end{cases} \quad i=1,2,\cdots,10$$

易知 $$X = X_1 + X_2 + \cdots + X_{10}$$
现在来求 $E(X)$.

按题意,任一旅客在第 i 站不下车的概率为 $\dfrac{9}{10}$,因此 20 位旅客都不在第 i 站下车的

概率为 $\left(\dfrac{9}{10}\right)^{20}$,在第 i 站有人下车的概率为 $1 - \left(\dfrac{9}{10}\right)^{20}$,也就是

$$P\{X_i = 0\} = \left(\frac{9}{10}\right)^{20}, \quad P\{X_i = 1\} = 1 - \left(\frac{9}{10}\right)^{20}, \quad i = 1, 2, \cdots, 10$$

由此

$$E(X_i) = 1 - \left(\frac{9}{10}\right)^{20}, \quad i = 1, 2, \cdots, 10$$

从而

$$\begin{aligned}
E(X) &= E(X_1 + X_2 + \cdots + X_{10}) \\
&= E(X_1) + E(X_2) + \cdots + E(X_{10}) \\
&= 10\left[1 - \left(\frac{9}{10}\right)^{20}\right] = 8.784(次)
\end{aligned}$$

【例 4.13】 设一电路中电流 $I(A)$ 与电阻 $R(\Omega)$ 是两个相互独立的随机变量,其概率

密度分别为 $g(i) = \begin{cases} 2i, & 0 \leqslant i \leqslant 1, \\ 0, & 其他, \end{cases} \qquad h(r) = \begin{cases} \dfrac{r^2}{9}, & 0 \leqslant r \leqslant 3, \\ 0, & 其他. \end{cases}$

试求电压 $U = IR$ 的均值.

解

$$\begin{aligned}
E(U) &= E(IR) = E(I)E(R) \\
&= \left[\int_{-\infty}^{\infty} ig(i)\,\mathrm{d}i\right]\left[\int_{-\infty}^{\infty} rh(r)\,\mathrm{d}r\right] \\
&= \left(\int_0^1 2i^2\,\mathrm{d}i\right)\left(\int_0^3 \frac{r^3}{9}\,\mathrm{d}r\right) = \frac{3}{2}(V)
\end{aligned}$$

习题 4.1

1. 盒中有 5 个球,其中有 3 个白球、2 个黑球.从中任取两个球,求白球个数的数学期望.

2. 有 3 个球,4 个盒子,盒子的编号为 1,2,3,4,将球逐个独立地随机放入 4 个盒子中,X 表示其中至少有一个球的盒子的最小号码,求 $E(X)$.

3. 射击比赛中每人射四次,每次一发,约定全部不中得 0 分,只中一弹得 15 分,中两弹得 30 分,中三弹得 55 分,中四弹得 100 分,某人每次射击的命中率均为 $\dfrac{3}{5}$,求其得分的数学期望.

4. 从学校乘汽车到火车站的途中有三个交通岗,假设在各个交通岗遇到红灯的事件是相互独立的,并且概率都是 0.4.设 X 为途中遇到红灯的次数,求随机变量 X 的数学期望.

5. 设随机变量 X 的分布律如表 4-5 所示.

表 4-5

X	-2	0	2
P	0.4	0.3	0.3

求 $E(X),E(X^2),E(-3X+5)$.

6. 设随机变量 X 服从参数为 θ 的指数分布,求 $E(X)$.

7. 设随机变量 X 的概率密度为

$$f(x)=\begin{cases} x, & 0\leqslant x\leqslant 1 \\ 2-x, & 1\leqslant x\leqslant 2 \\ 0, & \text{其他} \end{cases}$$

求 $E(X),E(X^2),E(-3X+5)$.

8. 设连续型随机变量 X 的密度函数为

$$f(x)=\begin{cases} Ax^{\alpha}, & 0\leqslant x\leqslant 1 \\ 0, & \text{其他} \end{cases}$$

其中 A,α 为待定常数,且 $\alpha>0$,又已知 $E(X)=0.75$,求 A,α.

9. 设一整数 N 等可能地在 $1,2,3,\cdots,10$ 十个数中取一个. 设 $D=D(N)$ 是能整除 N 的正整数的个数, $F=F(N)$ 是能整除 N 的素数的个数. 求 $E(D),E(F),E(D+F),E(DF),E\{\max(D,F)\}$.

10. 设随机变量 (X,Y) 的概率密度为

$$f(x,y)=\begin{cases} 12y^2, & 0\leqslant y\leqslant x\leqslant 1 \\ 0, & \text{其他} \end{cases}$$

求 $E(X),E(Y),E(X+Y),E(XY),E\{\min(X,Y)\}$.

11. 从电梯最底层(入口)向上共有 N 层楼(N个出口),假定每个人要求在哪一层停下离开是彼此独立且等可能的,现假定一开始时乘客人数为 k 人,求该电梯开门次数的数学期望.

4.2 方　差

4.2.1 方差的定义

上一节所学的数学期望是随机变量取值的平均值,即其是分布的位置特征数,它位于分布的中心,随机变量的取值总在其周围波动. 但是波动大小如何度量没有给出. 先从例子说起,例如设随机变量 $X_1\sim U(-10,10)$, $X_2\sim U(-100,100)$,虽然 $E(X_1)=E(X_2)$,但 X_2 取值的波动性远远大于 X_1. 为了反映出这种差异,我们引入随机变量方差的概念.

设一随机变量 X,称 $X-E(X)$ 为偏差,此偏差可大可小,可正可负,为了使此种偏差能积累起来,不至于正负抵消,可取绝对数的偏差的均值 $E|X-E(X)|$ 来表示随机变量取值的波动大小. 由于绝对值在数学处理不方便,用 $E\{[X-E(X)]^2\}$ 代替,显然 $E\{[X-E(X)]^2\}$ 是度量随机变量与其数学期望波动(离散)程度的量.

定义 4.3　设 X 是一个随机变量,若 $E\{[X-E(X)]^2\}$ 存在,则称 $E\{[X-E(X)]^2\}$ 为 X 的**方差**,记为 $D(X)$ 或 $\mathrm{Var}(X)$,即

$$D(X) = \mathrm{Var}(X) = E\{[X-E(X)]^2\} \tag{4-5}$$

在应用上还引入量 $\sqrt{D(x)}$,记为 $\sigma(X)$,称为**标准差**或**均方差**.

按定义,方差 $D(X)$ 是一个非负数,这个常数的大小反映随机变量 X 的取值与其数学期望的偏离程度.若 $D(X)$ 较小意味着 X 的取值比较集中在 $E(X)$ 的附近;若 $D(X)$ 较大则表示 X 的取值较分散.另外从定义看出方差存在的话,期望一定存在的.反之不一定成立.

由方差的定义知,方差实际上就是随机变量 X 的函数 $g(X)=[X-E(X)]^2$ 的数学期望,利用上节定理 4.1 就可以方便地计算 $D(X)$.例如当 X 是离散型随机变量,其概率分布为 $P(X=x_k)=p_k,k=1,2,\cdots$ 时,

$$D(X) = \sum_{k=1}^{\infty} [x_k - E(X)]^2 p_k \tag{4-6}$$

当 X 是连续型随机变量,其概率密度为 $f(x)$ 时,

$$D(X) = \int_{-\infty}^{\infty} [x - E(X)]^2 f(x)\mathrm{d}x \tag{4-7}$$

利用数学期望的性质,有

$$\begin{aligned}
D(X) &= E\{[X-E(X)]^2\} \\
&= E\{X^2 - 2XE(X) + [E(X)]^2\} \\
&= E(X^2) - 2E(X)E(X) + [E(X)]^2 \\
&= E(X^2) - [E(X)]^2.
\end{aligned}$$

即

$$D(X) = E(X^2) - [E(X)]^2 \tag{4-8}$$

在实际计算中,常常用式(4-8)计算方差.

【例 4.14】　设随机变量 X 服从 $(0-1)$ 分布,其概率分布为

$$P\{X=0\} = 1-p = q, \quad P\{X=1\} = p$$

求 $D(X)$.

解　$E(X)=0\cdot(1-p)+1\cdot p=p$,$E(X^2)=0^2\cdot(1-p)+1^2\cdot p=p$
由式(4-8)得

$$D(X) = E(X^2) - [E(X)]^2 = p - p^2 = p(1-p) = pq$$

【例 4.15】　设随机变量 $X\sim\pi(\lambda)$,求 $D(X)$.

解　随机变量 X 概率分布为

$$P(X=k) = \frac{\lambda^k \mathrm{e}^{-\lambda}}{k!}, \quad k=0,1,2,\cdots \quad \lambda>0$$

由例 4.4 结论知 $E(X)=\lambda$,而

$$\begin{aligned}
E(X^2) &= E[X(X-1)+X] = E[X(X-1)] + E(X) \\
&= \sum_{k=0}^{\infty} k(k-1)\frac{\lambda^k \mathrm{e}^{-\lambda}}{k!} + \lambda = \lambda^2 \mathrm{e}^{-\lambda} \sum_{k=2}^{\infty} \frac{\lambda^{k-2}}{(k-2)!} + \lambda
\end{aligned}$$

$$= \lambda^2 e^{-\lambda} e^\lambda + \lambda = \lambda^2 + \lambda$$

所以

$$D(X) = E(X^2) - [E(X)]^2 = \lambda$$

由此可知,泊松分布中的参数 λ 既是随机变量 X 的数学期望,又是方差.只要知道泊松分布的数学期望或方差就能完全确定它的分布.

【例 4.16】　设随机变量 $X \sim U(a,b)$,求 $D(X)$.

解　X 的概率密度为

$$f(x) = \begin{cases} \dfrac{1}{b-a}, & a < x < b \\ 0, & \text{其他} \end{cases}$$

由例 4.5 结论知 $E(X) = \dfrac{a+b}{2}$,所以

$$D(X) = E(X^2) - [E(X)]^2$$
$$= \int_a^b x^2 \frac{1}{b-a} \mathrm{d}x - \left(\frac{a+b}{2}\right)^2 = \frac{(b-a)^2}{12}$$

【例 4.17】　设 $X \sim N(\mu, \sigma^2)$,求 $D(X)$.

解　X 的概率密度 $f(x) = \dfrac{1}{\sqrt{2\pi}\sigma} e^{-\frac{(x-\mu)^2}{2\sigma^2}}$ $(-\infty < x < +\infty)$.

$$D(X) = E\{[X - E(X)]^2\} = E[(X - \mu)^2]$$
$$= \int_{-\infty}^{+\infty} (x-\mu)^2 f(x) \mathrm{d}x$$
$$= \int_{-\infty}^{+\infty} (x-\mu)^2 \frac{1}{\sqrt{2\pi}\sigma} e^{-\frac{(x-\mu)^2}{2\sigma^2}} \mathrm{d}x$$
$$= \frac{\sigma^2}{\sqrt{2\pi}} \int_{-\infty}^{+\infty} t^2 e^{-\frac{t^2}{2}} \mathrm{d}t \quad \left(\text{其中 } t = \frac{x-\mu}{\sigma}\right)$$
$$= -\frac{\sigma^2}{\sqrt{2\pi}} \left[t e^{-\frac{t^2}{2}} \Big|_{-\infty}^{+\infty} - \int_{-\infty}^{+\infty} e^{-\frac{t^2}{2}} \mathrm{d}t \right]$$
$$= \sigma^2$$

由上一节的例 4.6 及例 4.17 知,正态分布 $N(\mu, \sigma^2)$ 中的第一个参数 μ 是它的期望,第二个参数 σ^2 是它的方差,于是正态分布的两个参数的概率意义都已经明确了.由此可知,正态分布可由它的数学期望和方差唯一确定.

4.2.2　方差的性质

随机变量的方差具有如下基本性质,其中假设以下描述中各变量的方差均存在:

(1) 设 C 是常数,则 $D(X) = 0$;

(2) 设 X 是随机变量,C 是常数,则有

$$D(CX) = C^2 D(X), \quad D(X+C) = D(X)$$

(3) 设 X, Y 是两个随机变量,则有

$$D(X+Y) = D(X) + D(Y) + 2E\{[X - E(X)][Y - E(Y)]\}$$

特别,若 X,Y 相互独立,则有
$$D(X+Y) = D(X) + D(Y)$$
这一性质可以推广到任意有限多个相互独立的随机变量之和的情况,即当 $X_1,X_2,\cdots,X_n$ 相互独立时,$D(X_1+X_2+\cdots+X_n)=D(X_1)+D(X_2)+\cdots+D(X_n)$.

(4) $D(X)=0$ 的充要条件是 X 以概率 1 取常数 $E(X)$,即
$$P\{X = E(X)\} = 1$$

证　(1) $D(C)=E\{[C-E(C)]^2\}=0$

(2) $D(CX)=E\{[CX-E(CX)]^2\}=C^2E\{[X-E(X)]^2\}=C^2D(X)$

　　$D(X+C)=E\{[X+C-E(X+C)]^2\}=E\{[X-E(X)]^2\}=D(X)$

(3) $D(X+Y)=E\{[(X+Y)-E(X+Y)]^2\}$
$$=E\{[(X-E(X))+(Y-E(Y))]^2\}$$
$$=E\{(X-E(X))^2\}+E\{(Y-E(Y))^2\}+2E\{[(X-E(X))][Y-E(Y)]\}$$
$$=D(X)+D(Y)+2E\{[X-E(X)][Y-E(Y)]\}$$

又
$$E\{[X-E(X)][Y-E(Y)]\}$$
$$=E\{XY-XE(Y)-YE(X)+E(X)E(Y)\}$$
$$=E(XY)-E(X)E(Y)-E(Y)E(X)+E(X)E(Y)$$
$$=E(XY)-E(X)E(Y)$$

若 X,Y 相互独立,由数学期望的性质知道上式右端为 0,于是
$$D(X+Y) = D(X) + D(Y)$$

(4) 证明略.

【例 4.18】 设 $X\sim B(n,p)$,试求 $D(X)$.

解　与例 4.11 的解法一样,X 可以看做 n 次独立重复试验中事件 A 发生的次数,且 $P(A)=p$,令
$$X_i = \begin{cases} 0, & \text{第 } i \text{ 次试验 } A \text{ 不发生} \\ 1, & \text{第 } i \text{ 次试验 } A \text{ 发生} \end{cases}, \quad i = 1,2,\cdots,n$$
则 $X_1,X_2,\cdots,X_n$ 相互独立且都服从参数为 p 的$(0-1)$分布,且 $D(X_i)=pq$. 已知
$$X = X_1 + X_2 + \cdots + X_n$$
由方差的性质知
$$D(X) = D(X_1+X_2+\cdots+X_n) = npq$$

【例 4.19】 设随机变量 X 具有数学期望 $E(X)=\mu$,方差 $D(X)=\sigma^2\neq0$,记
$$X^* = \frac{X-\mu}{\sigma}$$
证明 $E(X^*)=0,D(X^*)=1$.

证　由期望和方差的性质知
$$E(X^*) = \frac{1}{\sigma}E(X-\mu) = \frac{1}{\sigma}[E(X)-\mu] = 0$$
$$D(X^*) = E[X^*]^2 - [E(X^*)]^2 = E\left[\left(\frac{X-\mu}{\sigma}\right)^2\right] - 0$$

$$= \frac{1}{\sigma^2} E[(X-\mu)^2] = \frac{\sigma^2}{\sigma^2} = 1$$

即 $X^* = \dfrac{X-\mu}{\sigma}$ 的数学期望为 0,方差为 1,我们把 X^* 称为 X 的**标准化变量**.

标准化变量 X^* 是一个无量纲的随机变量. 它是把原分布中心 $E(X)$ 移至原点,不使分布中心偏左或偏右,然后缩小(扩大)坐标轴,使分布不致过疏或过密. 在排除这些干扰后,使原来随机变量 X 的一些性质容易显露出来,故随机变量的标准化在概率与数理统计经常使用.

【例 4. 20】　设随机变量 X 和随机变量 Y 相互独立,都服从 $N\left(0, \dfrac{1}{2}\right)$ 分布,求 $E(|X-Y|), D(|X-Y|)$.

解　在第 3 章的第 5 节证明了有限个相互独立的正态随机变量的线性组合仍然服从正态分布. 从而 $Z=X-Y$ 服从正态分布,又因为 $E(X-Y)=0, D(X-Y)=1$,所以 $Z \sim N(0,1)$. 那么

$$E(|X-Y|) = E(|Z|) = \int_{-\infty}^{+\infty} |z| f_Z(z) \mathrm{d}z = \int_{-\infty}^{+\infty} |z| \frac{1}{\sqrt{2\pi}} \mathrm{e}^{-\frac{z^2}{2}} \mathrm{d}z$$

$$= \frac{2}{\sqrt{2\pi}} \int_0^{+\infty} z \mathrm{e}^{-\frac{z^2}{2}} \mathrm{d}z = \sqrt{\frac{2}{\pi}}$$

$$D(|X-Y|) = D(|Z|) = E(|Z|^2) - [E(|Z|)]^2 = E(Z^2) - \frac{2}{\pi}$$

而 $1=D(Z)=E(Z^2)-[E(Z)]^2=[E(Z)]^2$,所以

$$D(|X-Y|) = 1 - \frac{2}{\pi}$$

习题 4. 2

1. 设随机变量 X 的概率分布为 $P(X=k) = \dfrac{k}{15}(k=1,2,3,4,5)$,求 $D(X)$.

2. 设 X 表示 10 次独立射击中命中目标的次数,每次命中目标的概率为 0.4,求 $D(X), E(X^2)$.

3. 设随机变量 X 的概率密度为

$$f(x) = \begin{cases} 1+x, & -1 \leqslant x \leqslant 0 \\ 1-x, & 0 < x \leqslant 1 \\ 0, & \text{其他} \end{cases}$$

求 $D(X)$.

4. 设随机变量 X 的概率密度为

$$f(x) = \begin{cases} \dfrac{2}{\pi} \cos^2 x, & |x| \leqslant \dfrac{\pi}{2} \\ 0, & |x| > \dfrac{\pi}{2} \end{cases}$$

求 $E(X),D(X)$.

5. 设随机变量 X 服从参数为 θ 的指数分布,求 $D(X)$.

6. 设随机变量 X,Y 相互独立,且 $X \sim N(720,30^2)$,$Y \sim N(640,25^2)$,求 $D(X-Y)$, $D(X+Y)$,以及 $P(X>Y)$,$P(X+Y>1400)$.

7. 设随机变量 $X_1,X_2,\cdots,X_n$ 相互独立,且 $E(X_i)=\mu,D(X_i)=\sigma^2$ 其中 $i=1,2,\cdots$, n,求 $Z=\dfrac{X_1+X_2+\cdots+X_n}{n}$ 的期望和方差.

8. 设二维随机变量 (X,Y) 在圆域 $x^2+y^2 \leqslant 1$ 上服从均匀分布,求 $D(X),D(Y)$.

9. 设二维离散型随机变量 (X,Y) 的联合分布律如表 4-6 所示.

表 4-6

X ＼ Y	1	2	3
1	$\dfrac{1}{4}$	$\dfrac{1}{8}$	$\dfrac{1}{8}$
2	$\dfrac{1}{12}$	$\dfrac{1}{12}$	$\dfrac{1}{6}$
3	$\dfrac{1}{18}$	$\dfrac{1}{18}$	$\dfrac{1}{18}$

求:(1) $E(X),E(Y)$;(2) $E(XY)$;(3) $D(X),D(Y)$.

4.3 协方差、相关系数、矩及协方差矩阵

二维随机变量 (X,Y) 的数学期望 $E(X),E(Y)$ 和方差 $D(X),D(Y)$ 只反映了两个随机变量各自的数字特征. 然而二维随机变量的联合分布中还包含有 X 和 Y 之间相互关系的信息,能不能像数学期望和方差那样,用某些数值来刻画 X 和 Y 之间的关系的某些特征呢? 协方差和相关系数就是描述两个随机变量之间关系的数字特征.

4.3.1 协方差

定义 4.4 设 (X,Y) 二维随机变量,若 $E\{[X-E(X)][Y-E(Y)]\}$ 存在,则称它为随机变量 X 与 Y 的**协方差**. 记为 $\mathrm{Cov}(X,Y)$,即

$$\mathrm{Cov}(X,Y) = E\{[X-E(X)][Y-E(Y)]\}$$

由定义知

$$\mathrm{Cov}(X,X) = E\{[X-E(X)]^2\} = D(X)$$
$$\mathrm{Cov}(Y,Y) = E\{[Y-E(Y)]^2\} = D(Y)$$

故方差 $D(X),D(Y)$ 是协方差的特例.

计算协方差时,常采用下面的公式

$$\mathrm{Cov}(X,Y) = E(XY) - E(X)E(Y)$$

事实上,有

$$\begin{aligned}
\text{Cov}(X,Y) &= E\{[X-E(X)][Y-E(Y)]\} \\
&= E[XY-XE(Y)-YE(X)+E(X)E(Y)] \\
&= E(XY)-E(X)E(Y)-E(Y)E(X)+E(X)E(Y) \\
&= E(XY)-E(X)E(Y)
\end{aligned}$$

【例 4. 21】 设二维随机变量 (X,Y) 的联合概率密度为

$$f(x,y) = \begin{cases} x+y, & 0 \leqslant x < 1, 0 \leqslant y < 1 \\ 0, & \text{其他} \end{cases}$$

求 $\text{Cov}(X,Y)$.

解 $\quad E(X) = \displaystyle\int_{-\infty}^{+\infty}\int_{-\infty}^{+\infty} xf(x,y)\mathrm{d}x\mathrm{d}y = \int_0^1 \mathrm{d}x \int_0^1 x(x+y)\mathrm{d}y = \frac{7}{12}$

$E(Y) = \displaystyle\int_{-\infty}^{+\infty}\int_{-\infty}^{+\infty} yf(x,y)\mathrm{d}x\mathrm{d}y = \int_0^1 \mathrm{d}x \int_0^1 y(x+y)\mathrm{d}y = \frac{7}{12}$

$E(XY) = \displaystyle\int_{-\infty}^{+\infty}\int_{-\infty}^{+\infty} xyf(x,y)\mathrm{d}x\mathrm{d}y = \int_0^1 \mathrm{d}x \int_0^1 xy(x+y)\mathrm{d}y = \frac{1}{3}$

故

$$\text{Cov}(X,Y) = E(XY)-E(X)E(Y) = \frac{1}{3} - \frac{7}{12} \times \frac{7}{12} = -\frac{1}{144}$$

【例 4. 22】 设随机变量 $(X,Y) \sim N(\mu_1, \mu_2, \sigma_1^2, \sigma_2^2, \rho)$，求 $\text{Cov}(X,Y)$.

解 由题意知 $X \sim N(\mu_1, \sigma_1^2)$，$Y \sim N(\mu_2, \sigma_2^2)$，故 $E(X)=\mu_1$，$E(Y)=\mu_2$.

$$\begin{aligned}
\text{Cov}(X,Y) &= E\{[X-E(X)][Y-E(Y)]\} \\
&= \int_{-\infty}^{+\infty}\int_{-\infty}^{+\infty} [x-E(X)][y-E(Y)]f(x,y)\mathrm{d}x\mathrm{d}y \\
&= \int_{-\infty}^{+\infty}\int_{-\infty}^{+\infty} (x-\mu_1)(y-\mu_2) \frac{1}{2\pi\sigma_1\sigma_2\sqrt{1-\rho^2}} \\
&\quad \exp\left\{\frac{-1}{2(1-\rho^2)}\left[\left(\frac{x-\mu_1}{\sigma_1}\right)^2 - 2\rho\left(\frac{x-\mu_1}{\sigma_1}\right)\left(\frac{y-\mu_2}{\sigma_2}\right) + \left(\frac{y-\mu_2}{\sigma_2}\right)\right]\right\}\mathrm{d}x\mathrm{d}y
\end{aligned}$$

令 $t = \dfrac{1}{\sqrt{1-\rho^2}}\left(\dfrac{y-\mu_2}{\sigma_2} - \rho\dfrac{x-\mu_1}{\sigma_1}\right)$，$u = \dfrac{x-\mu_1}{\sigma_1}$，则有

$$\begin{aligned}
\text{Cov}(X,Y) &= \frac{1}{2\pi}\int_{-\infty}^{+\infty}\int_{-\infty}^{+\infty} (\sigma_1\sigma_2\sqrt{1-\rho^2}\, tu + \rho\sigma_1\sigma_2 u^2)\mathrm{e}^{-(u^2+t^2)/2}\mathrm{d}t\mathrm{d}u \\
&= \frac{\rho\sigma_1\sigma_2}{2\pi}\left[\left(\int_{-\infty}^{+\infty} u^2\mathrm{e}^{-\frac{u^2}{2}}\mathrm{d}u\right)\left(\int_{-\infty}^{+\infty}\mathrm{e}^{-\frac{t^2}{2}}\mathrm{d}t\right) + \sqrt{1-\rho^2}\left(\int_{-\infty}^{+\infty} u\mathrm{e}^{-\frac{u^2}{2}}\mathrm{d}u\right)\left(\int_{-\infty}^{+\infty} t\mathrm{e}^{-\frac{t^2}{2}}\mathrm{d}t\right)\right] \\
&= \frac{\rho\sigma_1\sigma_2}{2\pi}[\sqrt{2\pi} \cdot \sqrt{2\pi} + 0] = \rho\sigma_1\sigma_2
\end{aligned}$$

协方差具有下述性质:

(1) $\text{Cov}(X,Y)=\text{Cov}(Y,X)$，$\text{Cov}(X+a,Y)=\text{Cov}(X,Y)$ 其中 a 是常数;

(2) $\text{Cov}(aX,bY)=ab\text{Cov}(X,Y)$，其中 a,b 是常数;

(3) $\text{Cov}(X_1+X_2,Y)=\text{Cov}(X_1,Y)+\text{Cov}(X_2,Y)$;

(4) $D(X+Y)=D(X)+D(Y)+2\text{Cov}(X,Y)$;

(5) $[\text{Cov}(X,Y)]^2 \leqslant D(X)D(Y)$ 等号成立当且仅当 X 与 Y 有线性关系，即存在 a,b，

使得 $P(Y=aX+b)=1$.

证 性质(1)、(2)、(3)、(4)直接由协方差定义可以验证,下面仅证(5).

对应任意的实数 t,有

$$E\{[t(X+E(X))+(Y+E(Y))]^2\}=t^2D(X)+2t\text{Cov}(X,Y)+D(Y)\geqslant 0$$

将上式不等式 $t^2D(X)+2t\text{Cov}(X,Y)+D(Y)\geqslant 0$ 看成关于 t 的二次函数,其取值非负,必有

$$4[\text{Cov}(X,Y)]^2-4D(X)D(Y)\leqslant 0$$

即

$$[\text{Cov}(X,Y)]^2\leqslant D(X)D(Y)$$

现设 $[\text{Cov}(X,Y)]^2=D(X)D(Y)$,则

$$t^2D(X)+2t\text{Cov}(X,Y)+D(Y)=t^2D(X)\pm 2t\sqrt{D(X)D(Y)}+D(Y)$$
$$=(t\sqrt{D(X)}\pm\sqrt{D(Y)})^2$$

所以当 $t=t_0=\mp\dfrac{\sqrt{D(X)}}{\sqrt{D(Y)}}$ $(\sqrt{D(Y)}\neq 0,\sqrt{D(X)}\neq 0)$ 时,由于 $[t_0(X+E(X))+(Y+E(Y))]^2\geqslant 0$,其期望为 0,则

$$t_0(X+E(X))+(Y+E(Y))=0$$

即 $Y=-t_0X-t_0E(X)-E(Y)=ax+b$ 〔其中 $a=-t_0,b=-t_0E(X)-E(Y)$〕

反之,若 X 与 Y 之间有线性关系 $Y=aX+b$,则

$$\text{Cov}(X,Y)=\text{Cov}(X,aX+b)=a\text{Cov}(X,X)+\text{Cov}(X,b)$$
$$=aD(X)+E(bX)-E(X)E(b)=aD(X)$$

又因为 $D(Y)=a^2D(X)$,所以

$$[\text{Cov}(X,Y)]^2=a^2D^2(X)=D(X)D(Y)$$

协方差是关于两个随机变量的一个数字特征,它的数值在一定的程度上反映了这两个变量相互间的某种关系,不过用它来描述这一关系就会发现一个不足的地方,就是随机变量 X,Y 各自增大 $k(k\neq 0)$ 倍,尽管 kX,kY 相互之间的关系与 X,Y 之间的关系直观上看并无差别,但是

$$\text{Cov}(kX,kY)=k^2\text{Cov}(X,Y)$$

即协方差却增大了 k^2 倍.为了克服这一缺点,先对随机变量进行标准化,从而

$$\text{Cov}\left(\frac{X-E(X)}{\sqrt{D(X)}},\frac{Y-E(Y)}{\sqrt{D(Y)}}\right)=\frac{\text{Cov}(X,Y)}{\sqrt{D(X)D(Y)}}$$

4.3.2 相关系数

定义 4.5 设 (X,Y) 为二维的随机变量 $D(X),D(Y)$ 存在,且大于 0,称

$$\frac{\text{Cov}(X,Y)}{\sqrt{D(X)D(Y)}}$$

为随机变量 X 与 Y 的相关系数,记为 ρ_{XY}.

由协方差的性质(5)和独立的性质,ρ_{XY} 有如下性质:

(1) $|\rho_{XY}| \leqslant 1$;

(2) $|\rho_{XY}| = 1 \Leftrightarrow$ 存在 a, b, 使得 $P(Y = aX + b) = 1$;

(3) 当 X, Y 相互独立时, $\rho_{XY} = 0$.

由 ρ_{XY} 性质 (2) 知, ρ_{XY} 是一个表征 X, Y 之间线性关系紧密程度的量, 当 $|\rho_{XY}|$ 较大时, X, Y 线性关系较紧密, 特别是 $|\rho_{XY}| = 1$ 时, X, Y 之间以概率 1 存在着线性关系; 当 $|\rho_{XY}|$ 较小时, X, Y 线性相关的程度较差, 特别 $\rho_{XY} = 0$ 时, X, Y 之间不存在线性关系.

若 $\rho_{XY} = 0$, 我们称 $\rho_{XY} = 0$ **不相关**, X, Y 不相关是指 X 和 Y 之间没有线性关系, 当 X, Y 相互独立时, 是指 X, Y 没有任何的关系, 那么 X 和 Y 之间当然没有线性关系. 反过来当 X 和 Y 没有线性关系时, 但 X 和 Y 之间可能存在其他函数关系, 譬如平方关系、对数关系等. 因此不相关的两个随机变量不一定就独立.

当 $\rho_{XY} > 0$ 时, 称 X, Y 为正相关, 即正相关表示两个随机变量有同时增加或同时减少的变化趋势; 当 $\rho_{XY} < 0$ 时, 称 X, Y 负相关, 即负相关表示两个随机变量有相反的变化趋势.

【**例 4.23**】　设随机变量 $V \sim U(0, 2\pi)$, 又 $X = \sin V, Y = \cos V$, 试讨论 X, Y 的相关性和独立性.

解　因为

$$E(X) = E(\sin V) = \int_0^{2\pi} \sin v \, \frac{1}{2\pi} \mathrm{d}v = 0$$

$$E(Y) = E(\cos V) = \int_0^{2\pi} \cos v \, \frac{1}{2\pi} \mathrm{d}v = 0$$

$$E(XY) = E(\sin V \cdot \cos V) = \int_0^{2\pi} \sin v \cos v \, \frac{1}{2\pi} \mathrm{d}v = 0$$

所以 $\mathrm{Cov}(X, Y) = 0$, 即 $\rho_{XY} = 0$. 从而 X, Y 不相关, 没有线性关系; 但是 $X^2 + Y^2 = 1$, 从而 X, Y 不独立.

【**例 4.24**】　设随机变量 $(X, Y) \sim N(\mu_1, \mu_2, \sigma_1^2, \sigma_2^2, \rho)$, 试讨论 X, Y 的相关性和独立性.

解　由例 4.22 的结论知 $\mathrm{Cov}(X, Y) = \rho \sigma_1 \sigma_2$, 所以 $\rho_{XY} = \rho$, 即当 $\rho = 0$ 时, X, Y 不相关.

又因为前面第 3.4 节我们讲过, 若 (X, Y) 服从二维正态分布, 那么 X, Y 相互独立的充要条件是 $\rho = 0$.

故对于二维正态分布随机变量 X, Y 相互独立和不相关是等价的.

接下来我们介绍一些随机变量其他的几个数字特征.

4.3.3　矩和协方差矩阵

定义 4.6　设 X 和 Y 是随机变量, 若 $E(X^k)(k = 1, 2, \cdots)$ 存在, 则称 $E(X^k)$ 为 X 的 k 阶原点矩, 简称 k 阶矩.

若 $E\{[X - E(X)]^k\}(k = 1, 2, \cdots)$ 存在, 则称 $E\{[X - E(X)]^k\}$ 为 X 的 k 阶中心矩.

若 $E(X^k Y^l)(k, l = 1, 2, \cdots)$ 存在, 则称 $E(X^k Y^l)$ 为 X, Y 的 $k + l$ 阶混合矩.

若 $E\{[X - E(X)]^k [Y - E(Y)]^l\}(k, l = 1, 2, \cdots)$ 存在, 则称 $E\{[X - E(X)]^k [Y - E(Y)]^l\}$

为 X,Y 的 $k+l$ 阶混合中心矩.

显然 X 的一阶矩是它的期望,二阶中心矩是它的方差,X,Y 的二阶混合中心矩是它们的协方差.

【例 4.25】 设随机变量 $X \sim N(\mu,\sigma^2)$,求其三阶矩和三阶中心矩.

解 由题意得

$$E(X^3) = \int_{-\infty}^{+\infty} x^3 \frac{1}{\sqrt{2\pi}\sigma} e^{-\frac{(x-u)^2}{2\sigma^2}} dx \left(令 t = \frac{x-u}{\sigma} \right)$$

$$= \int_{-\infty}^{+\infty} (\sigma t + u)^3 \frac{1}{\sqrt{2\pi}} e^{-\frac{t^2}{2}} dt$$

$$= \int_{-\infty}^{+\infty} (\sigma^3 t^3 + 3\sigma\mu^2 t) \frac{1}{\sqrt{2\pi}} e^{-\frac{t^2}{2}} dt + 3\sigma^3 \int_{-\infty}^{+\infty} t^2 \frac{1}{\sqrt{2\pi}} e^{-\frac{t^2}{2}} dt + \mu^3 \int_{-\infty}^{+\infty} \frac{1}{\sqrt{2\pi}} e^{-\frac{t^2}{2}} dt$$

第一个积分因被积函数为奇函数,故为 0;由于 $X \sim N(\mu,\sigma^2)$,所以 $T = \dfrac{X-\mu}{\sigma} \sim N(0,1)$,从而第二个积分求的是 $E(T^2)$;第三个积分利用正态分布的完备性得 1. 故

$$E(X^3) = 3\sigma^3 E(T^2) + \mu^3 = 3\sigma^3 \lfloor D(T) + [E(T)]^2 \rfloor + \mu^3 = 3\sigma^3 + \mu^3.$$

$$E\{[X - E(X)]^3\} = \int_{-\infty}^{+\infty} (x-\mu)^3 \frac{1}{\sqrt{2\pi}\sigma} e^{-\frac{(x-\mu)^2}{2\sigma^2}} dx \quad \left(令 t = \frac{x-u}{\sigma} \right)$$

$$= \int_{-\infty}^{+\infty} (\sigma t)^3 \frac{1}{\sqrt{2\pi}} e^{-\frac{t^2}{2}} dt$$

$$= 0$$

下面介绍 n 维随机变量的协方差矩阵.先从二维随机变量讲起.

定义 4.7 对应二维随机变量 (X_1, X_2),称矩阵

$$\begin{pmatrix} \mathrm{Cov}(X_1,X_1) & \mathrm{Cov}(X_1,X_2) \\ \mathrm{Cov}(X_2,X_1) & \mathrm{Cov}(X_2,X_2) \end{pmatrix}$$

随机变量 (X_1,X_2) 的**协方差矩阵**. 一般地,若是 n 维随机变量,记

$$c_{ij} = \mathrm{Cov}(X_i, X_j), \quad i,j = 1,2,\cdots,n$$

则称矩阵

$$C = \begin{pmatrix} c_{11} & c_{12} & \cdots & c_{1n} \\ c_{21} & c_{22} & \cdots & c_{2n} \\ \vdots & \vdots & & \vdots \\ c_{n1} & c_{n2} & \cdots & c_{nn} \end{pmatrix}$$

为 n 维随机变量 $(X_1, X_2, \cdots, X_n)$ 的**协方差矩阵**,它是一个对称矩阵.

【例 4.26】 设 (X,Y) 有联合分布律如表 4-7 所示.

表 4-7

X \ Y	1	2	3
0	0.2	0.1	0.1
1	0.15	0.3	0.15

求 (X,Y) 协方差矩阵.

解 由题设可得 XY 有表 4-8 所示分布律.

表 4-8

XY	0	1	2	3
P	0.4	0.15	0.3	0.15

$E(X) = 0 \times (0.2 + 0.1 + 0.1) + 1 \times (0.15 + 0.3 + 0.15) = 0.6$

$E(X^2) = 0^2 \times (0.2 + 0.1 + 0.1) + 1^2 \times (0.15 + 0.3 + 0.15) = 0.6$

$E(Y) = 1 \times (0.2 + 0.15) + 2 \times (0.1 + 0.3) + 3 \times (0.1 + 0.15) = 1.9$

$E(Y^2) = 1^2 \times (0.2 + 0.15) + 2^2 \times (0.1 + 0.3) + 3^2 \times (0.1 + 0.15) = 4.2$

$E(XY) = 0 \times 0.4 + 1 \times 0.15 + 2 \times 0.3 + 3 \times 0.15 = 1.2$

于是有

$$D(X) = E(X^2) - [E(X)]^2 = 0.24, \quad D(Y) = E(Y^2) - [E(Y)]^2 = 0.59$$

$$\mathrm{Cov}(X,Y) = E(XY) - E(X)E(Y) = 0.06$$

协方差矩阵为

$$\boldsymbol{C} = \begin{pmatrix} 0.24 & 0.06 \\ 0.06 & 0.59 \end{pmatrix}$$

【例 4.27】 设随机变量 $(X,Y) \sim N(\mu_1, \mu_2, \sigma_1^2, \sigma_2^2, \rho)$,求 (X,Y) 的协方差矩阵.

解 由 $(X,Y) \sim N(\mu_1, \mu_2, \sigma_1^2, \sigma_2^2, \rho)$ 得,$D(X) = \sigma_1^2$,$D(Y) = \sigma_2^2$. 在由本节里结论 $\mathrm{Cov}(X,Y) = \rho\sigma_1\sigma_2$,所以 (X,Y) 的协方差矩阵为

$$\boldsymbol{C} = \begin{bmatrix} \sigma_1^2 & \rho\sigma_1\sigma_2 \\ \rho\sigma_1\sigma_2 & \sigma_2^2 \end{bmatrix}$$

一般,n 维随机变量的分布是不知道的,或者是太复杂,以致在数学上不易处理,因此在实际应用中协方差矩阵就显得重要了.

本节的最后,介绍 n 维正态随机变量的概率密度. 我们先将二维正态随机变量的概率密度改写成另一种形式,以便将它推广到 n 维随机变量的场合中去. 二维正态随机变量 (X_1, X_2) 的概率密度为

$$f(x_1, x_2) = \frac{1}{2\pi\sigma_1\sigma_2\sqrt{1-\rho^2}} \exp\left\{ \frac{-1}{2(1-\rho^2)} \left[\frac{(x_1-\mu_1)^2}{\sigma_1^2} - \right.\right.$$

$$\left.\left. 2\rho\frac{(x_1-\mu_1)(x_2-\mu_2)}{\sigma_1\sigma_2} + \frac{(x_2-\mu_2)^2}{\sigma_2^2} \right] \right\}$$

现在将上式中花括号内的式子写成矩阵形式,为此引入下面的列矩阵

$$\boldsymbol{X} = \begin{bmatrix} x_1 \\ x_2 \end{bmatrix}, \quad \boldsymbol{\mu} = \begin{bmatrix} \mu_1 \\ \mu_2 \end{bmatrix}$$

由例 4.27 知 (X_1, X_2) 的协方差矩阵为

$$\boldsymbol{C} = \begin{bmatrix} \sigma_1^2 & \rho\sigma_1\sigma_2 \\ \rho\sigma_1\sigma_2 & \sigma_2^2 \end{bmatrix}$$

它的行列式 $\det C = \sigma_1^2 \sigma_2^2 (1-\rho^2)$，$C$ 的逆矩阵为

$$C^{-1} = \frac{1}{\det C} \begin{pmatrix} \sigma_2^2 & -\rho\sigma_1\sigma_2 \\ -\rho\sigma_1\sigma_2 & \sigma_1^2 \end{pmatrix}$$

经过计算可知(这里矩阵 $(X-\mu)^{\mathrm{T}}$ 是 $(X-\mu)$ 的转置矩阵)

$$(X-\mu)^{\mathrm{T}} C^{-1} (X-\mu)$$

$$= \frac{1}{1-\rho^2} \left[\frac{(x_1-\mu_1)^2}{\sigma_1^2} - 2\rho \frac{(x_1-\mu_1)(x_2-\mu_2)}{\sigma_1\sigma_2} + \frac{(x_2-\mu_2)^2}{\sigma_2^2} \right]$$

于是 (X_1, X_2) 的概率密度可写成

$$f(x_1, x_2) = \frac{1}{(2\pi)^{\frac{2}{2}} (\det C)^{\frac{1}{2}}} e^{-\frac{1}{2}(X-\mu)^{\mathrm{T}} C^{-1} (X-\mu)}$$

上式容易推广到 n 维正态随机变量 $(X_1, X_2, \cdots, X_n)$ 的情况.

引入列矩阵

$$X = \begin{pmatrix} x_1 \\ x_2 \\ \vdots \\ x_n \end{pmatrix} \quad \text{和} \quad \mu = \begin{pmatrix} \mu_1 \\ \mu_2 \\ \vdots \\ \mu_n \end{pmatrix} = \begin{pmatrix} E(X_1) \\ E(X_2) \\ \vdots \\ E(X_n) \end{pmatrix}$$

n 维正态随机变量 $(X_1, X_2, \cdots, X_n)$ 的联合概率密度定义为

$$f(x_1, x_2, \cdots, x_n) = \frac{1}{(2\pi)^{\frac{n}{2}} (\det C)^{\frac{1}{2}}} e^{-\frac{1}{2}(X-\mu)^{\mathrm{T}} C^{-1} (X-\mu)}$$

其中 C 是 $(X_1, X_2, \cdots, X_n)$ 的协方差矩阵.

n 维正态随机变量具有以下四条重要性质:

(1) n 维正态随机变量 $(X_1, X_2, \cdots, X_n)$ 的每一个分量 $X_i, i=1,2,\cdots,n$ 都是正态随机变量;反之,若 $X_1, X_2, \cdots, X_n$ 都是正态随机变量,且相互独立,则 $(X_1, X_2, \cdots, X_n)$ 是 n 维正态随机变量.

(2) n 维随机变量 $(X_1, X_2, \cdots, X_n)$ 服从 n 维正态分布的充要条件是 $X_1, X_2, \cdots, X_n$ 的任意的线性组合

$$k_1 X_1 + k_2 X_2 + \cdots + k_n X_n$$

服从一维正态分布(其中 $k_1, k_2, \cdots, k_n$ 不全为零).

(3) 若 $(X_1, X_2, \cdots, X_n)$ 服从 n 维正态分布,设 $Y_1, Y_2, \cdots, Y_k$ 是 $X_j (j=1,2,\cdots,n)$ 的线性函数,则 $(Y_1, Y_2, \cdots, Y_k)$ 也服从多维正态分布.这一性质称为正态变量的线性变换不变性.

(4) 设 $(X_1, X_2, \cdots, X_n)$ 服从 n 维正态分布,则"$X_1, X_2, \cdots, X_n$ 相互独立"与"$X_1, X_2, \cdots, X_n$ 两两不相关"是等价的.

习题 4.3

1. 设 (X, Y) 的联合分布律如表 4-9 所示.

表 4-9

X＼Y	−1	0	1
−1	$\frac{1}{8}$	$\frac{1}{8}$	$\frac{1}{8}$
0	$\frac{1}{8}$	0	$\frac{1}{8}$
1	$\frac{1}{8}$	$\frac{1}{8}$	$\frac{1}{8}$

求：(1) $\text{Cov}(X,Y)$；(2) ρ_{XY}；(3) 相关性和独立性；(4) X 的 3 阶矩和 3 阶的中心矩；(5) 协方差矩阵.

2. 设随机向量 (X,Y) 的联合密度函数为 $f(x,y)=\begin{cases}15xy^2, & 0\leqslant y\leqslant x\leqslant 1\\ 0, & \text{其他}\end{cases}$

求：(1) $\text{Cov}(X,Y)$；(2) ρ_{XY}；(3) $D(2X-3Y+7)$；(4) X 的 3 阶矩和 3 阶的中心矩；(5) 协方差矩阵.

3. 设二维随机变量 (X,Y) 在圆域 $x^2+y^2\leqslant 1$ 上服从均匀分布，验证 X,Y 不相关，但是 X,Y 不相互独立.

4. 设随机变量 $X\sim N(\mu,\sigma^2)$，$Y\sim N(\mu,\sigma^2)$，且 X,Y 相互独立，求 $Z_1=2X+Y$ 和 $Z_2=2X-Y$ 的相关系数及协方差矩阵.

自测题 4

一、选择题

1. 设 $X\sim B(n,p)$，且 $E(X)=2.4$，$D(X)=1.44$，则 n,p 的值为（　　）.
 A. $n=4,p=0.6$　　　　　B. $n=6,p=0.4$
 C. $n=8,p=0.3$　　　　　D. $n=24,p=0.1$

2. 设随机变量 X 和 Y 满足 $E(XY)=E(X)E(Y)$，则（　　）.
 A. $D(XY)=D(X)D(Y)$　　　B. $D(X+Y)=D(X)+D(Y)$
 C. X 与 Y 相互独立　　　　D. X 与 Y 不独立

3. 将一枚硬币掷 n 次，以 X 和 Y 分别表示正面向上和反面向上的次数，则 X 和 Y 的相关系数等于（　　）.
 A. -1　　　B. 0　　　C. $\frac{1}{2}$　　　D. 1

4. (2009 年考研)设随机变量 X 的分布函数 $F(x)=3\Phi(x)+0.7\Phi\left(\frac{x-1}{2}\right)$，其中 $\Phi(x)$ 为标准正态分布函数，则 $E(X)=$（　　）.
 A. 0　　　B. 0.3　　　C. 0.7　　　D. 1

5. (2008 年考研)设随机变量 $X\sim N(0,1)$，$Y\sim N(1,4)$ 且相关系数 $\rho_{XY}=1$，则（　　）.
 A. $P(Y=-2X-1)=1$　　　B. $P(Y=2X-1)=1$
 C. $P(Y=-2X+1)=1$　　　D. $P(Y=2X+1)=1$

6. (2012 年考研)将长度为 1 米的木棒随机地截成两段,则两段长度的相关系数为( ).

    A. 1   B. $\dfrac{1}{2}$ C. $-\dfrac{1}{2}$ D. -1

7. (2011 年考研)设随机变量 X 和 Y 相互独立,且 $E(X)$ 与 $E(Y)$ 存在,记 $U=\max\{X,Y\}$,$V=\min\{X,Y\}$,则 $E(UV)=($).

    A. $E(U)E(V)$ B. $E(X)E(Y)$

    C. $E(U)E(Y)$ D. $E(X)E(V)$

8. 设随机变量 $X_1,X_2,\cdots,X_n$ 独立同分布,且其方差 $\sigma^2>0$,令 $Y=\dfrac{1}{n}\sum\limits_{i=1}^{n}X_i$,则( ).

    A. $\mathrm{Cov}(X_1,Y)=\dfrac{\sigma^2}{n}$ B. $\mathrm{Cov}(X_1,Y)=\sigma^2$

    C. $D(X_1+Y)=\dfrac{n+2}{n}\sigma^2$ D. $D(X_1-Y)=\dfrac{n+1}{n}\sigma^2$

二、填空题

1. 设 X 表示 10 次独立重复射击中命中目标的次数,每次射中目标的概率为 0.4,则 $E(X^2)=$_____.

2. 设 $D(X)=4,D(Y)=9,\rho_{XY}=0.6$,则 $D(3X-2Y)=$_____.

3. 设随机变量 X 和 Y 相互独立,同服从正态分布 $N(\mu,\sigma^2)$,令 $\xi=\alpha X+\beta Y,\eta=\alpha X-\beta Y$,则 $\rho_{\xi\eta}=$_____.

4. (2013 年考研)设随机变量 $X\sim N(0,1)$,则 $E(x\mathrm{e}^x)=$_____.

5. (2011 年考研)设 $(X,Y)\sim N(\mu,\mu,\sigma^2,\sigma^2,0)$,则 $E(XY^2)=$_____.

6. (2010 年考研)设随机变量 X 的概率分布为 $P\{X=k\}=\dfrac{c}{k!},k=0,1,2,\cdots$,则 $E(X^2)=$_____.

7. (2010 年考研)设随机变量 $X_1,X_2,\cdots,X_n$ 独立同分布 $N(\mu,\sigma^2)$,记 $T=\dfrac{1}{n}\sum\limits_{i=1}^{n}X_i^2$,则 $E(T)=$_____.

8. (2008 年考研)设随机变量 X 服从参数为 1 的泊松分布,则 $P\{X=E(X^2)\}=$_____.

9. (2006 年考研)设随机变量 X 的概率密度为 $f(x)=\dfrac{1}{2}\mathrm{e}^{-|x|}(-\infty<x<+\infty)$,则 $E(X)=$_____.

10. (2004 年考研)设随机变量 X 服从参数为 θ 的指数分布,则 $P(X>\sqrt{D(X)})=$_____.

三、计算题

1. (2010 年考研)箱内有 6 个球,其中红、白、黑个数分别为 1、2、3,现从中随机取 2 球,记 X 为红球数,Y 为白球数. 求:(1) 随机变量 (X,Y) 的分布;(2) $\mathrm{Cov}(X,Y)$.

2.（2012 年考研）设二维离散随机变量 X,Y 的概率分布如表 4-10 所示.

表 4-10

X ⟍ Y	0	1	2
0	$\frac{1}{4}$	0	$\frac{1}{4}$
1	0	$\frac{1}{3}$	0
2	$\frac{1}{12}$	0	$\frac{1}{12}$

求：(1) $P(X=2Y)$；(2) $\mathrm{Cov}(X-Y,Y)$；(3) ρ_{XY}.

3.（2011 年考研）设随机变量 X,Y 的概率分布分别如表 4-11 所示.

表 4-11

X	0	1	Y	-1	0	1
P	$\frac{1}{3}$	$\frac{2}{3}$	P	$\frac{1}{3}$	$\frac{1}{3}$	$\frac{1}{3}$

且 $P(X^2=Y^2)=1$.

求：(1) 二维随机变量 X,Y 的联合概率分布；

(2) $Z=XY$ 的概率分布；

(3) X,Y 的相关系数 ρ_{XY}.

4.（2011 年考研）设随机变量 X,Y 相互独立，且均服从参数为 1 的指数分布，$U=\max\{X,Y\}$，$V=\min\{X,Y\}$，求：

(1) 随机变量 V 的概率密度；

(2) $E(U+V)$.

5.（2004 年考研）设 A,B 为随机事件，且 $P(A)=\frac{1}{4}$，$P(B/A)=\frac{1}{3}$，$P(A/B)=\frac{1}{2}$，令

$$X=\begin{cases}0, & A\text{ 不发生} \\ 1, & A\text{ 发生}\end{cases} \qquad Y=\begin{cases}0, & B\text{ 不发生} \\ 1, & B\text{ 发生}\end{cases}$$

求：(1) 二维随机变量 X,Y 的概率分布；

(2) X,Y 的相关系数 ρ_{XY}；

(3) $Z=X^2+Y^2$ 的概率分布.

6.（2006 年考研）设随机变量 X 的概率密度为 $f_X(x)=\begin{cases}\dfrac{1}{2}, & -1<x<0 \\[2mm] \dfrac{1}{4}, & 0\leqslant x<2 \\[2mm] 0, & \text{其他}\end{cases}$，令 $Y=$

X^2，$F(x,y)$ 为二维随机变量 (X,Y) 的分布函数. 求：

(1) Y 的概率密度 $f_Y(y)$；(2) $\text{Cov}(X,Y)$；(3) $F\left(-\dfrac{1}{2},4\right)$.

7. (2005 年考研) 设随机变量 $X_1,X_2,\cdots,X_n(n>2)$ 为独立同分布 $N(0,1)$，令 $\overline{X}=\dfrac{1}{n}\sum\limits_{i=1}^{n}X_i,Y_i=X_i-\overline{X}(i=1,2,\cdots,n)$，求：

(1) Y_i 的方差 $D(Y_i),i=1,2,\cdots,n$；

(2) $\text{Cov}(Y_1,Y_n)$.

第 5 章　大数定律及中心极限定理

对于随机现象,虽然无法确切地判断其状态的变化,但如果对随机现象进行大量的重复试验,就会呈现出某种规律性.而研究"大量"的随机现象,就需要采用极限的方法来研究,并由此导出许多重要的结论,其中最重要的是大数定律和中心极限定理,这些定理是概率论的基础理论,在理论研究和应用中起到重要作用.

5.1　大　数　定　律

第 1 章曾讲过事件发生的频率具有稳定性,即随着试验次数的增多,事件发生的频率逐渐稳定于某个常数.在实践中人们还认识到随机现象的算术平均值也具有稳定性.这里的"稳定"是什么含义,大数定律就能把稳定性解释清楚.

为了研究大数定律,我们需要使用切比雪夫不等式,它在实际和理论上都有重要的应用.

5.1.1　切比雪夫(Chebyshev)不等式

定理 5.1　设随机变量 X 具有数学期望 $E(X)=\mu$,方差 $D(X)=\sigma^2$,则对任意正数 ε 有

$$P(\mid X-\mu\mid\geqslant\varepsilon)\leqslant\frac{\sigma^2}{\varepsilon^2}\ \text{或}\ P(\mid X-\mu\mid<\varepsilon)\geqslant1-\frac{\sigma^2}{\varepsilon^2} \tag{5-1}$$

证　我们只对连续型随机变量的情形进行证明.设 X 的概率密度为 $f(x)$,则

$$P(\mid X-\mu\mid\geqslant\varepsilon)=\int_{|X-\mu|\geqslant\varepsilon}f(x)\mathrm{d}x\leqslant\int_{|X-\mu|\geqslant\varepsilon}\frac{(x-\mu)^2}{\varepsilon^2}f(x)\mathrm{d}x$$

$$\leqslant\int_{-\infty}^{+\infty}\frac{(x-u)^2}{\varepsilon^2}f(x)\mathrm{d}x=\frac{\sigma^2}{\varepsilon^2}$$

切比雪夫不等式只要知道随机变量的期望和方差,不需要知道它的分布,这是切比雪夫不等式的优点,所以它有广泛的应用,也是概率论中一个重要的不等式.由切比雪夫不等式也可以看出,方差越小,随机变量的取值越集中在均值附近.这也进一步说明方差的含义:它刻画了随机变量取值的分散程度.

5.1.2　三个大数定律

定理 5.2(切比雪夫大数定律)　设 $X_1,X_2,\cdots,X_n$ 是相互独立的随机变量序列,其期望 $E(X_i)$ 和方差 $D(X_i)$ 存在$(i=1,2,\cdots)$且 $D(X_i)\leqslant C(C>0)$,则对任意 $\varepsilon>0$ 有

$$\lim_{n\to\infty}P\Big(\Big|\frac{1}{n}\sum_{i=1}^{n}X_i-\frac{1}{n}\sum_{i=1}^{n}E(X_i)\Big|<\varepsilon\Big)=1 \tag{5-2}$$

证　由 $X_1,X_2,\cdots,X_n$ 相互独立可知

$$E\left(\frac{1}{n}\sum_{i=1}^{n}X_i\right)=\frac{1}{n}\sum_{i=1}^{n}E(X_i),\quad D\left(\frac{1}{n}\sum_{i=1}^{n}X_i\right)=\frac{1}{n^2}\sum_{i=1}^{n}D(X_i)\leqslant\frac{C}{n}$$

由切比雪夫不等式得

$$P\left(\left|\frac{1}{n}\sum_{i=1}^{n}X_i-\frac{1}{n}\sum_{i=1}^{n}E(X_i)\right|<\varepsilon\right)\geqslant1-\frac{D\left(\frac{1}{n}\sum_{i=1}^{n}X_i\right)}{\varepsilon^2}\geqslant1-\frac{C}{n\varepsilon^2}$$

故

$$1\geqslant P\left(\left|\frac{1}{n}\sum_{i=1}^{n}X_i-\frac{1}{n}\sum_{i=1}^{n}E(X_i)\right|<\varepsilon\right)\geqslant1-\frac{C}{n\varepsilon^2}$$

由极限准则,当 $n\to\infty$ 时,式(5-2)成立.

这个结果是切比雪夫在 1866 年证明的. 它表明了在所给的条件下,尽管 n 个随机变量可以自由分布,但只要 n 充分的大,它们的算术平均值不再被个别的 X_i 分布所左右,而是较密集地取值在其算术平均值的数学期望附近,这就是大量随机变量现象平均结果的稳定性.

设 $Y_1,Y_2,\cdots,Y_n,\cdots$ 是一个随机变量序列,a 是一个常数. 若对于任意正数 ε,有

$$\lim_{n\to\infty}p\{|Y_n-a|<\varepsilon\}=1$$

则称序列 $Y_1,Y_2,\cdots,Y_n,\cdots$ 依概率收敛于 a,记为 $Y_n\xrightarrow{P}a$

设 $X_u\xrightarrow{P}a,Y_n\xrightarrow{P}b$,又设函数 $g(x,y)$ 在 (a,b) 处连续,则 $g(X_n,Y_n)\xrightarrow{P}g(a,b)$ (证略)

这样切比雪夫大数定律的结论可叙述为

$$\frac{1}{n}\sum_{i=1}^{n}X_i\xrightarrow{P}\frac{1}{n}\sum_{i=1}^{n}E(X_i)$$

下面给出最先提出的大数定律——伯努利大数定律:

定理 5.3(伯努利大数定律) 设 f_A 是 n 次独立重复试验中事件 A 发生的次数,p 是事件 A 在每次试验中发生的概率,则对于任意正数 $\varepsilon>0$,有

$$\lim_{n\to\infty}P\left(\left|\frac{f_A}{n}-p\right|<\varepsilon\right)=1\ \text{或}\lim_{n\to\infty}P\left(\left|\frac{f_A}{n}-p\right|\geqslant\varepsilon\right)=0 \tag{5-3}$$

证 令 $X_i=\begin{cases}1,&\text{当第 }i\text{ 次试验中事件 }A\text{ 发生}\\0,&\text{当第 }i\text{ 次试验中事件 }A\text{ 不发生}\end{cases}$,则 $X_1,X_2,\cdots,X_n$ 是相互独立同分布的随机变量序列,且

$$E(X_i)=P,\quad D(X_i)=P(1-P)=\frac{1}{4}-\left(P-\frac{1}{2}\right)^2\leqslant\frac{1}{4}$$

由切比雪夫大数定律得

$$\lim_{n\to\infty}P\left(\left|\frac{1}{n}\sum_{i=1}^{n}X_i-\frac{1}{n}\sum_{i=1}^{n}E(X_i)\right|<\varepsilon\right)=\lim_{n\to\infty}P\left(\left|\frac{1}{n}\sum_{i=1}^{n}X_i-p\right|<\varepsilon\right)=1$$

又因为 $\frac{1}{n}\sum_{i=1}^{n}X_i$ 是事件 A 在 n 次独立重复试验中发生的频率 $\frac{f_A}{n}$,故有

$$\lim_{n\to\infty}P\left\{\left|\frac{f_A}{n}-p\right|<\varepsilon\right\}=1\ \text{或}\frac{f_A}{n}\xrightarrow{P}P$$

伯努利大数定律的结论可叙述为：当试验次数 n 很大时，频率 $\dfrac{f_A}{n}$ 会越来越接近于概率 p，从理论上证明了频率稳定于概率.

【例 5.1】　抛掷一颗均匀的骰子，为了至少有 95% 的把握使 6 点向上的频率与概率 $\dfrac{1}{6}$ 之差落在 ± 0.01 的范围内，问需要抛掷多少次.

解　设需要抛掷 n 次，用 f_n 表示 6 点向上的次数，则 $D(f_n)=npq=\dfrac{5n}{36}$.

由切比雪夫不等式知：

$$P\left(\left|\frac{f_n}{n}-\frac{1}{6}\right|<0.01\right)\geqslant 1-\frac{D\left(\dfrac{f_n}{n}\right)}{(0.01)^2}=1-\frac{5}{36\times(0.01)^2 n}$$

要使 $P\left(\left|\dfrac{f_n}{n}-\dfrac{1}{6}\right|<0.01\right)\geqslant 0.95$，只需要

$$1-\frac{5}{36\times(0.01)^2 n}\geqslant 0.95$$

解得：$n\geqslant 27778$.

当相互独立随机变量序列 $X_1,X_2,\cdots,X_n$ 服从同一分布时，使用大数定律时对随机变量的方差可以不做任何要求，现不加证明，介绍下面定理：

定理 5.4(辛钦大数定律)　设 $X_1,X_2,\cdots,X_n$ 是相互独立且同分布的随机变量序列，且具有有限的数学期望 $E(X_i)=\mu,i=1,2,\cdots$ 则对于任意正数 $\varepsilon>0$，有

$$\lim_{n\to\infty}P\left(\left|\frac{1}{n}\sum_{i=1}^{n}X_i-\mu\right|<\varepsilon\right)=1\quad 或 \quad \frac{1}{n}\sum_{i=1}^{n}X_i\xrightarrow{P}\mu \tag{5-4}$$

辛钦大数定律为算术均值的法则提供了理论的依据，即可以取多次试验结果的算术均值作为真值的近似，试验的次数越多，用均值代替真值就越准确.

习题 5.1

1. 设 $\{X_n\}$ 是一个随机变量序列，X_n 的密度函数为

$$f_n(x)=\frac{n}{\pi(1+n^2 x^2)},\quad -\infty<x<+\infty,n=1,2,\cdots$$

证明：$\lim\limits_{n\to\infty}P(|X_n|<\varepsilon)=1$.

2. 在每次试验中事件 A 以概率 $\dfrac{1}{2}$ 发生，是否可以用大于 0.97 的概率确信：在 1000 次试验中，事件 A 发生的次数在 400 与 600 范围内.

3. 从装有 3 个白球与 1 个黑球的箱子中，有放回地取 n 次球，设 f_n 是白球出现的次数，问 n 多大才能使得

$$P\left(\left|\frac{f_n}{n}-p\right|<0.001\right)\geqslant 0.99$$

成立. 其中 p 是每一次取得白球的概率.

5.2　中心极限定理

客观世界中,大量的随机现象服从或近似服从正态分布.正态分布在随机变量的各种分布中为什么占有如此重要的地位? 中心极限定理能回答这个问题,本节不加证明介绍其中应用较广泛的两个定理.

定理 5.5(列维-林德伯格中心极限定理)　设 $X_1, X_2, \cdots, X_n$ 是独立同分布的随机变量序列,$E(X_i) = \mu, D(X_i) = \sigma^2 \neq 0 (i = 1, 2, \cdots)$,则随机变量

$$Y_n = \frac{\sum\limits_{i=1}^{n} X_i - n\mu}{\sqrt{n}\sigma}$$

的分布函数 $F_{Y_n}(x)$ 对任意的 x 有

$$\lim_{n \to \infty} F_{Y_n}(x) = \lim_{n \to \infty} P(Y_n \leqslant x) = \int_{-\infty}^{x} \frac{1}{2\pi} e^{-\frac{t^2}{2}} dt = \Phi(x) \tag{5-5}$$

记 $\overline{X} = \dfrac{1}{n} \sum\limits_{i=1}^{n} X_i$,由式(5-5) 知

$$\lim_{n \to \infty} P\left(\frac{\overline{X} - \mu}{\frac{\sigma}{\sqrt{n}}} \leqslant x\right) = \lim_{n \to \infty} P\left(\frac{\overline{X} - E(\overline{X})}{\sqrt{D(\overline{X})}} \leqslant x\right) = \int_{-\infty}^{x} \frac{1}{2\pi} e^{-\frac{t^2}{2}} dt = \Phi(x)$$

列维-林德伯格中心极限定理是一个强有力的定理,它只假设独立同分布及方差存在,而不管原来的分布是什么样的,极限分布都是正态分布.这一方面从理论上说明了正态分布的重要性,初步说明了为什么在实际应用中经常遇到正态分布;另一方面它也提供了计算独立同分布随机变量和的近似方法,这在应用上十分重要和有效.

【例 5.2】　设一个螺丝钉的重量是一个随机变量,期望值为 50 克,标准差为 5 克,求 100 个一盒装的螺丝钉的重量大于 5100 的概率.

解　设第 i 个螺丝钉的重量为 $X_i(i = 1, 2, \cdots, 100)$,则 $X_1, X_2, \cdots, X_{100}$ 独立同分布,且 $E(X_i) = 50, D(X_i) = 25$,又设一盒螺丝钉的重量 $X = \sum\limits_{i=1}^{100} X_i$,由定理 5.5 知:

$$P(X > 5100) = P\left(\frac{X - n\mu}{\sqrt{n}\sigma} > \frac{5100 - n\mu}{\sqrt{n}\sigma}\right) \approx 1 - \Phi(2) = 0.02275$$

下面介绍定理 5.5 的特殊情况,它是最早的中心极限定理.由棣莫弗提出,经过拉普拉斯推广.

定理 5.6(棣莫弗-拉普拉斯中心极限定理)　设随机变量 $Y_n(n = 1, 2, \cdots)$ 服从参数为 $n, p(0 < p < 1)$ 的二项分布,则对于任意 x,有

$$\lim_{n \to \infty} P\left(\frac{Y_n - np}{\sqrt{np(1-p)}} \leqslant x\right) = \int_{-\infty}^{x} \frac{1}{\sqrt{2\pi}} e^{-\frac{t^2}{2}} dt = \Phi(x)$$

定理 5.6 表明正态分布是二项分布的极限分布. 在第 2 章讲到当 n 很大,p 很小时,二项分布可由泊松分布来近似,那当 p 不是很小时就可以用正态分布来近似.

【例 5.3】　假定某电视节目在某市的收视率为 15%，在一次收视率调查中，从这个市的居民中随机抽查 5100 户，并以收视频率作为收视率，试求超过 800 户正在观看此节目的概率.

解　设 X 为观看此电视节目的用户，则 $X \sim B(5100, 0.15)$，由定理 5.6 知

$$P(X > 800) = P\left(\frac{X - 5100 \times 0.15}{\sqrt{5100 \times 0.15 \times 0.85}} > \frac{800 - 5100 \times 0.15}{\sqrt{5100 \times 0.15 \times 0.85}}\right)$$

$$\approx 1 - \Phi(1.372) = 0.0853$$

【例 5.4】　设一个小区有 1000 户住户，每户拥有 0, 1, 2 辆汽车的概率分别为 0.2, 0.6, 0.2，问需要多少停车位才能使每辆汽车具有一个车位的概率至少为 0.95.

解　设 $X_k (k = 1, 2, \cdots, 1000)$ 表示第 k 户拥有汽车的辆数，则 X_k 的分布律如表 5-1 所示.

表 5-1

X_k	0	1	2
P	0.2	0.6	0.2

已知 $E(X_k) = \mu = 1, D(X_k) = \sigma^2 = 0.4$，以 $X = \sum\limits_{k=1}^{1000} X_k$ 表示该小区住户拥有的车辆总数，又设小区有 x 个停车位. 依题意，x 应当满足

$$P(X < x) = 0.95$$

也即

$$P\left(\frac{X - n\mu}{\sqrt{n}\sigma} < \frac{x - n\mu}{\sqrt{n}\sigma}\right) = 0.95$$

由定理 5.6 知　$0.95 = P\left(\frac{X - n\mu}{\sqrt{n}\sigma} < \frac{x - n\mu}{\sqrt{n}\sigma}\right) \approx \Phi\left(\frac{x - n\mu}{\sqrt{n}\sigma}\right)$

查正态分布表得：$\dfrac{x - n\mu}{\sqrt{n}\sigma} \approx 1.65$，从而 $x \approx 1330$.

习题 5.2

1. 一仪器同时收到 50 个噪声信号 $u_i (i = 1, 2, \cdots, 50)$. 设它们是相互独立的随机变量，且都在区间 $(0, 10)$ 上服从均匀分布，求仪器收到超过 300 个噪声信号的概率.

2. 一部件包括 10 个部分，每部分的长度是一个随机变量，它们相互独立且服从同一分布，其数学期望为 2 毫米，均方差为 0.05 毫米，规定从长度为 (20 ± 0.1) 毫米时产品合格，求产品合格的概率.

3. 某网站有 400 台电脑，是通过外线电话拨号入网的，每台电脑有 5% 的时间要占外线，可以认为各台电脑用不用外线是相互独立的，问该网站要备用多少条外线才能以 90% 的把握保证各台电脑用外线时不被占用.

4. 假设生产线上组装每件成品的时间服从指数分布，统计资料表明该生产线每件成品的组装时间平均为 10 分钟，各件产品的组装时间相互独立.

(1) 试求组装 100 件成品需要 15 ～ 20 小时的概率；

(2) 以 95% 的概率在 16 小时之内最多可以组装多少成品.

自测题 5

一、填空题

1. 设随机变量 X 的方差为 2,则根据切比雪夫不等式有估计 $P\{|X-E(X)|\geqslant 2\}$ = _____.

2. 设随机变量 X 和 Y 的数学期望都是 2,方差分别为 1 和 4,相关系数为 0.5,则根据切比雪夫不等式 $P\{|X-Y|\geqslant 6\}$ = _____.

二、计算题

1. 用切比雪夫不等式确定当掷一均匀硬币时,需掷多少次,才能保证使得出现正面的频率在 0.4 与 0.6 之间的概率不小于 0.9,并用中心极限定理计算同一个问题.

2. 设 $X_1, X_2, \cdots, X_n, \cdots$ 是独立同服从 $(0, \theta)$ 上的均匀分布的随机变量序列,令 $Y_n = \max_{1 \leqslant i \leqslant n}(X_i)$,证明 $\lim_{n \to \infty} P(|Y_n - \theta| < \varepsilon) = 1$.

3. 据以往经验,某种电器元件的寿命服从均值为 100 小时的指数分布,现随机地取 16 只,设它们的寿命是相互独立的,求这 16 只元件的寿命总和大于 1920 小时的概率.

4. 设各零件的重量都是随机变量,它们相互独立,且服从同一分布,其数学期望为 0.5 千克,均方差为 0.1 千克,问 5000 只零件的总重量超过 2510 千克的概率是多大.

5. 某灯泡厂生产的灯泡平均寿命原为 2000 小时,标准差为 250 小时,经过技术革新采用新工艺使平均寿命提高到 2250 小时,标准差不变.为了确认这一改革的成果,上级技术部门派人前来检查,办法如下:任意挑选若干只灯泡,如果这些灯泡的平均寿命超过 2200,就正式承认改革有效,批准采用新工艺,如欲使检查通过的概率超过 0.997,问至少应检查多少只灯泡.

6. 计算器在进行加法时,将每个加法舍入最靠近它的整数.设所有舍入误差是独立的且在 $[-0.5, 0.5]$ 上服从均匀分布.

(1) 若将 1500 个数相加,问误差总和的绝对值超过 15 的概率是多少;

(2) 最多可有几个数相加使得误差总和的绝对值小于 10 的概率不小于 0.90?

7. 对于一个学生而言,来参加家长会的家长人数是一个随机变量,设一个学生无家长、1 名家长、2 名家长参加会议的概率分别为 0.05、0.8、0.15.若学校共有 400 名家长,设各学生参加会议的家长人数相互独立,且服从同一分布.

(1) 求参加会议的家长人数 X 超过 450 的概率;

(2) 求有一名家长来参加会议的学生人数不多于 340 人的概率.

8. 随机选取两组学生,每组 80 人,分别在两个实验室里测量某种化合物的 pH,各人测量的结果是随机变量,它们相互独立,且服从同一分布,其数学期望为 5,方差为 0.3,以 $\overline{X}, \overline{Y}$ 分别表示第一组和第二组所得结果的算术平均.

(1) 求 $P(4.9 < \overline{X} < 5.1)$;

(2) $P(-0.1 < \overline{X} - \overline{Y} < 0.1)$.

第 6 章　样本及抽样分布

前 5 章介绍了概率论的基本内容. 从本章开始, 介绍数理统计的基本内容. 数理统计的中心任务就是对未知的随机变量进行重复独立的观察, 得到一系列的数据, 然后对数据通过分析进行研究, 进而对所研究的内容做出各种推断.

本章我们介绍总体、个体、随机抽样、统计量等基本概念, 并着重介绍几个常用的统计量及抽样分布.

6.1　基　本　概　念

6.1.1　随机样本

某仓库有 3 万只灯泡, 按规定, 使用寿命低于 1000 小时的产品为次品, 今检验这批灯泡的质量. 这 3 万只灯泡是被检验的总体, 而每个灯泡则是被检验的具体对象. 一般地, 我们把研究的对象的某种数量指标的全体称为一个**总体 X**, 把构成总体的每个元素称为**个体**. 总体中所包含的个体的个数称为**总体的容量**. 容量有限的称为**有限总体**, 容量无限的称为**无限总体**. 上例中 3 万只灯泡的寿命是一个总体, 每个灯泡的寿命是个体, 容量是 3 万有限所以是有限总体.

在实际检验过程中, 并不是把这 3 万只灯泡全部——进行检验, 常常是随机地抽取其中一部分来进行灯泡的寿命的检验. 我们把从总体中随机地抽取 n 个个体, 并用 $(X_1, X_2, \cdots, X_n)$ 来表示, 这 n 个个体组成的总体的子集称为总体的**样本**. 样本中包含的个体数目 n 称为**样本容量**. 样本是从总体中随机抽取的, 实际上它们是 n 个随机变量. 但在每一次抽取后, 样本 (X_1, X_2, X_n) 得到是一组具体的数组 $(x_1, x_2, \cdots, x_n)$, 我们称这组值为**样本值**.

从总体中抽取样本可以有不同的抽法, 为了能由样本对总体作出较为可靠的推断, 就希望样本能很好地代表总体. 这就需要对抽法做出下列要求:

(1) 样本具有随机性: 总体中每个个体被抽到的机会均等, 个体分布能代表总体的分布.

(2) 样本具有独立性: 样本中每一样品的取值不影响其他样品的取值, 从而保证了 $x_1, x_2, \cdots, x_n$ 的独立性.

我们称这样的抽样为**随机抽样**. 随机抽样所得样本叫**随机样本**.

如果设总体分布函数为 $F(x)$, 概率密度为 $f(x)$, 根据随机抽样的定义, 我们不难得到随机样本 $(X_1, X_2, \cdots, X_n)$ 的联合分布函数 $F^*(x_1, x_2, \cdots, x_n) = \prod_{i=1}^{n} F(x_i)$ 和联合概率密度 $f^*(x_1, x_2, \cdots, x_n) = \prod_{i=1}^{n} f(x_i)$.

【**例 6.1**】 设总体 X 服从指数分布 $E(\theta)$. $X_1, X_2, \cdots, X_{10}$ 为来自总体 X 的样本. (1) 求 $X_1, X_2, \cdots, X_{10}$ 的联合概率密度; (2) 设 $X_1, X_2, \cdots, X_{10}$ 分别为 10 块独立工作的电路板的寿

命(以年记),求 10 块电路板的寿命都大于 2 的概率.

解 (1) 因为 $f(x) = \begin{cases} \dfrac{1}{\theta}e^{-\frac{x}{\theta}}, & x > 0 \\ 0, & \text{其他} \end{cases}$

所以 $f^*(x_1, x_2, \cdots, x_{10}) = \begin{cases} \displaystyle\prod_{i=1}^{10} \dfrac{1}{\theta}e^{-\frac{x_i}{\theta}} = \dfrac{1}{\theta^{10}}e^{\left(-\sum\limits_{i=1}^{10}\frac{x_i}{\theta}\right)}, & x_1, x_2, \cdots, x_{10} > 0 \\ 0, & \text{其他} \end{cases}$

(2) $P(X_1 > 2, X_2 > 2, \cdots, X_{10} > 2) = P\{X_1 > 2\}P\{X_2 > 2\}\cdots P\{X_{10} > 2\}$

$$= [P\{X_1 > 2\}]^{10} = \left(\int_2^{+\infty} \frac{1}{\theta}e^{-\frac{x}{\theta}}dx\right)^{10} = e^{-\frac{20}{\theta}}$$

6.1.2 经验分布函数和直方图

若总体 X 的理论分布函数和概率密度已知,则其样本的联合分布函数和联合概率密度可以确定.反过来,如何由样本来推断总体的分布和概率密度呢? 为此我们引入经验分布函数和直方图.

1. 经验分布函数

设 $(X_1, X_2, \cdots, X_n)$ 是取自总体 X 样本,将其样本值 $x_1, x_2, \cdots, x_n$ 按由小到大的顺序排列为 $x_1^* \leqslant x_2^* \leqslant \cdots \leqslant x_n^*$. 令

$$F_n(x) = \begin{cases} 0, & x < x_1^* \\ \dfrac{k}{n}, & x_k^* \leqslant x < x_{k+1}^*, \quad k = 1, 2, \cdots, n-1 \\ 1, & x \geqslant x_n^* \end{cases}$$

称 $F_n(x)$ 为 X 的经验分布函数.

【例 6.2】 从一个总体 X 中抽取了一个容量为 5 的样本,样本值为:$-2.8, -1, 1.5, 2.1, 3.4$,试求 X 的经验分布函数.

解 将样本值从小到大排列为:
$$-2.8 < -1 < 1.5 < 2.1 < 3.4$$
由定义所知 X 的经验分布函数为

$$F_5(x) = \begin{cases} 0, & x < -2.8 \\ \dfrac{1}{5}, & 2.8 \leqslant x < -1 \\ \dfrac{2}{5}, & -1 \leqslant x < 1.5 \\ \dfrac{3}{5}, & 1.5 \leqslant x < 2.1 \\ \dfrac{4}{5}, & 2.1 \leqslant x < 3.4 \\ 1, & x \geqslant 3.4 \end{cases}$$

根据经验分布函数的构造,易知 $F_n(x)$ 具有如下性质:(1) 单调非减;(2) 右连续;(3) $0 \leqslant$

$F_n(x) \leqslant 1$;(4) $F_n(-\infty)=0, F_n(+\infty)=1$,这说明了 $F_n(x)$ 具有分布函数一样的性质.

值得注意的一点是,对于固定的 x,经验分布函数是依赖于样本值的,而样本值的抽取是随机的,因而 $F_n(x)$ 具有随机性.

对于经验分布函数 $F_n(x)$,格里汶科(Glivenko)在 1933 年证明了以下结果:对于任一实数 x,$P(\lim\limits_{n \to \infty} \sup\limits_{-\infty < x < +\infty} |F_n(x)-F(x)|=0)=1$.

上述结果的含义是:任一实数 x,$F_n(x)$ 与 $F(x)$ 之差的绝对值的上确界,在 $n \to \infty$ 时其极限为 0 的概率是 1. 由此可见,对于任一实数 x 当 n 充分大时,经验分布函数的任一个观察值 $F_n(x)$ 与总体分布函数 $F(x)$ 只有微小的差别,从而在实际上可当作 $F(x)$ 的近似.

2. 直方图

经验分布函数可以用来描述总体分布函数的大致形状,那么下面介绍的直方图可以形象地描述总体概率密度函数的大致形状.

直方图的做法如下:

(1) 设 $(X_1, X_2, \cdots, X_n)$ 是取自总体 X 的样本,将其样本值 $x_1, x_2, \cdots, x_n$ 按由小到大的顺序排列为 $x_1^* \leqslant x_2^* \leqslant \cdots \leqslant x_n^*$.

(2) 选取 a(a 略小于 x_1^*)和 b(b 略大于 x_n^*),则所有的样本值全部落入区间 $[a,b]$. 把区间 $[a,b]$ 分 m 等份 $[c_i, c_{i+1}]$($i=1,2,\cdots,m$),$c_1=a$,$c_2=b$,称每一等份的长度 $h=\dfrac{b-a}{m}$ 为组距.

(3) 统计出样本值落入各等份的频数 n_i,求出频率 $f_i=\dfrac{n_i}{n}$,并做出频率与组距比例表(表 6-1).

表 6-1

$c_i \sim c_{i+1}$	频数 n_i	频率 $f_i = n_i/n$
$c_1 \sim c_2$	n_1	n_1/n
$c_2 \sim c_3$	n_2	n_2/n
$\cdots$	$\cdots$	$\cdots$
$c_m \sim c_{m+1}$	n_m	n_m/n
$\sum$	n	1

(4) 从左到右依次在各个小区间上做以 $\dfrac{f_i}{h}=\dfrac{n_1}{nh}$ 为高的小矩形,我们称这样的图形叫频率直方图(图 6-1).

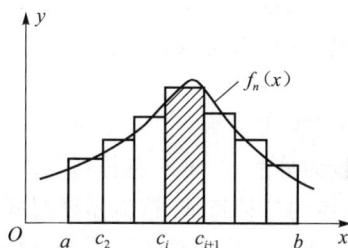

图 6-1

【例 6.3】　下面列出了 100 株某品种的玉米的穗位(厘米),现在画出这些数据的频率直方图.

127	118	121	113	145	125	87	94	118	111
102	72	113	76	101	134	107	118	114	128
118	114	117	120	128	94	124	87	88	105
115	134	89	141	114	119	150	107	126	95
137	108	129	136	98	121	91	111	134	123
138	104	107	121	94	126	108	114	103	129
103	127	93	86	113	97	122	86	94	118
109	84	117	112	112	125	94	73	93	94
102	108	158	89	127	115	112	94	118	114
88	111	111	104	101	129	114	128	131	142

解　这些数据的最小值、最大值分别为 72、158,即所有的数据落在区间 $[72,158]$ 上,现取区间 $[70,160]$,它能覆盖区间 $[72,158]$,将区间 $[70,160]$ 等分为 9 个小区间,小区间长度 $h = \dfrac{160-70}{9} = 10$,统计落在各个小区间内的数据的频数 f_i,根据频率与组距比例表,作出频率直方图如图 6-2 所示.

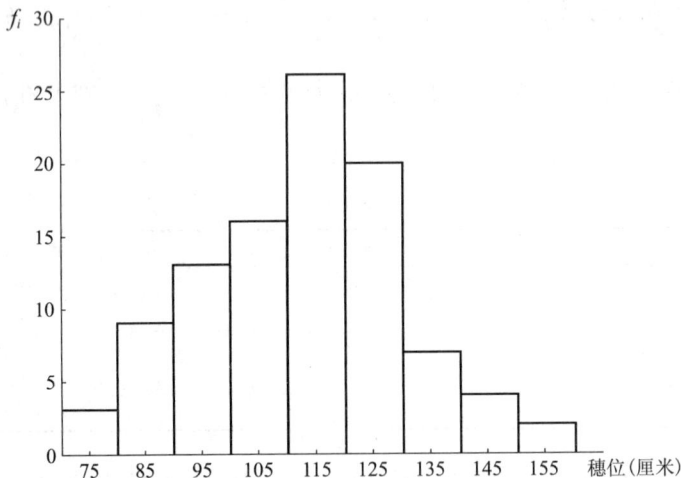

图 6-2

作直方图时,m 的选取和 n 有关,通常 n 较大时 m 取 10～20,当 $n<50$ 时则 m 取 5～6. 分点 a 和 b 通常取比数据精度高一位,以免数据落在分点上.

6.1.3　统计量与样本矩

样本含有总体的信息,但较为分散. 为了对总体进行推断,需要将分散的样本中有关总体的信息集中起来以反映总体的各种特征. 这就需要对样本进行加工. 一种有效的方法就是构造样本的函数,不同的样本函数反映总体不同的特征.

设 $X_1, X_2, \cdots, X_n$ 是来自总体 X 的一个容量为 n 的样本,若样本函数 $g(X_1, X_2, \cdots, X_n)$

不含有任何未知的参数,则称 $g(X_1,X_2,\cdots,X_n)$ 为**统计量**.统计量的分布称为**抽样分布**.

例如,设总体 X 服从正态分布 $N(\mu,\sigma^2)$,其中 μ 已知,σ^2 未知,$X_1,X_2,\cdots,X_n$ 是来自总体 X 的样本,则 $\dfrac{1}{n}\sum\limits_{i=1}^{n}X_i$,$\dfrac{1}{n}\sum\limits_{i=1}^{n}(X_i-\mu)^2$,$\max(X_1,X_2,\cdots,X_n)$ 均为统计量,而 $\dfrac{1}{\sigma^2}\sum\limits_{i=1}^{n}X_i^2$,$\dfrac{1}{\sigma^2}\sum\limits_{i=1}^{n}(X_i-\mu)^2$ 都不是统计量.

在具体的统计问题中,选用什么样的统计量是一个依赖于具体情况与要求而定的问题.下面介绍一些常用的统计量.

(1) 样本均值:$\overline{X}=\dfrac{1}{n}\sum\limits_{i=1}^{n}X_i$

(2) 样本方差:$S^2=\dfrac{1}{n-1}\sum\limits_{i=1}^{n}(X_i-\overline{X})^2=\dfrac{1}{n-1}\left(\sum\limits_{i=1}^{n}X_i^2-n\overline{X}^2\right)$

(3) 样本标准差:$S=\sqrt{S^2}=\sqrt{\dfrac{1}{n-1}\sum\limits_{i=1}^{n}(X_i-\overline{X})^2}$

(4) 样本 k 阶原点距:$A_k=\dfrac{1}{n}\sum\limits_{i=1}^{n}X_i^k,k=1,2,\cdots$

(5) 样本 k 阶中心距:$B_k=\dfrac{1}{n}\sum\limits_{i=1}^{n}(X_i-\overline{X})^k,k=1,2,\cdots$

易知 $A_1=\overline{X}$,$B_2=\dfrac{n-1}{n}S^2$.

【**例 6.4**】 设 $X_1,X_2,\cdots,X_n$ 是总体 X 的样本,且总体均值 $E(X)=\mu$,总体方差 $D(X)=\sigma^2$,求 $E(\overline{X})$,$D(\overline{X})$,$E(S^2)$.

解　根据样本的独立性和同分布性以及数学期望和方差的性质,有

$$E(\overline{X})=E\left(\dfrac{1}{n}\sum\limits_{i=1}^{n}X_i\right)=\dfrac{1}{n}\sum\limits_{i=1}^{n}E(X_i)=\mu$$

$$D(\overline{X})=D\left(\dfrac{1}{n}\sum\limits_{i=1}^{n}X_i\right)=\dfrac{1}{n^2}\sum\limits_{i=1}^{n}D(X_i)=\dfrac{\sigma^2}{n}$$

$$E(S^2)=E\left[\dfrac{1}{n-1}\sum\limits_{i=1}^{n}(X_i-\overline{X})^2\right]=\sigma^2$$

我们指出,若总体 X 的 k 阶矩 $E(X^k)\xallowed\overset{\triangle}{=\!=}\mu_k$ 存在,则当 $n\to\infty$ 时,$A_k\xrightarrow{P}\mu_k$,$k=1,2$,$\cdots$.这是因为 $X_1,X_2,\cdots,X_n$ 独立同分布,所以 $X_1^k,X_2^k,\cdots,X_n^k$ 独立且与 X^k 同分布,故有

$$E(X_1^k)=E(X_2^k)=\cdots=E(X_n^k)=\mu_k$$

由辛钦大数定律知

$$A_k\xrightarrow{P}\mu_k,\quad k=1,2,\cdots.$$

进而有

$$g(A_1,A_2,\cdots,A_k)\xrightarrow{P}g(\mu_1,\mu_2,\cdots,\mu_k),g\text{ 为连续函数}.$$

这就是下一章矩估计法的理论依据.

习题 6.1

1. 某食品厂生产听装饮料,现从生产线上随机抽取 5 听饮料,称得其净重为(单位:克)

$$351 \quad 347 \quad 355 \quad 344 \quad 351$$

试求其经验分布函数.

2. 为了研究某工厂工人生产某种产品的能力,我们随机调查了 20 位工人某天生产的该种产品的数量,数据如下:

$$160 \quad 196 \quad 164 \quad 148 \quad 170 \quad 175 \quad 178 \quad 166 \quad 181 \quad 162$$
$$161 \quad 168 \quad 166 \quad 162 \quad 172 \quad 156 \quad 170 \quad 157 \quad 162 \quad 154$$

试画出它的频率直方图.

3. 从一批 50000 个灯泡中随机抽出 10 个灯泡,测得其使用寿命如下(单位:10^4 小时)

$$0.1 \quad 0.5 \quad 0.35 \quad 0.15 \quad 0.1 \quad 0.2 \quad 0.05 \quad 0.1 \quad 0.2 \quad 0.2$$

求出样本均值和样本方差.

4. 设总体 $X \sim B(1, p)$,其中 p 是未知参数,$X_1, X_2, \cdots, X_5$ 是总体的样本.

(1) 写出样本的联合概率分布;

(2) 指出 $X_1 + X_3, \min(X_1, X_2, \cdots, X_5), \dfrac{X_2}{p}, (X_3 - X_1)^2$ 中哪些是统计量,哪些不是统计量.

6.2　抽样分布

6.2.1　三个重要分布

前面我们定义统计量的分布为抽样分布.要求出统计量的抽样分布,常常很困难的,下面仅介绍正态分布总体的 3 个常用统计量的分布.

1. χ^2 分布(卡方分布)

设 $X_1, X_2, \cdots, X_n$ 是来自总体 $N(0, 1)$ 的样本,称统计量

$$\chi^2 = X_1^2 + X_2^2 + \cdots + X_n^2 \tag{6-1}$$

服从自由度为 n 的 χ^2 分布,记为 $\chi^2 \sim \chi^2(n)$,自由度是指式(6-1)右端包含的独立变量的个数.

统计量 χ^2 分布的概率密度为

$$f(x) = \begin{cases} \dfrac{1}{2^{\frac{n}{2}} \Gamma\left(\dfrac{n}{2}\right)} x^{\frac{n}{2}-1} \mathrm{e}^{-\frac{x}{2}}, & x > 0 \\ 0, & x \leqslant 0 \end{cases}$$

其中 $\Gamma(\alpha) = \displaystyle\int_0^{+\infty} x^{\alpha-1} \mathrm{e}^{-x} \mathrm{d}x, \alpha > 0$,称为 Gamma 函数,不同自由度对应概率密度函数 $f(x)$ 的图形如图 6-3 所示. χ^2 分布的性质如下:

(1) χ^2 分布的可加性.

设 $\chi_1^2 \sim \chi^2(n_1), \chi_2^2 \sim \chi^2(n_2)$，并且 χ_1^2, χ_2^2 独立，则有 $\chi_1^2 + \chi_2^2 \sim \chi^2(n_1 + n_2)$.

(2) 设 $\chi^2 \sim \chi^2(n), E(\chi^2) = n, D(\chi^2) = 2n$.

(3) χ^2 分布的 α 分位点. 对应给定的 $\alpha(0 < \alpha < 1)$，称满足条件

$$P(\chi^2 > \chi_\alpha^2(n)) = \int_{\chi_\alpha^2(n)}^{+\infty} f(x)\mathrm{d}x = \alpha$$

的点 $\chi_\alpha^2(n)$ 为 χ^2 分布的上 α 分位点. 如图 6-4 所示.

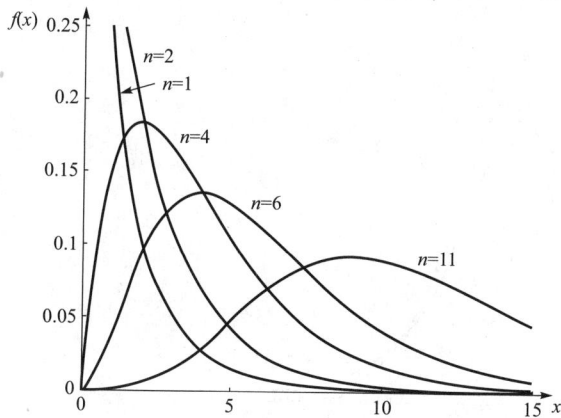

图 6-3

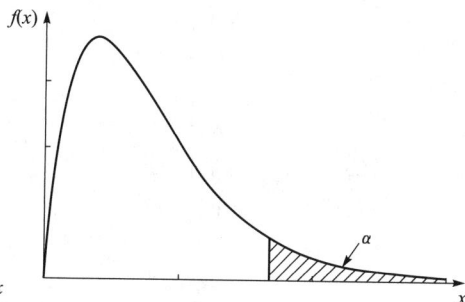

图 6-4

对于不同的 α, n，分位点值已经制成表，可以查阅书后附表.

【例 6.5】 对于 $\alpha = 0.1, n = 25$，求 $\chi_{0.1}^2(25)$ 为多少.

解 查得 $\chi_{0.1}^2(25) = 34.382$.

【例 6.6】 设总体 $X \sim N(0,1), (X_1, X_2, \cdots, X_6)$ 是来自总体 X 的一个样本，令 $Y = \frac{1}{3}(X_1 + X_2 + X_3)^2 + \frac{1}{3}(X_4 + X_5 + X_6)^2$，求统计量 Y 的分布.

解 由正态分布的可加性知

$$X_1 + X_2 + X_3 \sim N(0,3), \quad X_4 + X_5 + X_6 \sim N(0,3)$$

即

$$Y_1 = \frac{X_1 + X_2 + X_3}{\sqrt{3}} \sim N(0,1), \quad Y_2 = \frac{X_4 + X_5 + X_6}{\sqrt{3}} \sim N(0,1)$$

又因为 Y_1, Y_2 相互独立，由 χ^2 的定义知

$$Y_1^2 + Y_2^2 = \frac{1}{3}(X_1 + X_2 + X_3)^2 + \frac{1}{3}(X_4 + X_5 + X_6)^2 \sim \chi^2(2)$$

2. t 分布（学生氏分布）

设 $X \sim N(0,1), Y \sim \chi^2(n)$，且 X, Y 相互独立，则称随机变量

$$t = \frac{X}{\sqrt{\dfrac{Y}{n}}} \tag{6-2}$$

服从自由度为 n 的 **t 分布**，记为 $t \sim t(n)$.

t 分布又称学生氏分布，其概率密度函数为

$$f(x) = \frac{\Gamma\left(\dfrac{n+1}{2}\right)}{\sqrt{n\pi}\,\Gamma\left(\dfrac{n}{2}\right)}\left(1+\frac{x^2}{n}\right)^{-\frac{n+1}{2}}, \quad -\infty < x < +\infty$$

其图像如图 6-5 所示,它的图像关于 y 轴对称.当 n 充分大时其图像类似于标准正态分布概率密度的图像.但对于较小的 n,t 分布与 $N(0,1)$ 分布相差较大.

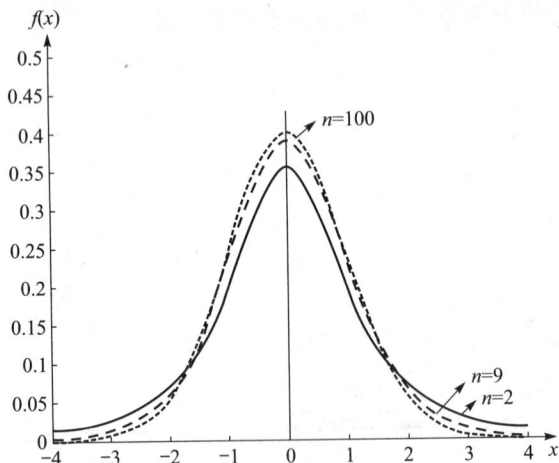

图 6-5

对于给定的 $\alpha(0<\alpha<1)$,称满足条件

$$P(t > t_\alpha(n)) = \int_{t_\alpha(n)}^{+\infty} f(x)\mathrm{d}x = \alpha$$

的点 $t_\alpha(n)$ 为 $t(n)$ 分布的**上 α 分位点**,如图 6-6 所示.

3. F 分布

设 $U \sim \chi^2(n_1)$,$V \sim \chi^2(n_2)$ 且 U,V 相互独立,则称随机变量

$$F = \frac{\dfrac{U}{n_1}}{\dfrac{V}{n_2}} \tag{6-3}$$

服从自由度为 (n_1,n_2) 的 F 分布,记为 $F \sim F(n_1,n_2)$.

F 分布的概率密度为

$$f(x) = \begin{cases} \dfrac{\Gamma\left(\dfrac{n_1+n_2}{2}\right)\left(\dfrac{n_1}{n_2}\right)^{\frac{n_1}{2}} x^{\frac{n_1}{2}-1}}{\Gamma\left(\dfrac{n_1}{2}\right)\Gamma\left(\dfrac{n_2}{2}\right)\left(1+\dfrac{n_1 x}{n_2}\right)^{\frac{n_1+n_2}{2}}}, & x > 0 \\ 0, & x \leqslant 0 \end{cases}$$

其图像如图 6-7 所示.

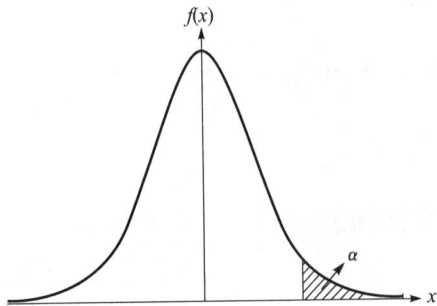

由定义知,若 $F \sim F(n_1,n_2)$,则 $\dfrac{1}{F} \sim F(n_2,n_1)$.

图 6-6

对于给定的 $\alpha(0<\alpha<1)$，称满足条件

$$P(F>F_\alpha(n_1,n_2))=\int_{F_\alpha(n_1,n_2)}^{+\infty}f(x)\mathrm{d}x=\alpha$$

的点 $F_\alpha(n_1,n_2)$ 为 $F(n_1,n_2)$ 分布的**上 α 分位点**，如图 6-8 所示.

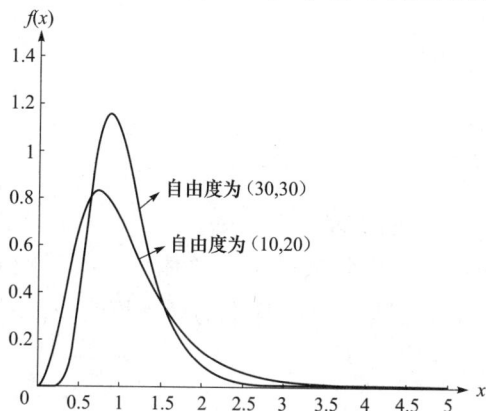

图 6-7

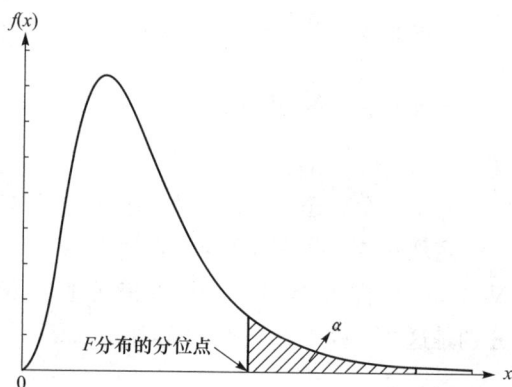

图 6-8

F 分布的上 α 分位点可自附表中查得且具有如下性质

$$F_{1-\alpha}(n_1,n_2)=\frac{1}{F_\alpha(n_2,n_1)} \tag{6-4}$$

式(6-4)常用来求 F 分布表中未列出的常用的上 α 分位点. 例

$$F_{0.95}(12,9)=\frac{1}{F_{0.05}(9,12)}=\frac{1}{2.8}=0.357$$

【例 6.7】　设 $X_1,X_2,\cdots,X_{15}$ 是来自总体 $N(0.2^2)$ 的样本，求统计量

$$Y=\frac{X_1^2+X_2^2+\cdots+X_{10}^2}{2(X_{11}^2+X_{12}^2+\cdots+X_{15}^2)}$$

的分布

解　由题意知　$\dfrac{X_i}{2}\sim N(0,1)(i=1,2,\cdots,15)$，所以有

$$\frac{1}{4}(X_1^2+X_2^2+\cdots+X_{10}^2)\sim\chi^2(10)\qquad\frac{1}{4}(X_{11}^2+X_{12}^2+\cdots+X_{15}^2)\sim\chi^2(5)$$

且两者相互独立. 由 F 分布的定义知

$$\frac{\dfrac{1}{4}(x_1^2+X_2^2+\cdots+X_{10}^2)}{10}\Bigg/\frac{\dfrac{1}{4}(X_{11}^2+X_{12}^2+\cdots+X_{15}^2)}{5}\sim F(10,5)$$

即　　　　　　　$$Y=\frac{X_1^2+X_2^2+\cdots+X_{10}^2}{2(X_{11}^2+X_{12}^2+\cdots+X_{15}^2)}\sim F(10,5)$$

6.2.2　正态总体下的抽样定理

设 $X_1,X_2,\cdots,X_n$ 是来自总体 $N(\mu,\sigma^2)$ 的样本，$\overline{X}$ 是样本均值，S^2 是样本方差，则有

如下结论：

定理 6.1 $\overline{X} \sim N\left(\mu, \dfrac{\sigma^2}{n}\right), Z = \dfrac{\overline{X} - \mu}{\dfrac{\sigma}{\sqrt{n}}} \sim N(0,1).$

定理 6.2 $\dfrac{(n-1)S^2}{\sigma^2} \sim \chi^2(n-1)$，且 $\overline{X}$ 与 S^2 相互独立.

定理 6.3 $\dfrac{\overline{X} - \mu}{\dfrac{S}{\sqrt{n}}} \sim t(n-1).$

对于两个正态总体的样本均值和样本方差有以下的定理.

定理 6.4 设 $X_1, X_2, \cdots, X_{n_1}$ 与 $Y_1, Y_2, \cdots, Y_{n_2}$ 分别是来自正态总体 $N(\mu_1, \sigma_1^2)$ 和 $N(\mu_2, \sigma_2^2)$ 的样本，且这 2 个样本相互独立. 设 $\overline{X}, \overline{Y}$ 分别是这 2 个样本的样本均值；S_1^2, S_2^2 分别是这 2 个样本的样本方差，则有

(1) $\dfrac{\dfrac{S_1^2}{S_2^2}}{\dfrac{\sigma_1^2}{\sigma_2^2}} \sim F(n_1 - 1, n_2 - 1)$；

(2) 当 $\sigma_1^2 = \sigma_2^2 = \sigma^2$ 时，$\dfrac{\overline{X} - \overline{Y} - (\mu_1 - \mu_2)}{S_w \sqrt{\dfrac{1}{n_1} + \dfrac{1}{n_2}}} \sim t(n_1 + n_2 - 2)$，其中 S_w

$= \sqrt{\dfrac{(n_1 - 1)S_1^2 + (n_2 - 1)S_2^2}{n_1 + n_2 - 2}}.$

【例 6.8】 设 $X_1, X_2, \cdots, X_n$ 是来自总体 $N(\mu, \sigma^2)$ 的样本，$\overline{X}$ 是样本均值，S_n^2 是样本方差. 又设 $X_{n+1} \sim N(\mu, \sigma^2)$，且 X_{n+1} 与 $X_1, X_2, \cdots, X_n$ 独立，求统计量 $\dfrac{X_{n+1} - \overline{X}}{S_n} \sqrt{\dfrac{n}{n+1}}$ 的抽样分布.

解 由题意知 $\overline{X} \sim N\left(\mu, \dfrac{\sigma^2}{n}\right)$，且 $\overline{X}$ 与 X_{n+1} 相互独立，由独立正态随机变量的线性函数仍为正态分布，则 $X_{n+1} - \overline{X} \sim N\left(0, \left(1 + \dfrac{1}{n}\right)\sigma^2\right)$，从而 $\dfrac{X_{n+1} - \overline{X}}{\sqrt{\left(1 + \dfrac{1}{n}\right)}\sigma} \sim N(0,1)$，由定理 6.2 知 $\dfrac{(n-1)S_n^2}{\sigma^2} \sim \chi^2(n-1)$，且 $\overline{X}$ 与 S_n^2 相互独立，又按题设知 X_{n+1} 与 S_n^2，故 $X_{n+1} - \overline{X}$ 与 S_n^2 相互独立，再由 t 分布的定义知：

$$\dfrac{\dfrac{X_{n+1} - \overline{X}}{\sqrt{\dfrac{n+1}{n}}\sigma}}{\sqrt{\dfrac{\dfrac{(n-1)S_n^2}{\sigma^2}}{n-1}}} = \dfrac{X_{n+1} - \overline{X}}{S_n} \sqrt{\dfrac{n}{n+1}} \sim t(n-1)$$

习题 6.2

1. 已知 $\chi^2 \sim \chi^2(5)$，如果 $\alpha = 0.99$，查表求该 χ^2 分布的上 α 点.

2. 已知 $t \sim t(20)$，如果 $\alpha = 0.05$，查表求该 t 分布的上 α 点.

3. 已知 $F \sim F(10, 9)$，如果 $\alpha = 0.1$，查表求该 F 分布的上 α 点.

4. 设 $X_1, X_2, \cdots, X_{10}$ 是来自总体 $N(0, 0.3^2)$ 的样本，求 $P\left(\sum_{i=1}^{10} X_i^2 > 1.44\right)$.

5. 设 X_1, X_2, X_3, X_4 是来自总体 $N(0, 2^2)$ 的样本，令
$$Y = a(X_1 - 2X_2)^2 + b(3X_3 - 4X_4)^2$$
求系数 a, b，使 Y 服从 χ^2 分布，并求其自由度.

6. 设 X_1, X_2 是总体 $X \sim N(0, 1)$ 的一个样本，求常数 k，使
$$P\left(\frac{(X_1 + X_2)^2}{(X_1 + X_2)^2 + (X_1 - X_2)^2} > k\right) = 0.1$$

7. 设总体 $X \sim N(20, 3)$，从 X 中分别抽取容量为 $10, 15$ 的 2 个相互独立的样本，求两样本均值之差的绝对值大于 0.3 的概率.

自测题 6

一、选择题

1. （1994 年考研）设 $X_1, X_2, \cdots, X_n$ 是总体 $X \sim N(\mu, \sigma^2)$ 的一个样本，$\overline{X}$ 表示样本均值，记 $S_1^2 = \frac{1}{n-1} \sum_{i=1}^{n} (X_i - \overline{X})^2$，$S_2^2 = \frac{1}{n} \sum_{i=1}^{n} (X_i - \overline{X})^2$，$S_3^2 = \frac{1}{n-1} \sum_{i=1}^{n} (X_i - \mu)^2$，$S_4^2 = \frac{1}{n} \sum_{i=1}^{n} (X_i - \mu)^2$，服从自由度为 $n-1$ 的 t 分布的随机变量是（　　）.

    A. $t = \dfrac{\overline{X} - \mu}{S_1/\sqrt{n-1}}$　　　B. $t = \dfrac{\overline{X} - \mu}{S_2/\sqrt{n-1}}$　　　C. $t = \dfrac{\overline{X} - \mu}{S_3/\sqrt{n}}$　　　D. $t = \dfrac{\overline{X} - \mu}{S_4/\sqrt{n}}$

2. （2003 年考研）随机变量 $X \sim t(n)$，$(n > 1)$，$Y = \dfrac{1}{X^2}$，则（　　）.

    A. $Y \sim \chi^2(n)$　　　　　　　　　　　B. $Y \sim \chi^2(n-1)$

    C. $Y \sim F(n, 1)$　　　　　　　　　　　D. $Y \sim F(1, n)$

二、填空题

1. 设来自总体 X 的一组样本观察值为 $2.1, 5.4, 3.2, 9.8, 3.5$，则样本均值 $\overline{X} = $ _____，样本方差 $S^2 = $ _____.

2. 在总体 $X \sim N(5, 16)$ 中随机地抽取一个容量为 36 的样本，则均值 $\overline{X}$ 落在 4 与 6 之间的概率为 _____.

3. 设 X_1, X_2, X_3 是总体 $X \sim N(\mu, \sigma^2)$ 的一个样本，其中 μ 已知而 $\sigma > 0$ 未知，则函数 (1) $X_1 + X_2 + X_3$；(2) $X_3 + 3\mu$；(3) X_1；(4) μX_2^2；(5) $\sum_{i=1}^{3} X_i/\sigma$；(6) $\max(X_i)$；(7) $3 + X_3$ 中为统计量的是 _____.

4. 设 $X_1, X_2, \cdots, X_n$ 是总体 $X \sim N(\mu, \sigma^2)$ 的一个样本，则 $E(\overline{X}) = $ _____.

5. 设 $Y_1, Y_2, \cdots, Y_n$ 相互独立，且均服从 $N(0, 1)$，则它们的平方和 $Y_1^2 + Y_2^2 + \cdots + Y_n^2$

服从_____.

6. (1997 年考研)设随机变量 X 和 Y 相互独立且都服从正态分布 $N(0,3^2)$,而 X_1, $X_2,\cdots,X_9$ 和 $Y_1,Y_2,\cdots,Y_9$ 分别是来自总体 X 和 Y 的简单随机样本,则统计量 $U=\dfrac{X_1+\cdots+X_9}{\sqrt{Y_1^2+\cdots+Y_9^2}}$ 服从_____分布,参数为_____.

7. 设 $X_1,X_2,\cdots,X_n$ 是总体 $X\sim N(\mu,\sigma^2)$ 的一个样本,则 $\sum\limits_{i=1}^{n}\left(\dfrac{X_i-\mu}{\sigma}\right)^2\sim$_____.

8. (1998 年考研)设 $X_1,X_2,\cdots,X_n$ 是来自正态总体 $N(0,2^2)$ 的简单随机样本,$X=a(X_1-2X_2)^2+b(3X_3-4X_4)^2$,则当 $a=$_____,$b=$_____时,统计量 X 服从 χ^2 分布,其自由度为_____.

三、解答题

1. 设总体 X 服从泊松分布 $P(\lambda)$,其中 λ 未知,$X_1,X_2,\cdots,X_n$ 是总体 X 的样本.

(1) 试指出 $X_1+X_2,\max(X_1,X_2,\cdots,X_n),X_n+2\lambda,(X_n-X_1)^2$ 中哪些是统计量,哪些不是;

(2) 当样本容量 $n=5$,且 $(0,1,0,1,1)$ 为样本的一个样本值时,试求样本均值和样本方差.

2. 设容量 $n=12$ 的样本值为
$$-1,1,2,1,3,2,4,3,1,2,3,1$$
求经验分布函数.

3. 某地抽样调查了 30 个工人的月工资数据,画出其直方图.

4400　4440　5560　4300　3800　4200　5000　4300　4200　3840
4200　4040　4240　3400　4240　4120　3880　4720　3600　4760
3760　3960　4280　4440　3660　4360　3640　4400　3300　4260

4. (2012 年考研)设 X_1,X_2,X_3,X_4 来自总体 $N(\mu,\sigma^2)(\sigma>0)$ 的简单随机样本,求统计量 $\dfrac{X_1-X_2}{|X_5+X_4-2|}$ 的分布.

5. (2011 年考研)设 $X_1,X_2,\cdots,X_n$ 为来自总体 $N(\mu,\sigma^2)(\sigma>0)$ 的随机样本,统计量 $T=\dfrac{1}{n}\sum\limits_{i=1}^{n}X_i$,求 $E(T)$.

6. 设总体 $X\sim N(0,\sigma^2)$,X_1,X_2 是 X 的一个样本,求 $Y=\dfrac{(X_1+X_2)^2}{(X_1-X_2)^2}$ 的分布.

7. 设 $X_1,X_2,\cdots,X_6$ 是来自总体 $N(0,1)$ 的样本,令
$$Y=(X_1+X_2+X_3)^2+(X_4+X_5+X_6)^2$$
求常数 C,使 $CY\sim\chi^2$ 分布.

8. 设 $X_1,X_2,\cdots,X_5$ 是来自总体 $N(0,1)$ 的样本,试确定常数 C,使统计量
$$\frac{C(X_1+X_2)}{\sqrt{X_3^2+X_4^2+X_5^2}}\sim t(3)$$

9. 分别从方差为 20 和 35 的正态总体中抽取容量为 8 和 10 的两个样本,求一个样本方差不小于第二个样本方差 2 倍的概率.

10. 设总体 X 服从正态分布 $N(\mu,\sigma^2)(\sigma>0)$,样本 $X_1,X_2,\cdots,X_n$ 来自总体 X,S^2 是样本方差,问:样本容量 n 取多大就能使 $P\left(\dfrac{S^2}{\sigma^2}\leqslant1.5\right)\geqslant0.95$.

第7章 参数估计

根据样本所包含的信息来建立关于总体的各种结论,这就是统计推断,统计推断的基本问题可以分为两大类,一类是估计问题,另一类是假设检验问题.本章将讨论总体参数的点估计和区间估计问题,设总体 X 的分布函数的形式已知,但它的一个或者多个参数未知,借助总体 X 的样本来估计总体未知参数的值的问题,称为参数估计问题.

7.1 点 估 计

设 $X_1, X_2, \cdots, X_n$ 是总体 $X \sim F(x, \theta)$ 的一个样本,其中 $F(x, \theta)$ 的形式为已知,θ 为待估参数,$x_1, x_2, \cdots, x_n$ 是相应的样本观察值.点估计问题就是要构造一个适当的统计量 $\hat{\theta}(X_1, X_2, \cdots, X_n)$,用它的观察值 $\hat{\theta}(x_1, x_2, \cdots, x_n)$ 作为未知参数 θ 的近似值.我们称 $\hat{\theta}(X_1, X_2, \cdots, X_n)$ 为 θ 的估计量,$\hat{\theta}(x_1, x_2, \cdots, x_n)$ 为 θ 的估计值.

注意,估计量 $\hat{\theta}(X_1, X_2, \cdots, X_n)$ 是一个随机变量,是样本 $X_1, X_2, \cdots, X_n$ 的函数,是一个统计量,对不同的样本观察值,θ 的估计值 $\hat{\theta}(x_1, x_2, \cdots, x_n)$ 一般是不同的.

【例 7.1】 在某火药制造厂,一天中发生着火现象的次数 X 是一个随机变量,它服从参数为 λ 的泊松分布.参数 λ 为未知,现有以下的样本观察值 $1,1,0,2,2,1,2,3,0,2$,试估计参数 λ.

解 由于 $X \sim P(\lambda)$,所以有 $E(X) = \lambda$.根据大数定理知道,当 n 较大时,样本均值 $\overline{X} = \frac{1}{n} \sum_{i=1}^{n} X_i$ 依概率收敛于总体均值 $E(X)$.我们自然想到用样本均值 $\overline{X} = \frac{1}{n} \sum_{i=1}^{n} X_i$ 的观察值 $\overline{x} = \frac{1}{n} \sum_{i=1}^{n} x_i$ 来估计总体均值 $E(X) = \lambda$.由于 $\overline{x} = \frac{1}{10} \sum_{i=1}^{10} x_i = \frac{14}{10} = 1.4$,于是用 $\overline{x} = 1.4$ 作为参数 λ 的估计.

下面介绍两种常用的构造估计量的方法:矩估计法和最大似然估计法.

7.1.1 矩估计法

矩估计法是一种古老的方法,它是由英国统计学家皮尔逊于 1894 年提出的.其依据是样本矩依概率收敛于相应的总体矩,样本矩的连续函数依概率收敛于相应的总体矩的连续函数.

设 X 为连续型随机变量,其概率密度为 $f(x; \theta_1, \theta_2, \cdots, \theta_k)$,或 X 为离散型随机变量,其分布律为 $P\{X = x\} = p(x; \theta_1, \theta_2, \cdots, \theta_k)$,其中,$\theta_1, \theta_2, \cdots, \theta_k$ 为待估参数,$X_1, X_2, \cdots, X_n$ 是总体 X 的一个样本.假设总体 X 的前 k 阶矩存在,即对 X 为连续型随机变量,有

$$\mu_l = E(X^l) = \int_{-\infty}^{+\infty} x^l f(x; \theta_1, \theta_2, \cdots, \theta_k) \mathrm{d}x$$

对 X 为离散型随机变量,有

$$\mu_l = E(X^l) = \sum_{x \in R_X} x^l p(x; \theta_1, \theta_2, \cdots, \theta_k)$$

$l=1,2,\cdots,k$. 其中 R_X 是 X 的可能取值范围.

我们用样本矩 $A_l = \dfrac{1}{n} \sum\limits_{i=1}^{n} X_i^l$ 作为相应的总体矩 $\mu_l = (l=1,2,\cdots,k)$ 的估计量. 这种方法称为**矩估计法**. 其具体做法如下,设

$$\begin{cases} \mu_1 = \mu_1(\theta_1, \cdots, \theta_k), \\ \mu_2 = \mu_2(\theta_1, \cdots, \theta_k), \\ \qquad \vdots \\ \mu_k = \mu_k(\theta_1, \cdots, \theta_k) \end{cases}$$

这是一个包含 k 个未知参数 $\theta_1, \theta_2, \cdots, \theta_k$ 的联立方程组. 一般来说可以从中解出 $\theta_1, \theta_2, \cdots, \theta_k$,得到

$$\begin{cases} \theta_1 = \theta_1(\mu_1, \cdots, \mu_k), \\ \theta_2 = \theta_2(\mu_1, \cdots, \mu_k), \\ \qquad \vdots \\ \theta_k = \theta_k(\mu_1, \cdots, \mu_k) \end{cases}$$

用 A_i 分别代替上式中的 $\mu_l = (l=1,2,\cdots,k)$,即以 $\hat{\theta} = \theta_i(A_1, \cdots, A_k)$ 分别作为 $\theta_i(i=1, 2, \cdots, k)$ 的估计量,这种估计量称为**矩估计量**. 矩估计量的观察值称为**矩估计值**.

【例 7.2】 设 X 在 $[0, \theta]$ 上服从均匀分布,θ 为未知参数. $X_1, X_2, \cdots, X_n$ 是总体 X 的一个样本,求 θ 的矩估计量.

解 由于 X 在 $[0, \theta]$ 上服从均匀分布,所以总体 X 的一阶矩为 $\mu_1 = E(X) = \dfrac{\theta}{2}$,又样本的一阶矩为 $A_1 = \dfrac{1}{n} \sum\limits_{i=1}^{n} X_i = \overline{X}$,令 $A_1 = \mu_1$,则 $\overline{X} = \dfrac{\theta}{2}$,因此 θ 的矩估计量为 $\hat{\theta} = 2\overline{X}$.

【例 7.3】 设总体 X 的概率密度为

$$f(x) = \begin{cases} (\alpha+1)x^\alpha, & 0 < x < 1; \\ 0, & \text{其他.} \end{cases}, \quad \alpha > -1$$

其中 α 为未知参数,$X_1, X_2, \cdots, X_n$ 是取自总体 X 的一个样本,试求参数 α 的矩估计量.

解 由于总体分布的概率密度仅含有一个未知参数 α,其一阶矩为

$$\mu_1 = E(X) = \int_{-\infty}^{+\infty} x f(x) \mathrm{d}x = \int_0^1 x(\alpha+1)x^\alpha \mathrm{d}x = \frac{\alpha+1}{\alpha+2}$$

又样本一阶矩为 $A_1 = \dfrac{1}{n} \sum\limits_{i=1}^{n} X_i = \overline{X}$,令 $A_1 = \mu_1$,得

$$\overline{X} = \frac{\alpha+1}{\alpha+2}$$

解上述方程组,得 $\hat{\alpha} = \dfrac{1-2\overline{X}}{\overline{X}-1}$.

【例 7.4】 设总体 X 的均值 μ 和方差 σ^2 都存在,且 $\sigma^2 > 0$,但 μ 和 σ^2 均为未知. $X_1, X_2, \cdots, X_n$ 是取自总体 X 的一个样本,求 μ 和 σ^2 的矩估计量.

解　由于总体 X 的一阶、二阶矩分别为

$$\mu_1 = E(X) = \mu$$
$$\mu_2 = E(X^2) = D(X) + [E(X)]^2 = \sigma^2 + \mu^2$$

解得

$$\begin{cases} \mu = \mu_1 \\ \sigma^2 = \mu_2 - \mu_1^2 \end{cases}$$

分别用 A_1, A_2 代替上式中的 μ_1, μ_2，得到 μ 和 σ^2 的矩估计量分别为

$$\hat{\mu} = A_1 = \overline{X}$$

$$\hat{\sigma}^2 = A_2 - A_1^2 = \frac{1}{n} \sum_{i=1}^{n} X_i^2 - \overline{X}^2 = \frac{1}{n} \sum_{i=1}^{n} (X_i - \overline{X})^2$$

这个结果表明，总体 X 的均值 μ 和方差 σ^2 的矩估计量的表达式与总体具体服从什么分布无关，即无论总体 X 服从什么分布，只要均值和方差存在，则例 7.4 的结论都是成立的.

例如，设灯泡的寿命 $X \sim N(\mu, \sigma^2)$，μ 和 σ^2 未知，今从生产的灯泡中随机抽取 4 只灯泡，测得寿命(小时)如下：1502, 1453, 1367, 1650.

根据例 7.4，μ 和 σ^2 的矩估计量分别为 $\hat{\mu} = \overline{X}, \hat{\sigma}^2 = \dfrac{1}{n} \sum_{i=1}^{n} (X_i - \overline{X})^2$，所以参数 μ 和 σ^2 的估计值分别为

$$\hat{\mu} = \overline{x} = 1493$$
$$\hat{\sigma}^2 = 10551.5 \text{ 或 } \hat{\sigma} = 102.72$$

参数的矩估计法在估计总体的均值、方差等数字特征时，不必知道总体的分布类型，非常直观、简便，这是矩估计法的优点. 但矩估计法也存在不足，在总体分布类型已知的情况下，矩估计法没有充分利用总体分布所提供的信息，因此可能导致它的精度比其他估计法低.

7.1.2　最大似然估计法

最大似然估计法是估计总体参数的另一种重要方法，最早始于高斯的误差理论中，后由英国数理统计学家费希尔于 1912 年重新提出，引起广泛的关注和使用.

若总体 X 为离散型随机变量，其分布律为 $P\{X = x\} = p(x; \theta)$ 的形式为已知，θ 为待估参数，$\theta \in \Theta$ (Θ 为 θ 的可能取值范围). $X_1, X_2, \cdots, X_n$ 是取自总体 X 的一个样本，则 $X_1, X_2, \cdots, X_n$ 的联合分布律为 $\prod\limits_{i=1}^{n} p(x_i; \theta)$. 设 $x_1, x_2, \cdots, x_n$ 是相应于 $X_1, X_2, \cdots, X_n$ 的样本观察值，易知样本 $X_1, X_2, \cdots, X_n$ 取到观察值 $x_1, x_2, \cdots, x_n$ 的概率，即事件 $\{X_1 = x_1, X_2 = x_2, \cdots, X_n = x_n\}$ 发生的概率为

$$L(\theta) = L(x_1, x_2, \cdots, x_n; \theta) = \prod_{i=1}^{n} p(x_i; \theta), \theta \in \Theta$$

$L(\theta)$ 称为样本的**似然函数**.

关于最大似然估计法，有以下直观思想：固定样本观察值 $x_1, x_2, \cdots, x_n$，在 θ 的可能

取值范围 Θ 内选择使似然函数达到最大的参数值 $\hat{\theta}$,作为 θ 的估计值. 即取 $\hat{\theta}$ 使

$$L(x_1,x_2,\cdots,x_n;\hat{\theta}) = \max_{\theta \in \Theta} L(x_1,x_2,\cdots,x_n;\theta)$$

这样得到的 $\hat{\theta}$ 与 $x_1,x_2,\cdots,x_n$ 有关,记为 $\hat{\theta}(x_1,x_2,\cdots,x_n)$,称为参数 θ 的**最大似然估计值**,而相应的统计量 $\hat{\theta}(X_1,X_2,\cdots,X_n)$ 称为参数 θ 的**最大似然估计量**.

若总体 X 为连续型随机变量,其概率密度 $f(x;\theta)$ 的形式为已知,θ 为待估参数,$\theta \in \Theta$(Θ 为 θ 的可能取值范围),$X_1,X_2,\cdots,X_n$ 是取自总体 X 的一个样本,则 $X_1,X_2,\cdots,X_n$ 的联合概率密度为 $\prod\limits_{i=1}^{n} f(x_i;\theta)$. 设 $x_1,x_2,\cdots,x_n$ 是相应于的样本观察值. 易知随机点 $(X_1,X_2,\cdots,X_n)$ 落在点 $(x_1,x_2,\cdots,x_n)$ 的邻域内(边长分别为 $\mathrm{d}x_1,\mathrm{d}x_2,\cdots,\mathrm{d}x_n$ 的 n 维立方体)的概率近似地为 $\prod\limits_{i=1}^{n} f(x_i;\theta)\mathrm{d}x_i$.

与离散型的情形一样,取 θ 的估计值 $\hat{\theta}$ 使 $\prod\limits_{i=1}^{n} f(x_i;\theta)\,\mathrm{d}x_i$ 取到最大值,但因子 $\prod\limits_{i=1}^{n} \mathrm{d}x_i$ 不随 θ 变化,因此只需考虑函数

$$L(\theta) = L(x_1,x_2,\cdots,x_n;\theta) = \prod_{i=1}^{n} f(x_i;\theta)$$

的最大值. 这里 $L(\theta)$ 称为样本的**似然函数**. 若

$$L(x_1,x_2,\cdots,x_n;\hat{\theta}) = \max_{\theta \in \Theta} L(x_1,x_2,\cdots,x_n;\theta)$$

称 $\hat{\theta}(x_1,x_2,\cdots,x_n)$ 为参数 θ 的**最大似然估计值**,而相应的统计量 $\hat{\theta}(X_1,X_2,\cdots,X_n)$ 称为参数 θ 的**最大似然估计量**.

这样,确定最大似然估计量的问题就归结为求最大值的问题了. 由于 $L(\theta)$ 与 $\ln L(\theta)$ 在同一个 θ 处取到极值,所以在很多情况下,θ 的极大似然估计 $\hat{\theta}$ 也可以从方程 $\dfrac{\mathrm{d}\ln L(\theta)}{\mathrm{d}\theta} = 0$ 求得,此方程称为**似然方程**.

【例 7.5】 设总体 $X \sim \pi(\lambda)$,其中 $\lambda > 0$ 未知,$X_1,X_2,\cdots,X_n$ 是取自总体 X 的一个样本,$x_1,x_2,\cdots,x_n$ 是样本的一个观察值,试求参数 λ 的最大似然估计量.

解 由泊松分布的分布律 $P(X=x) = \dfrac{\lambda^x}{x!}\mathrm{e}^{-\lambda}$,$x=0,1,2,\cdots$,得似然函数

$$L(\lambda) = \prod_{i=1}^{n} P(X_i = x_i) = \prod_{i=1}^{n} \frac{\lambda^{x_i}}{x_i!}\mathrm{e}^{-\lambda} = \mathrm{e}^{-n\lambda} \frac{\lambda^{\sum\limits_{i=1}^{n} x_i}}{\prod\limits_{i=1}^{n}(x_i!)}$$

取对数

$$\ln L(\lambda) = -n\lambda + \left(\sum_{i=1}^{n} x_i\right)\ln\lambda - \sum_{i=1}^{n} \ln(x_i!)$$

求导,得似然方程

$$\frac{\mathrm{d}\ln L(\lambda)}{\mathrm{d}\lambda} = -n + \frac{1}{\lambda}\sum_{i=1}^{n} x_i = 0$$

解得,参数 λ 的最大似然估计值 $\hat{\lambda} = \frac{1}{n} \sum_{i=1}^{n} x_i = \bar{x}$,相应地,最大似然估计量为 $\hat{\lambda} = \frac{1}{n} \sum_{i=1}^{n} X_i = \bar{X}$.

最大似然估计法也适用于分布函数中含有多个未知参数 $\theta_1, \theta_2, \cdots, \theta_k$ 的情况. 这时,似然函数是这些未知参数的函数. 令

$$\frac{\partial}{\partial \theta_i} L = 0, i = 1, 2, \cdots, k$$

或

$$\frac{\partial}{\partial \theta_i} \ln L = 0, i = 1, 2, \cdots, k$$

解上述方程组. 一般可以得到未知参数 $\theta_1, \theta_2, \cdots, \theta_k$ 的最大似然估计值 $\hat{\theta}_1, \hat{\theta}_2, \cdots, \hat{\theta}_k$.

【例 7.6】 设 $X \sim N(u, \sigma^2)$,u 和 σ^2 未知,$x_1, x_2, \cdots, x_n$ 是相应于 $X_1, X_2, \cdots, X_n$ 的样本观察值,求 u 和 σ^2 的最大似然估计量.

解 X 的概率密度为

$$f(x, u, \sigma^2) = \frac{1}{\sqrt{2\pi}\sigma} e^{-\frac{(x-u)^2}{\sigma^2}}, -\infty < x < +\infty$$

似然函数为

$$L(u, \sigma^2) = \prod_{i=1}^{n} \frac{1}{\sqrt{2\pi}\sigma} e^{-\frac{(x_i-u)^2}{\sigma^2}}$$

$$= (2\pi)^{-\frac{n}{2}} (\sigma^2)^{-\frac{n}{2}} e^{-\frac{\sum_{i=1}^{n}(x_i-u)^2}{2\sigma^2}}$$

于是 $\ln L = -\frac{n}{2} \ln(2\pi) - \frac{n}{2} \ln \sigma^2 - \frac{\sum_{i=1}^{n}(x_i-u)^2}{2\sigma^2}$.

令
$$\begin{cases} \frac{\partial}{\partial u} \ln L = \frac{1}{\sigma^2} \left(\sum_{i=1}^{n} x_i - nu \right) = 0 \\ \frac{\partial}{\partial \sigma^2} \ln L = -\frac{n}{2\sigma^2} + \frac{1}{2(\sigma^2)^2} \sum_{i=1}^{n}(x_i-u)^2 = 0 \end{cases}$$

解得 $\hat{u} = \frac{1}{n} \sum_{i=1}^{n} x_i = \bar{x}, \hat{\sigma}^2 = \frac{1}{n} \sum_{i=1}^{n}(X_i - \bar{x})^2$.

因此 u 和 σ^2 的最大似然估计量为 $\hat{u} = \frac{1}{n} \sum_{i=1}^{n} X_i = \bar{X}, \hat{\sigma}^2 = \frac{1}{n} \sum_{i=1}^{n}(X_i - \bar{X})^2$.

【例 7.7】 设 X 在 $[0, \theta]$ 上服从均匀分布,θ 为未知参数. $x_1, x_2, \cdots, x_n$ 是相应于 $X_1, X_2, \cdots, X_n$ 的样本观察值,求 θ 的最大似然估计值和最大似然估计量.

解 X 的概率密度为

$$f(x, \theta) = \begin{cases} \frac{1}{\theta}, & 0 < x \leqslant \theta \\ 0, & \text{其他} \end{cases}$$

记 $x_{(n)} = \max\{x_1, x_2, \cdots, x_n\}$，由于 $0 < x_1, x_2, \cdots, x_n \leqslant \theta$，相当于 $0 < x_{(n)} \leqslant \theta$. 似然函数为

$$L(\theta) = \begin{cases} \dfrac{1}{\theta^n}, & 0 < x_{(n)} \leqslant \theta \\ 0, & \text{其他} \end{cases}$$

当 $0 < x_{(n)} \leqslant \theta$ 时，$L(\theta)$ 随 θ 的增加而减少，所以当 $\theta = x_{(n)}$ 时 $L(\theta)$ 最大，因此 θ 的最大似然估计值为 $\hat{\theta} = x_{(n)} = \max\{x_1, x_2, \cdots, x_n\}$，最大似然估计量为 $\hat{\theta} = \max\{X_1, X_2, \cdots, X_n\}$.

注意，所得结果与矩估计量是不同的.

习题 7.1

1. 随机地取 8 只活塞环，测得它们的直径(以毫米计)如表 7-1 所示.

表 7-1

直径/毫米	74.001	74.005	74.003	74.001
直径/毫米	74.000	73.998	74.006	74.002

试求总体均值 u 及方差 σ^2 的矩估计值，并求样本方差的观察值 s^2.

2. 设总体 $X \sim b(1, p)$，$X_1, X_2, \cdots, X_n$ 是来自总体 X 的样本，求参数 P 的矩估计量和矩估计值.

3. 设 $X_1, X_2, \cdots, X_n$ 为总体的一个样本，$x_1, x_2, \cdots, x_n$ 为一相应的样本值，总体的概率密度为 $\begin{cases} \sqrt{\theta} x^{\sqrt{\theta}-1}, & 0 \leqslant x \leqslant 1 \\ 0, & \text{其他} \end{cases}$，式中 $\theta > 0$. (1)求未知参数 θ 矩估计量和矩估计值；(2)求未知参数 θ 最大似然估计值和估计量.

4. 设 $X_1, X_2, \cdots, X_n$ 为总体的一个样本，$x_1, x_2, \cdots, x_n$ 为一相应的样本值，总体的分布律为：$P\{X = x\} = C_m^x p^x (1-p)^{m-x}$，$x = 0, 1, 2, \cdots, m$，其中 $0 < p < 1$，p 为未知参数. (1) 求参数 p 的矩估计量和矩估计值；(2) 求参数 p 的最大似然估计值和估计量.

5. 若 $X - N(\mu, \sigma^2)$，试用容量为 n 的样本，分别就(1)σ^2 已知；(2)μ, σ^2 均未知两种情况求出使 $P\{X > A\} = 0.05$ 的点 A 的最大似然估计量.

7.2　估计量的评选标准

对于总体 X 的同一个参数，由于采用不同的估计方法，可能会产生多个不同估计量. 例如，总体 X 在 $[0, \theta]$ 上服从均匀分布，对同一个参数 θ，在例 7.7 中 θ 的最大似然估计量与例 7.2 中 θ 的矩估计量是不同的. 这就提出了一个问题，当总体 X 的同一个参数存在不同估计量时，究竟采用哪一个估计量更好呢？这就涉及用什么样的标准来评价估计量的问题. 以下给出几个常用的标准：无偏性、有效性和一致性.

7.2.1　无偏性

定义 7.1　设 $X_1, X_2, \cdots, X_n$ 是总体 X 的一个样本，$\theta \in \Theta$，若估计量 $\hat{\theta} = \hat{\theta}(X_1, X_2, \cdots,$

$X_n)$ 的数学期望 $E(\hat{\theta})$ 存在,且对任意的 $\theta \in \Theta$,有 $E(\hat{\theta}) = \theta$,则称 $\hat{\theta}$ 为 θ 的**无偏估计量**,否则称为**有偏估计量**.

$E(\hat{\theta}) - \theta$ 称为以 $\hat{\theta}$ 作为 θ 的估计的系统误差. 无偏估计的实际意义就是无系统误差.

例如,设总体 X 的均值 μ 和方 σ^2 均未知,根据例 6.4 知,$E(\overline{X}) = \mu$,$E(S^2) = \sigma^2$. 这就是说,不论总体服从什么分布,样本均值 $\overline{X}$ 是总体均值 μ 的无偏估计量;样本方差 $S^2 = \dfrac{1}{n-1} \sum\limits_{i=1}^{n} (X_i - \overline{X})^2$ 是总体方差 σ^2 的无偏估计量,而估计量 $\dfrac{1}{n} \sum\limits_{i=1}^{n} (X_i - \overline{X})^2$ 不是总体方差 σ^2 的无偏估计量.

【**例 7.8**】 设 X 在 $[0, \theta]$ 上服从均匀分布,θ 为未知参数. 问 θ 的估计量 $\hat{\theta} = 2\overline{X}$ 是否为 θ 的无偏估计量.

解 设 $X_1, X_2, \cdots, X_n$ 是取自总体 X 的样本,所以它们与总体 X 同分布,于是 $E(X_i) = \dfrac{\theta}{2} (i = 1, 2, \cdots, n)$.

由数学期望的性质,有

$$E(\hat{\theta}) = 2E(\overline{X}) = 2E\left(\frac{1}{n} \sum_{i=1}^{n} X_i\right) = \frac{2}{n} \sum_{i=1}^{n} E(X_i) = \frac{2}{n} \cdot n \cdot \frac{\theta}{2} = \theta$$

因此,估计量 $\hat{\theta} = 2\overline{X}$ 是 θ 的无偏估计量.

【**例 7.9**】 设总体 X 的 k 阶矩 $\mu_k = E(X^k) (k \geqslant 1)$ 存在,又设 $X_1, X_2, \cdots, X_n$ 是 X 的一个样本. 证明不论总体服从什么分布,样本的 k 阶矩 $A_k = \dfrac{1}{n} \sum\limits_{i=1}^{n} X_i^k (k \geqslant 1)$ 是总体 k 阶矩 μ_k 的无偏估计量.

证 因为 $X_1, X_2, \cdots, X_n$ 与总体 X 同分布,所以 $E(X_i^k) = E(X^k) = \mu_k$,$i = 1, 2, \cdots, n$,即 $E(A_k) = \dfrac{1}{n} \sum\limits_{i=1}^{n} E(X_i^k) = \mu_k$,因此 A_k 是 μ_k 的无偏估计量.

【**例 7.10**】 设从均值 μ,方差 $\sigma^2 > 0$ 的总体中,分别抽取容量为 n_1 和 n_2 的 2 个独立样本,$\overline{X}_1$ 和 $\overline{X}_2$ 分别为 2 个样本均值. 试证明,对于任意的常数 $a, b (a + b = 1)$,$Y = a\overline{X}_1 + b\overline{X}_2$ 都是 μ 的无偏估计量,并确定常数 a, b 使 $D(Y)$ 达到最小.

证 由于 $E(Y) = aE(\overline{X}_1) + bE(\overline{X}_2) = (a + b)\mu = \mu$,所以对于任意的常数 $a, b (a + b = 1)$,$Y = a\overline{X}_1 + b\overline{X}_2$ 都是 μ 的无偏估计量.

$D(Y) = a^2 D(\overline{X}_1) + b^2$,$D(\overline{X}_2) = \dfrac{a^2}{n_1} \sigma^2 + \dfrac{b^2}{n_2} \sigma^2$,为了求在 $a + b = 1$ 的条件下 $D(Y)$ 的最小值,用拉格朗日法,作辅助函数

$$L(a, b) = \frac{a^2}{n_1} \sigma^2 + \frac{b^2}{n_2} \sigma^2 + \lambda(a + b - 1)$$

令 $\dfrac{\partial L(a, b)}{\partial a} = \dfrac{2a\sigma^2}{n_1} + \lambda = 0$,$\dfrac{\partial L(a, b)}{\partial b} = \dfrac{2b\sigma^2}{n_2} + \lambda = 0$,则有 $2\sigma^2 \left(\dfrac{a}{n_1} - \dfrac{b}{n_2}\right) = 0$,由于 $\sigma^2 > 0$,有 $2\sigma^2 n_1 n_2 \neq 0$,所以 $n_2 a - n_1 b = 0$,又 $a + b = 1$,于是

$$1 = a + b = \frac{n_1}{n_2} b + b = \frac{n_1 + n_2}{n_2} b$$

因此 $b=\dfrac{n_2}{n_1+n_2}, a=\dfrac{n_1}{n_1+n_2}$.

7.2.2　有效性

现在来比较参数 θ 的 2 个无偏估计量 $\hat{\theta}_1$ 和 $\hat{\theta}_2$,如果在样本容量相同的情况下,$\hat{\theta}_1$ 的观察值比 $\hat{\theta}_2$ 更密集地分布在真值 θ 的附近,我们就认为 $\hat{\theta}_1$ 比 $\hat{\theta}_2$ 理想. 由于方差是随机变量的取值与其数学期望的偏离程度的度量,所以无偏估计量以方差小者为好,这就引出了有效性的概念.

定义 7.2　设 $\hat{\theta}_1=\hat{\theta}_1(X_1,X_2,\cdots,X_n)$ 和 $\hat{\theta}_2=\hat{\theta}_2(X_1,X_2,\cdots,X_n)$ 都是 θ 的无偏估计量,若对于任意的 $\theta\in\Theta$,有 $D(\hat{\theta}_1)<D(\hat{\theta}_2)$,则称 $\hat{\theta}_1$ 比 $\hat{\theta}_2$ **有效**.

【例 7.11】　设 $X_1,X_2,\cdots,X_n$ 是总体 X 的样本,且总体均值 $E(X)=\mu$ 和方差 $D(X)=\sigma^2$ 存在,证明当 $n>1$ 时,μ 的无偏估计量 $\bar{X}$ 比 μ 的无偏估计量 X_1 有效.

证　由于 $D(X_1)=D(X)=\sigma^2, D(\bar{X})=\dfrac{\sigma^2}{n}$,所以当 $n>1$ 时,$D(X_1)=\sigma^2<D(\bar{X})=\dfrac{\sigma^2}{n}$,即 $\bar{X}$ 比 X_1 有效.

7.2.3　一致性

无偏性和有效性都是在样本容量固定的前提下给出的. 我们自然希望随着样本容量的增大,一个估计量的值稳定于待估参数的真值. 这样,估计量又有下述一致性的要求.

定义 7.3　设 $\hat{\theta}(X_1,X_2,\cdots,X_n)$ 为参数 θ 的估计量,当 $n\to+\infty$ 时,$\hat{\theta}(X_1,X_2,\cdots,X_n)$ 依概率收敛于 θ,则称 $\hat{\theta}$ 为 θ 的**一致性估计量**(或**相合估计量**),有时也简称为**一致估计量**.

即对于任意的 $\varepsilon>0$,有

$$\lim_{n\to+\infty} P\{|\hat{\theta}-\theta|<\varepsilon\}=1$$

则称 $\hat{\theta}$ 为 θ 的一致估计量.

【例 7.12】　设 $X_1,X_2,\cdots,X_n$ 是总体 X 的样本,若总体 X 和样本的 k 阶矩 $E(X^k)=\mu_k$ 和 $A_k(k=1,2,\cdots)$ 都存在,证明:(1)A_k 是 μ_k 的一致估计量;(2)若待估参数 $\theta=g(\mu_1,\mu_2,\cdots,\mu_k)$,其中 g 为连续函数,则 θ 的估计量 $\hat{\theta}=g(\hat{\mu}_1,\hat{\mu}_2,\cdots,\hat{\mu}_k)=g(A_1,A_2,\cdots,A_k)$ 是 θ 的一致估计量.

证　(1)根据第 6 章的 6.1 节知,当 $n\to+\infty$ 时,$A_k\xrightarrow{P}\mu_k(k=1,2,\cdots)$,这说明样本的 k 阶矩 A_k 是总体 X 的 k 阶矩 μ_k 的一致估计量.

(2)根据 6.1 节知,当 $n\to+\infty$ 时,对待估参数 $\theta=g(\mu_1,\mu_2,\cdots,\mu_k)$(其中 g 为连续函数)和 θ 的估计量 $\hat{\theta}=g(\hat{\mu}_1,\hat{\mu}_2,\cdots,\hat{\mu}_k)=g(A_1,A_2,\cdots,A_k)$,有 $g(A_1,A_2,\cdots,A_k)\xrightarrow{P}g(\mu_1,\mu_2,\cdots,\mu_k)$.

因此 θ 的估计量 $\hat{\theta}=g(\hat{\mu}_1,\hat{\mu}_2,\cdots,\hat{\mu}_k)=g(A_1,A_2,\cdots,A_k)$ 是待估参数 $\theta=g(\mu_1,\mu_2,\cdots,\mu_k)$ 的一致估计量.

📖 **习题 7.2**

1. 从某种产品中抽取件,测得直径:12.13,12.03,12.06,12.08,12.07,12.06, 12.01,12.03,12.16,12.28(单位:毫米). 求产品直径方差的一个一个无偏估计值.

2. 设总体 X 的数学期望为 μ,$X_1,X_2,\cdots,X_n$ 是来自 X 的样本,$a_1,a_2,\cdots,a_n$ 是任意常数,验证 $\dfrac{\sum\limits_{i=1}^{n} a_i X_i}{\sum\limits_{i=1}^{n} a_i}$（其中 $\sum\limits_{i=1}^{n} a_i \neq 0$）是 μ 的无偏估计量.

3. $X_1,X_2,\cdots,X_n$ 是来自总体 X 的一个样本,设总体 X 的数学期望 $E(X)=\mu$,方差 $D(X)=\sigma^2$,$\bar{X},S^2$ 是样本均值和样本方差,试确定常数 c 使 $\bar{X}^2-cS^2$ 是 μ^2 的无偏估计.

4. 设 X_1,X_2 是取自总体 $N(\mu,1)$ 的一个容量为 2 的样本,证明下列 3 个估计量均为 μ 的无偏估计:

$$\hat{\mu}=\frac{2}{3}X_1+\frac{1}{3}X_2,\hat{\mu}_2=\frac{1}{4}X_1+\frac{3}{4}X_2,\hat{\mu}_3=\frac{1}{2}(X_1+X_2)$$

并指出哪一个估计量有效.

5. 设 $\hat{\theta}_1,\hat{\theta}_2$ 是参数 θ 的 2 个相互独立的无偏估计量,且 $D(\hat{\theta}_1)=2D(\hat{\theta}_2)$,试求常数 k_1,k_2 满足什么条件,才能使 $k_1\hat{\theta}_1+k_2\hat{\theta}_2$ 是 θ 的无偏估计量,并求常数 k_1、k_2,使它在所有这种形式的估计量中方差达到最小.

7.3　区　间　估　计

7.3.1　区间估计的定义

对于一个未知参数,只知道它的点估计有时还不能满意,人们还希望给出未知参数的一个范围,并希望知道这个范围包含参数真值的可信程度. 为此,引进区间估计的相关概念.

定义 7.4　设总体 X 的分布函数 $F(x;\theta)$ 含有一个未知参数 θ,对于给定值 $\alpha(0<\alpha<1)$,若由样本 $X_1,X_2,\cdots,X_n$ 确定的 2 个统计量 $\underline{\theta}=\underline{\theta}(X_1,X_2,\cdots,X_n)$ 和 $\bar{\theta}=\bar{\theta}(X_1,X_2,\cdots,X_n)$,对于 $\theta\in\Theta$ 满足

$$P\{\underline{\theta}<\theta<\bar{\theta}\}=1-\alpha \tag{7-1}$$

则称 $(\underline{\theta},\bar{\theta})$ 为 θ 的置信水平为 $1-\alpha$ 的置信区间,$\underline{\theta}$ 和 $\bar{\theta}$ 分别称为置信水平为 $1-\alpha$ 的双侧置信区间的**置信下限**和**置信上限**,$1-\alpha$ 称为**置信水平**.

式(7-1)的含义如下:若反复抽样多次(各次得到的样本的容量都相等),每个样本观察值确定一个区间 $(\underline{\theta},\bar{\theta})$,每个这样的区间要么包含 θ 的真值,要么不包含 θ 的真值,按伯努利大数定律,在这么多区间中,包含 θ 真值的约占 $100(1-\alpha)/100$,不包含 θ 真值的约占 $100\alpha/100$. 例如,若 $\alpha=0.01$,反复抽样 1000 次,则得到 1000 个区间中,不包含 θ 真值的约 10 个.

【例 7.13】 设总体 $X \sim N(\mu, \sigma^2)$, σ^2 为已知, $X_1, X_2, \cdots, X_n$ 是来自总体 X 的样本, 求 μ 的置信水平为 $1-\alpha$ 的置信区间.

解 由于 $\overline{X}$ 为 μ 的无偏估计量, 且有

$$\frac{\overline{X} - \mu}{\sigma/\sqrt{n}} \sim N(0,1) \tag{7-2}$$

按标准正态分布的上 α 分位点的定义, 有

$$P\left\{ \left| \frac{\overline{X} - \mu}{\sigma/\sqrt{n}} \right| < z_{\frac{\alpha}{2}} \right\} = 1 - \alpha$$

$$P\left\{ \overline{X} - \frac{\sigma}{\sqrt{n}} z_{\frac{\alpha}{2}} < \mu < \overline{X} + \frac{\sigma}{\sqrt{n}} z_{\frac{\alpha}{2}} \right\} = 1 - \alpha$$

按定义 7.4, 我们得到了 μ 的置信水平为 $1-\alpha$ 的置信区间

$$\left(\overline{X} - \frac{\sigma}{\sqrt{n}} z_{\frac{\alpha}{2}}, \overline{X} + \frac{\sigma}{\sqrt{n}} z_{\frac{\alpha}{2}} \right) \tag{7-3}$$

如果取 $\alpha = 0.05$, 即 $1-\alpha = 0.95$, 查表得 $z_{\frac{\alpha}{2}} = z_{0.025} = 1.96$. 若 $\sigma = 1$, $n = 16$, 于是得到一个 μ 的置信水平为 0.95 的置信区间

$$\left(\overline{X} - \frac{1}{\sqrt{16}} \times 1.96, \overline{X} + \frac{1}{\sqrt{16}} \times 1.96 \right)$$

如果 $\bar{x} = 5.20$, 代入得一个区间 $(4.71, 5.69)$.

然而, 置信水平为 $1-\alpha$ 的置信区间并不是唯一的. 如对以上的例 7.13, 若给定 $\alpha = 0.05$, 则

$$P\left\{ -z_{0.04} < \frac{\overline{X} - \mu}{\sigma/\sqrt{n}} < z_{0.01} \right\} = 0.95$$

这样, 我们又得到了 μ 的另一个置信水平为 $1-\alpha$ 的置信区间.

$$\left(\overline{X} - \frac{\sigma}{\sqrt{n}} z_{0.01}, \overline{X} + \frac{\sigma}{\sqrt{n}} z_{0.04} \right) \tag{7-4}$$

在式 (7-3) 中, 令 $\alpha = 0.05$, 再比较由式 (7-4) 给出的 μ 的置信水平为 0.95 的置信区间的长度.

由式 (7-3) 给出的置信区间的长度为 $2 \frac{\sigma}{\sqrt{n}} z_{0.025} = 3.92 \times \frac{\sigma}{\sqrt{n}}$

由式 (7-4) 给出的置信区间的长度为 $\frac{\sigma}{\sqrt{n}} (z_{0.04} + z_{0.01}) = 4.08 \times \frac{\sigma}{\sqrt{n}}$

显然, $3.92 \times \frac{\sigma}{\sqrt{n}} < 4.08 \times \frac{\sigma}{\sqrt{n}}$, 即由式 (7-3) 给出的区间比由式 (7-4) 给出的区间短. 当然, 对于同一个置信水平, 区间的长度越短越好.

通过上例, 可以看到寻找未知参数 θ 的置信区间的具体做法如下:

(1) 寻找一个样本 $X_1, X_2, \cdots, X_n$ 的函数 $W = W(X_1, X_2, \cdots, X_n; \theta)$, 它包含待估参数 θ, 而不包含其他未知参数, 并且 W 的分布已知且不依赖任何未知参数 (当然不依赖于待估参数 θ);

(2) 对于给定的置信水平 $1-\alpha$, 定出 2 个常数 a, b, 使

$$P\{a < W(X_1, X_2, \cdots, X_n; \theta) < b\} = 1 - \alpha$$

(3) 若能从 $a < W(X_1, X_2, \cdots, X_n; \theta) < b$ 得到等价的不等式 $\underline{\theta} < \theta < \bar{\theta}$,其中 $\underline{\theta} = \underline{\theta}(X_1, X_2, \cdots, X_n), \bar{\theta} = \bar{\theta}(X_1, X_2, \cdots, X_n)$ 都是统计量,那么 $(\underline{\theta}, \bar{\theta})$ 就是 θ 的置信水平为 $1-\alpha$ 的置信区间.

函数 $W = W(X_1, X_2, \cdots, X_n; \theta)$ 的构造,通常从 θ 的点估计着手. 常用的正态总体参数的置信区间可以用上述步骤推得.

7.3.2 单个正态总体均值与方差的置信区间

1. 均值 μ 的置信区间

设已给定置信水平为 $1-\alpha$,并设 $X_1, X_2, \cdots, X_n$ 是总体 $X \sim N(\mu, \sigma^2)$ 的样本,$\bar{X}, S^2$ 分别为样本均值和样本方差.

1) σ^2 为已知

此时,由例 7.13 已经给出了 μ 的置信水平为 $1-\alpha$ 的置信区间为

$$\left(\bar{X} - \frac{\sigma}{\sqrt{n}} z_{\frac{\alpha}{2}}, \bar{X} + \frac{\sigma}{\sqrt{n}} z_{\frac{\alpha}{2}} \right)$$

2) σ^2 为未知

此时,不能由式(7-3)给出区间估计,因其含有未知参数 σ. 考虑到 S^2 是 σ^2 的无偏估计,将式(7-2)中的 σ 换成 S,根据定理 6.3 知

$$\frac{\bar{X} - \mu}{S/\sqrt{n}} \sim t(n-1) \tag{7-5}$$

并且式(7-5)的右边不依赖于任何未知参数,按 t 分布的上 α 分位点的定义,有

$$P\left\{ \left| \frac{\bar{X} - \mu}{S/\sqrt{n}} \right| < t_{\frac{\alpha}{2}}(n-1) \right\} = 1 - \alpha$$

$$P\left\{ \bar{X} - \frac{S}{\sqrt{n}} t_{\frac{\alpha}{2}}(n-1) < \mu < \bar{X} + \frac{S}{\sqrt{n}} t_{\frac{\alpha}{2}}(n-1) \right\} = 1 - \alpha$$

这样,我们就得到了 μ 的置信水平为 $1-\alpha$ 的置信区间

$$\left(\bar{X} - \frac{S}{\sqrt{n}} t_{\frac{\alpha}{2}}(n-1), \bar{X} + \frac{S}{\sqrt{n}} t_{\frac{\alpha}{2}}(n-1) \right) \tag{7-6}$$

【例 7.14】 设某种产品的重量服从正态分布 $N(\mu, \sigma^2)$,其中 $\mu, \sigma^2 > 0$ 未知,今从中随机抽取 16 个,其观测值如下:506,508,499,503,504,510,497,512,514,505,493,496,506,502,509,496(单位:克),求总体均值 μ 的置信水平为 $1-\alpha$ 的置信区间.

解 由题知 $\bar{x} = 503, s = 6.2022, 1 - \alpha = 0.95, \alpha = 0.05; n - 1 = 15$,查 t 分布表得 $t_{\frac{\alpha}{2}}(n-1) = t_{0.025}(15) = 2.1315$. 根据式(7-6)得 μ 的置信水平为 0.95 的置信区间为

$$\left(503 - \frac{6.2022}{\sqrt{16}} \times 2.1315, 503 + \frac{6.2022}{\sqrt{16}} \times 2.1315 \right) = (500.4, \quad 507.1)$$

2. 方差 σ^2 的置信区间(μ 未知)

由于 S^2 是 σ^2 的无偏估计,根据定理 6.2 知,$\dfrac{(n-1)S^2}{\sigma^2}\sim\chi^2(n-1)$.

并且上式的右边不依赖于任何未知参数,按 χ^2 分布的上 α 分位点的定义,有

$$P\left\{\chi^2_{1-\alpha/2}(n-1)<\frac{(n-1)S^2}{\sigma^2}<\chi^2_{\alpha/2}(n-1)\right\}=1-\alpha$$

即

$$P\left\{\frac{(n-1)S^2}{\chi^2_{\alpha/2}(n-1)}<\sigma^2<\frac{(n-1)S^2}{\chi^2_{1-\alpha/2}(n-1)}\right\}=1-\alpha$$

这样,我们就得到了 σ^2 的置信水平为 $1-\alpha$ 的置信区间为

$$\left(\frac{(n-1)S^2}{\chi^2_{\alpha/2}(n-1)},\quad\frac{(n-1)S^2}{\chi^2_{1-\alpha/2}(n-1)}\right) \tag{7-7}$$

σ 的置信水平为 $1-\alpha$ 的置信区间为

$$\left(\frac{\sqrt{(n-1)}\,S}{\sqrt{\chi^2_{\alpha/2}(n-1)}},\frac{\sqrt{(n-1)}\,S}{\sqrt{\chi^2_{1-\alpha/2}(n-1)}}\right) \tag{7-8}$$

【**例 7.15**】 求例 7.14 中标准差 σ 的置信水平为 0.95 的置信区间.

解 根据例 7.14 知 $\bar{x}=503,s=6.2022,1-\alpha=0.95,\alpha=0.05,n-1=15$,查表得 $\chi^2_{0.025}(15)=27.448,\chi^2_{0.975}(15)=6.262$.

根据式(7-8)得 σ 的置信水平为 0.95 的置信区间为 $(4.85,9.60)$.

一个正态总体均值和方差的置信区间(置信水平为 $1-\alpha$),如表 7-2 所示.

表 7-2

参　数	W 的分布	置信区间
$\mu(\sigma^2$ 已知$)$	$Z=\dfrac{\overline{X}-\mu}{\sigma/\sqrt{n}}\sim N(0,1)$	$\left(\overline{X}-\dfrac{\sigma}{\sqrt{n}}z_{\frac{\alpha}{2}},\overline{X}+\dfrac{\sigma}{\sqrt{n}}z_{\frac{\alpha}{2}}\right)$
$\mu(\sigma^2$ 未知$)$	$t=\dfrac{\overline{X}-\mu}{S/\sqrt{n}}\sim t(n-1)$	$\left(\overline{X}-\dfrac{S}{\sqrt{n}}t_{\frac{\alpha}{2}}(n-1),\overline{X}+\dfrac{S}{\sqrt{n}}t_{\frac{\alpha}{2}}(n-1)\right)$
$\sigma^2(\mu$ 未知$)$	$\chi^2=\dfrac{(n-1)S^2}{\sigma^2}\sim\chi^2(n-1)$	$\left(\dfrac{(n-1)S^2}{\chi^2_{\alpha/2}(n-1)},\quad\dfrac{(n-1)S^2}{\chi^2_{1-\alpha/2}(n-1)}\right)$
$\sigma(\mu$ 未知$)$	$\chi^2=\dfrac{(n-1)S^2}{\sigma^2}\sim\chi^2(n-1)$	$\left(\dfrac{\sqrt{(n-1)}\,S}{\sqrt{\chi^2_{\alpha/2}(n-1)}},\quad\dfrac{\sqrt{(n-1)}\,S}{\sqrt{\chi^2_{1-\alpha/2}(n-1)}}\right)$

7.3.3　2 个正态总体均值之差与方差之比的置信区间

设已给定置信水平为 $1-\alpha$,并设 $X_1,X_2,\cdots,X_{n_1}$ 和 $Y_1,Y_2,\cdots,Y_{n_2}$ 分别是 2 个正态总体 $N(\mu_1,\sigma_1^2),N(\mu_2,\sigma_2^2)$ 的样本,且这 2 个样本相互独立,$\overline{X},\overline{Y}$ 分别为 2 个样本均值,S_1^2,

S_2^2 分别为 2 个样本方差.

1. 2 个总体均值之差 $\mu_1 - \mu_2$ 的置信区间

1) σ_1^2, σ_2^2 均为已知

由于 $\overline{X}, \overline{Y}$ 分别为 μ_1, μ_2 的无偏估计,所以 $\overline{X} - \overline{Y}$ 为 $\mu_1 - \mu_2$ 的无偏估计. 由 $\overline{X}, \overline{Y}$ 的独立性以及 $\overline{X} \sim N(\mu_1, \sigma_1^2/n_1), \overline{Y} \sim N(\mu_2, \sigma_2^2/n_2)$ 得

$$\overline{X} - \overline{Y} \sim N(\mu_1 - \mu_2, \sigma_1^2/n_1 + \sigma_2^2/n_2)$$

$$\frac{(\overline{X} - \overline{Y}) - (\mu_1 - \mu_2)}{\sqrt{\dfrac{\sigma_1^2}{n_1} + \dfrac{\sigma_2^2}{n_2}}} \sim N(0,1)$$

与一个总体均值的置信区间类似,得 $\mu_1 - \mu_2$ 的置信水平为 $1 - \alpha$ 的置信区间为

$$\left(\overline{X} - \overline{Y} - z_{\frac{\alpha}{2}} \sqrt{\frac{\sigma_1^2}{n_1} + \frac{\sigma_2^2}{n_2}}, \quad \overline{X} - \overline{Y} + z_{\frac{\alpha}{2}} \sqrt{\frac{\sigma_1^2}{n_1} + \frac{\sigma_2^2}{n_2}} \right) \tag{7-9}$$

2) $\sigma_1^2 = \sigma_2^2 = \sigma^2$,但 σ^2 为未知

此时根据定理 6.4 知

$$\frac{(\overline{X} - \overline{Y}) - (\mu_1 - \mu_2)}{S_w \sqrt{\dfrac{1}{n_1} + \dfrac{1}{n_2}}} \sim t(n_1 + n_2 - 2)$$

由此得 $\mu_1 - \mu_2$ 的置信水平为 $1 - \alpha$ 的置信区间为

$$\left(\overline{X} - \overline{Y} - t_{\frac{\alpha}{2}}(n_1 + n_2 - 2)S_w \sqrt{\frac{1}{n_1} + \frac{1}{n_2}}, \quad \overline{X} - \overline{Y} + t_{\frac{\alpha}{2}}(n_1 + n_2 - 2)S_w \sqrt{\frac{1}{n_1} + \frac{1}{n_2}} \right)$$
$$\tag{7-10}$$

式中,$S_w^2 = \dfrac{(n_1 - 1)S_1^2 + (n_2 - 1)S_2^2}{n_1 + n_2 - 2}, S_w = \sqrt{S_w^2}$.

【例 7.16】 2012 年某学校分类别调查职工平均绩效津贴情况,已知管理人员绩效津贴(单位:元)$X \sim N(\mu_1, 218^2)$;教师绩效津贴(单位:元)$Y \sim N(\mu_2, 227^2)$. 从总体 X 中抽查 25 人,得到平均绩效津贴为 1286 元,从总体 Y 中抽查 30 人,得到平均绩效津贴为 1272 元,求这两大类别职工平均绩效津贴之差的置信水平为 0.99 的置信区间.

解 按实际情况,可以认为分别来自 2 个总体的样本是相互独立的,由题意有 $1 - \alpha = 0.99, \alpha/2 = 0.005, z_{0.005} = 2.576, n_1 = 25, n_2 = 30, \sigma_1^2 = 218^2, \sigma_2^2 = 227^2, \overline{x} = 1286, \overline{y} = 1272$,又 2 个总体的方差已知,根据式(7-9)可得总体均值之差 $\mu_1 - \mu_2$ 的置信水平为 0.99 的置信区间为

$$\left(\overline{X} - \overline{Y} - z_{\frac{\alpha}{2}} \sqrt{\frac{\sigma_1^2}{n_1} + \frac{\sigma_2^2}{n_2}}, \quad \overline{X} - \overline{Y} + z_{\frac{\alpha}{2}} \sqrt{\frac{\sigma_1^2}{n_1} + \frac{\sigma_2^2}{n_2}} \right) = (-140.96, \quad 168.96)$$

由于这个置信区间包含 0,在实际中我们就可以认为这两大类别职工平均绩效津贴没有显著差异.

【例 7.17】 测得两个民族中各 5 位成年人的身高(以厘米计)如下:

A 民族:162.6,170.2,172.7,165.1,157.5

B 民族:175.3,177.8,167.6,180.3,182.9

设样本分别来自总体 $N(\mu_1,\sigma^2),N(\mu_2,\sigma^2),\mu_1,\mu_2,\sigma^2$ 未知,两样本独立,求 $\mu_1-\mu_2$ 的置信水平为 0.90 的置信区间.

解 由题意有 $1-\alpha=0.90,\alpha/2=0.05,t_{0.05}(5+5-2)=1.8595,n_1=n_2=5$.

经计算得 $\bar{x}=165.62,s_1=6.05,\bar{y}=176.78,s_2=5.86$.

又 2 个总体的方差未知,根据式(7-10)可得总体均值之差 $\mu_1-\mu_2$ 的置信水平为 0.90 的置信区间为

$$\left(\bar{X}-\bar{Y}-t_{\frac{\alpha}{2}}(n_1+n_2-2)S_w\sqrt{\frac{1}{n_1}+\frac{1}{n_2}}\right.$$

$$\left.\bar{X}-\bar{Y}+t_{\frac{\alpha}{2}}(n_1+n_2-2)S_w\sqrt{\frac{1}{n_1}+\frac{1}{n_2}}\right)=(-18.17,-4.15)$$

由于这个置信区间的上限小于 0,在实际中我们可以认为 μ_1 比 μ_2 小.

2. 两个总体方差之比 σ_1/σ_2 的置信区间

我们仅讨论总体均值 μ_1,μ_2 均为未知的情况,由第 6 章

$$\frac{S_1^2/S_2^2}{\sigma_1^2/\sigma_2^2}\sim F(n_1-1,n_2-1) \tag{7-11}$$

并且分布 $F(n_1-1,n_2-1)$ 不依赖任何未知参数,得

$$P\left\{F_{1-\alpha/2}(n_1-1,n_2-1)<\frac{S_1^2/S_2^2}{\sigma_1^2/\sigma_2^2}<F_{\alpha/2}(n_1-1,n_2-1)\right\}=1-\alpha$$

即

$$P\left\{\frac{S_1^2}{S_2^2}\frac{1}{F_{\alpha/2}(n_1-1,n_2-1)}<\frac{\sigma_1^2}{\sigma_2^2}<\frac{S_1^2}{S_2^2}\frac{1}{F_{1-\alpha/2}(n_1-1,n_2-1)}\right\}=1-\alpha$$

于是得 σ_1^2/σ_2^2 的一个置信水平为 $1-\alpha$ 置信区间为

$$\left(\frac{S_1^2}{S_2^2}\frac{1}{F_{\alpha/2}(n_1-1,n_2-1)},\frac{S_1^2}{S_2^2}\frac{1}{F_{1-\alpha/2}(n_1-1,n_2-1)}\right) \tag{7-12}$$

【例 7.18】 研究由机器 A 和机器 B 生产的钢管的内径(单位:毫米),随机抽取机器 A 生产的管子 18 只,测得样本方差为 $s_1^2=0.34$;抽取机器 B 生产的管子 13 只,测得样本方差为 $s_2^2=0.29$.设两样本相互独立,且设由机器 A、机器 B 生产的管子的内径分别服从正态分布 $N(\mu_1,\sigma_1^2),N(\mu_2,\sigma_2^2)$,这里 $\mu_i,\sigma_i^2(i=1,2)$ 均为未知.试求方差比 σ_1^2/σ_2^2 的置信水平为 0.90 的置信区间.

解 由题意有 $n_1=18,s_1^2=0.34,n_2=13,s_2^2=0.29,\alpha=0.10,F_{\alpha/2}(n_1-1,n_2-1)=F_{0.05}(17,12)=2.59,F_{1-\alpha/2}(n_1-1,n_2-1)=F_{0.95}(17,12)=\dfrac{1}{F_{0.05}(12,17)}=\dfrac{1}{2.38}$,于是由式(7-12)得 σ_1^2/σ_2^2 的一个置信水平为 0.90 的置信区间为

$$\left(\frac{0.34}{0.29}\times\frac{1}{2.59},\frac{0.34}{0.29}\times2.38\right)=(0.45,2.79)$$

由于 σ_1^2/σ_2^2 的置信区间包含 1,在实际问题中我们就认为 σ_1^2,σ_2^2 两者没有显著差别.

2 个正态总体均值之差和方差之比的置信区间(置信水平为 $1-\alpha$)如表 7-3 所示.

表 7-3

参　数	W 的分布	置信区间
$\mu_1-\mu_2$ $(\sigma_1^2,\sigma_2^2$ 已知$)$	$Z=\dfrac{(\overline{X}-\overline{Y})-(\mu_1-\mu_2)}{\sqrt{\dfrac{\sigma_1^2}{n_1}+\dfrac{\sigma_2^2}{n_2}}}\sim N(0,1)$	$\left(\overline{X}-\overline{Y}-z_{\frac{\alpha}{2}}\sqrt{\dfrac{\sigma_1^2}{n_1}+\dfrac{\sigma_2^2}{n_2}},\quad \overline{X}-\overline{Y}+z_{\frac{\alpha}{2}}\sqrt{\dfrac{\sigma_1^2}{n_1}+\dfrac{\sigma_2^2}{n_2}}\right)$
$\mu_1-\mu_2$ $(\sigma_1^2=\sigma_2^2=\sigma^2$ 未知$)$	$t=\dfrac{(\overline{X}-\overline{Y})-(\mu_1-\mu_2)}{S_w\sqrt{\dfrac{1}{n_1}+\dfrac{1}{n_2}}}\sim t(n_1+n_2-2)$	$\left(\overline{X}-\overline{Y}-t_{\frac{\alpha}{2}}(n_1+n_2-2)S',\quad \overline{X}-\overline{Y}+t_{\frac{\alpha}{2}}(n_1+n_2-2)S'\right)$ 其中 $S'=S_w\sqrt{\dfrac{1}{n_1}+\dfrac{1}{n_2}}$
σ_1^2/σ_2^2 $(\mu_1,\mu_2$ 未知$)$	$F=\dfrac{S_1^2/S_2^2}{\sigma_1^2/\sigma_2^2}\sim F(n_1-1,n_2-1)$	$\left(\dfrac{S_1^2}{S_2^2}\dfrac{1}{F_{\alpha/2}(n_1-1,n_2-1)},\dfrac{S_1^2}{S_2^2}\dfrac{1}{F_{1-\alpha/2}(n_1-1,n_2-1)}\right)$

习题 7.3

1. 设某种清漆的 9 个样品其干燥时间(以小时计)分别为 6.0,5.7,5.8,6.5,7.0, 6.3,5.6,6.1,5.0. 设干燥时间总体服从正态分布 $N(\mu,\sigma^2)$,求总体均值 μ 的置信水平为 0.95 的置信区间,(1) 若由以往经验知总体标准差 $\sigma=0.6$;(2) 若 σ 为未知.

2. 已知一批产品的某一数量指标 $X\sim N(\mu,0.25)$,试问至少应抽取容量为多少的样本才能使样本均值与总体期望的误差不大于 0.1(置信水平为 0.95).

3. 随机取某种炮弹 9 发做试验,得炮口速度的样本标准差 $s=11(\text{m/s})$,设炮口速度服从正态分布,求这种炮弹的炮口速度的标准差 σ 的置信水平为 0.95 的置信区间.

4. 某香烟厂向化验室送去两批烟草,化验室从两批烟草中各随机地抽取重量相同的 5 例进行化验,测得尼古丁的毫克数:A 为 24,27,26,21,24;B 为 27,28,23,31,26. 假设烟草中尼古丁的含量服从正态分布 $N(\mu_1,5)$ 及 $N(\mu_2,8)$,且它们相互独立,取置信水平为 0.95,求两种烟草的尼古丁平均含量 $\mu_1-\mu_2$ 的置信区间.

5. 设 2 位化验员 A、B 独立地对某种聚合物含氯量用相同的方法各做 10 次测定,其测定值的样本方差依次为 $S_A^2=0.54189$,$S_B^2=0.6065$,设 σ_A^2,σ_B^2 分别为 A,B 所测定的测定值总体的方差,设总体均为正态的,且两样本独立,求方差比 σ_A^2/σ_B^2 的置信水平为 0.95 的置信区间.

自测题 7

一、选择题(每题的 4 个选项中只有 1 个是正确的)

1. 设 $X_1,X_2,\cdots,X_n$ 是取自总体 X 的 1 个样本,则以下统计量:(1) $\dfrac{1}{2}(X_{(1)}+X_{(n)})$, (2) $\dfrac{1}{n}(-X_1+2X_2+X_3+\cdots+X_n)$,(3) $\dfrac{1}{10}(2X_1+3X_2+3X_{n-1}+2X_n)$ 作为总体均值 μ 的估计量,其中是 μ 的无偏估计量的个数是(　　).

　　A. 0　　　　　　　B. 1　　　　　　　C. 2　　　　　　　D. 3

2. 设 X_1, X_2, X_3 是取自正态总体 $N(\mu, 1)$ 的样本,现有 μ 的 3 个无偏估计量 $\hat{\mu}_1 = \frac{1}{5}X_1 + \frac{3}{10}X_2 + \frac{1}{2}X_3$; $\hat{\mu}_2 = \frac{1}{3}X_1 + \frac{1}{4}X_2 + \frac{5}{12}X_3$; $\hat{\mu}_3 = \frac{1}{3}X_1 + \frac{1}{6}X_2 + \frac{1}{2}X_3$. 其中方差最小的估计量是(　　).

　　A. $\hat{\mu}_1$　　　　　　B. $\hat{\mu}_2$　　　　　　C. $\hat{\mu}_3$　　　　　　D. 以上都不是

3. 设 $X_1, X_2, \cdots, X_n$ 是取自总体 X 的一个样本,X 的密度函数为

$$f(x;a) = \begin{cases} \dfrac{2}{a^2}(a-x), & 0 < x < a \\ 0, & \text{其他} \end{cases}$$

则参数 a 的矩估计量为 $\hat{a} = ($　　$)$.

　　A. $\frac{1}{3}\overline{X}$　　　　　　B. $\overline{X}$　　　　　　C. $3\overline{X}$　　　　　　D. $6\overline{X}$

4. 设 $X_1, X_2, \cdots, X_n$ 是取自总体 X 的一个样本,X 的密度函数为

$$f(x;\theta) = 2\theta\sqrt{\frac{\theta}{\pi}} x^2 e^{-\theta x^2}, \theta > 0, -\infty < x < +\infty$$

则参数 θ 的矩估计量为 $\hat{\theta} = ($　　$)$.

　　A. $\dfrac{3n}{2\sum\limits_{i=1}^{n} X_i^2}$　　　　　　　　　　B. $\dfrac{3n}{2\sum\limits_{i=1}^{n} \ln X_i^2}$

　　C. $\dfrac{3n}{2\prod\limits_{i=1}^{n} X_i^2}$　　　　　　　　　　D. $\dfrac{3n}{n\left(1-\dfrac{\alpha}{\pi}\right) + \sum\limits_{i=1}^{n} X_i^2}$

5. 设 $X_1, X_2, \cdots, X_n$ 是取自区间 $[\theta, \theta+1]$ 上的均匀分布的一个样本($-\infty < \theta < +\infty$,则参数 θ 的下列估计量 $\hat{\theta}_1 = X_{(1)}$; $\hat{\theta}_2 = X_{(n)} - 1$; $\hat{\theta}_3 = \frac{1}{2}(X_{(1)} + X_{(2)}) - \frac{1}{2}$ 中,其中为 θ 的最大似然估计量的个数是(　　).

　　A. 0　　　　　　　B. 1　　　　　　　C. 2　　　　　　　D. 3

6. 设 $X_1, X_2, \cdots, X_n$ 是取自总体 X 的简单随机样本,记 $EX = \mu, DX = \sigma^2, \overline{X} = \frac{1}{n}\sum\limits_{i=1}^{n} X_i, S^2 = \frac{1}{n-1}\sum\limits_{i=1}^{n}(X_i - \overline{X})^2, D(S) > 0$,则(　　).

　　A. S 是 σ 的无偏估计量　　　　　　B. S^2 是 σ^2 的无偏估计量

　　C. $\overline{X}^2$ 是 μ 的无偏估计量　　　　D. $\frac{1}{n-1}\sum\limits_{i=1}^{n} X_i^2$ 是 EX^2 的无偏估计量

7. 设 n 个随机变量 $X_1, X_2, \cdots, X_n$ 独立同分布,$D(X_1) = \sigma^2, \overline{X} = \frac{1}{n}\sum\limits_{i=1}^{n} X_i, S^2 = \frac{1}{n-1}\sum\limits_{i=1}^{n}(X_i - \overline{X})^2$,则(　　).

　　A. S 是 σ 的无偏估计量　　　　　　B. S 是 σ 的最大似然估计量

　　C. S 是 σ 的相合估计量　　　　　　D. S 与 $\overline{X}$ 相互独立

8. 假设某人接受某种信号的反应时间服从标准差为 0.05 秒的正态分布,为使置信水平为 90% 的平均反应时间的估计误差不超过 0.01 秒,样本容量最少应为( ).

    A. 66   B. 67   C. 68   D. 69

二、填空题

1. (1996 年考研)设由取自总体 $X \sim N(\mu, 0.9^2)$、容量为 9 的简单随机样本的样本均值 $\bar{x} = 5$,则未知参数 μ 的置信度为 0.95 的置信区间为_____.

2. 设取自总体 $X \sim N(\mu, \sigma^2)$(σ^2 未知)容量为 16 的简单随机样本均值 $\bar{x} = 10$,样本方差 $S^2 = 400$,则未知参数 μ 的置信度为 $1 - \alpha$ 的置信区间为_____.

3. 随机地抽取 5 个球,测得它们的直径(单位:厘米)分别为 6.33,6.37,6.36,6.32,6.37,则总体均值 μ 及方差 σ^2 的矩估计值分别为_____,样本方差 S^2 为_____.

4. 设总体 X 的概率密度为 $f(x, \theta) \begin{cases} \dfrac{1}{\theta}, & 0 \leqslant x \leqslant \theta \\ 0, & 其他 \end{cases}$, $\theta > 0$,则未知参数 θ 的矩估计量 $\hat{\theta} =$_____.

5. 设总体 $X \sim G(p)$,$X_1, X_2, \cdots, X_n$ 是取自 X 的一个样本,则未知参数 p 的矩估计量和最大似然估计量分别为_____.

6. (1999 年考研)在天平上重复称量一重为 a 的物品,假设各次称量结果相互独立且都服从正态分布 $N(a, 0.2^2)$,若以 $\bar{X}_n$ 表示 n 次称量结果的算术平均值,则为使 $P(|\bar{X}_n - a| < 0.1) \geqslant 0.95$,$n$ 的最小值应不小于自然数_____.

三、判断题(判断下列各题是否正确,正确的在题后括号中打"√",错误的打"×")

1. 设总体 X 的分布函数 $F(x, \theta)$ 的形式已知,θ 是待估参数,若 $\hat{\theta} = \hat{\theta}(X_1, X_2, \cdots, X_n)$ 是总体 X 的样本 $X_1, X_2, \cdots, X_n$ 的连续函数,则 $\hat{\theta}(X_1, X_2, \cdots, X_n)$ 为 θ 的估计量. ( )

2. 正态总体 $N(\mu, \sigma^2)$ 中,未知参数 μ, σ^2 关于同一随机样本的矩估计量和最大似然估计量相同. ( )

3. 同一样本的 2 个不同的无偏估计量,其中一个较另一个有效的估计量. ( )

4. 因为样本方差 $S^2 = \dfrac{1}{n-1} \sum_{i=1}^{n} (X_i - \bar{X})^2$ 是方差 σ^2 的无偏估计量,所以样本标准差 s 是标准差 σ 的无偏估计量. ( )

四、解答题

1. 设 $X_1, X_2, \cdots, X_n$ 是取自总体 $X \sim N(10, \sigma^2)$ 的一个样本,求 σ^2 的矩估计量.

2. 设总体 X 的概率密度为

$$f(x, \theta) = \begin{cases} \theta x^{\theta-1}, & 0 < x < 1, \theta > 0 \\ 0, & 其他 \end{cases}$$

又 $X_1, X_2, \cdots, X_n$ 是取自总体 X 的一个样本,试求 θ 的最大似然估计量.

3. 设 $X_1, X_2, \cdots, X_n$ 是取自指数分布

$$f(x, \lambda) = \begin{cases} \lambda e^{-\lambda x}, & x > 0 \\ 0, & 其他 \end{cases}$$

的一个样本,试求 λ 的矩估计量和最大似然估计量.

4. 设总体 X 的概率密度为

$$f(x,\theta) = \begin{cases} (\theta+1)x^\theta, & 0 < x < 1, \theta > -1 \\ 0, & \text{其他} \end{cases}$$

$X_1, X_2, \cdots, X_n$ 是取自总体 X 的一个容量为 n 的简单随机样本,试分别用矩估计法和最大似然估计法求出 θ 的估计量.

5. 设随机变量 $X \sim U(0, \beta)$,试用最大似然估计法求出 $E(X)$ 和 $D(X)$ 的估计量.

6. 设 $\hat{\theta}_1(X_1, X_2, \cdots, X_n)$ 和 $\hat{\theta}_2(X_1, X_2, \cdots, X_n)$ 是参数 θ 的 2 个独立的无偏估计量,并且 $\hat{\theta}_1$ 的方差是 $\hat{\theta}_2$ 的方差的 2 倍.试求常数 k_1 和 k_2,使 $k_1\hat{\theta}_1 + k_2\hat{\theta}_2$ 是 θ 的无偏估计量,并且在所有这样线性估计中方差最小.

7. 在某台机器生产的大量滚珠中随机地抽取 400 粒,测量它们的直径,计算得样本均值为 0.824 厘米,样本标准差为 0.042 厘米,假设所测值总体服从正态分布,试求滚珠直径均值置信水平为 95% 和 99% 的置信区间.

8. 从某省高考的学生中随机地抽查 40 名学生的数学成绩,得到平均成绩为 80 分,标准差为 12 分,假设考生成绩服从正态分布,求:(1) 该省考生数学平均成绩的置信水平为 95% 的置信区间;(2) 若说该省考生的数学平均成绩是 80 分±3.197 分,这时的置信水平是多少.

第8章 假设检验

统计推断的另一类重要问题是假设检验.这一类问题不是仅用参数估计的方法就能得到解决的.本章主要介绍正态总体参数的假设检验,以及关于总体分布的假设检验.

8.1 假设检验概述

8.1.1 假设检验的基本思想

假设检验的思想有点类似于数学中的"反证法",它是对总体某一方面的情况做某种假设,然后根据所得样本,检验这个假设是否成立.

先介绍数理统计学里一则趣闻.在一次社交聚会中,一名女士声称她能区分在熬好的咖啡中,是先加奶后放糖还是先放糖后加奶.众人不信,于是有爱凑热闹的人弄了8杯咖啡让该女士鉴别,结果判断正确7杯,错误1杯.一部分人承认该女士的鉴别能力,但是也有一部分人认为是瞎蒙的,争执不下,有位出席该聚会的统计学者灵机一动,写下如下推理思路:

假设该女士瞎蒙,每杯能正确的概率是 $\frac{1}{2}$,而8杯中猜对7杯及7杯以上的概率是

$$C_8^7\left(\frac{1}{2}\right)^7\left(1-\frac{1}{2}\right)+\left(\frac{1}{2}\right)^8=\frac{9}{256}=0.0352$$

此时只能有两种结论:

(1)承认该女士有鉴别能力,即否定所做假设;

(2)坚持所做的假设,但同时接受一件概率为0.0352的小概率事件.

很显然后者与概率论中小概率事件实际不发生原理相矛盾,我们应该采纳第一个结论.

运用这样的思路,我们可以建立它的统计模型:

$$设 X_i=\begin{cases}0, & 第 i 杯判断错误 \\ 1, & 第 i 杯判断正确\end{cases}, \quad i=1,2,\cdots,8$$

该女士判断正确的概率为 p,于是 $X_1,X_2,\cdots,X_8$ 的总体分布率如表8-1所示。

表 8-1

X	0	1
p	$1-p$	p

如果该女士没有鉴别能力,则 $p=\frac{1}{2}$;如果确实有鉴别能力,则 $p>\frac{1}{2}$.

对此,我们提出统计假设:

$$H_0:p=\frac{1}{2}; \qquad H_1:p>\frac{1}{2}$$

　　这是 2 个对立的假设. 假设 H_0 称为**原假设**或**零假设**, 而 H_1 为**备择假设**(在原假设被否定后可供选择的假设).

　　我们先来看个例子.

　　【例 8.1】　在车间用一台包装机包装葡萄糖, 袋糖的净重 $X \sim N(\mu, \sigma^2)$. 当机器正常时, $\mu = 0.5$ 千克, $\sigma = 0.015$ 千克. 某日开工后检验包装机是否正常, 随机抽取了它所包装的糖 9 袋, 称得净重为(千克)0.497、0.506、0.518、0.498、0.511、0.520、0.515、0.512. 问机器是否正常.

　　由题意, 长期实践表明标准差比较稳定, 则 $\sigma = 0.015$ 千克, 于是 $X \sim N(\mu, 0.015^2)$, μ 未知. 而包装机是否正常即是检验 μ 是否等于 0.5 千克. 为此提出假设:

$$H_0 : \mu = \mu_0 = 0.5; \qquad H_1 : \mu \neq \mu_0 \tag{8-1}$$

其中备择假设 $H_1 : \mu \neq 0.5$ 关于 μ 是双侧的, 称此类检验为**双侧(双边)检验**.

　　有时我们只关心总体均值是否增大, 此时, 我们需要检验假设

$$H_0 : \mu \leqslant \mu_0; \qquad H_1 : \mu > \mu_0 (右边检验) \tag{8-2}$$

类似地, 有

$$H_0 : \mu \geqslant \mu_0; \qquad H_1 : \mu < \mu_0 (左边检验) \tag{8-3}$$

左边检验和右边检验统称为**单边检验**.

　　由于要检验的是总体均值 μ, 故首先想到的是样本均值 $\overline{X}$, $\overline{X}$ 的观测值的大小一定程度上反映了 μ 的大小. 如果式(8-1)中 H_0 为真, 则偏差 $|\overline{X} - \mu_0|$ 应该比较小, 若 $|\overline{X} - \mu_0|$ 比较大我们就怀疑 H_0 的正确性而拒绝 H_0. 当 H_0 为真时, $\dfrac{|\overline{X} - \mu_0|}{\sigma/\sqrt{n}} \sim N(0,1)$. 而衡量 $|\overline{X} - \mu_0|$ 的大小可以归结为衡量 $\dfrac{|\overline{X} - \mu_0|}{\sigma/\sqrt{n}}$ 的大小. 直观上合理的检验应该是存在一个临界值 k, 使得观察值 $\overline{x}$ 满足 $\dfrac{|\overline{X} - \mu_0|}{\sigma/\sqrt{n}} \geqslant k$ 时就拒绝 H_0; 当 $\dfrac{|\overline{X} - \mu_0|}{\sigma/\sqrt{n}} < k$ 时接受 H_0.

　　我们称 $Z = \dfrac{\overline{X} - \mu_0}{\sigma/\sqrt{n}} \sim N(0,1)$ 为 Z 检验统计量.

8.1.2　假设检验的步骤

　　1) 假设检验的接受域与拒绝域

　　假设检验的目的是根据样本去判断是接受 H_0 还是拒绝 H_0. 使原假设 H_0 得以接受的检验统计量取值的区域称为**检验的接受域**. 使 H_0 被拒绝的检验统计量取值的区域称为**检验的拒绝域**. 接受域与拒绝域是互补的. 接受域与拒绝域的确定, 依赖于检验统计量及其概率分布. 如例 8.1, 检验统计量 $Z = \dfrac{|\overline{X} - \mu_0|}{\sigma/\sqrt{n}}$, 由于 $\overline{X}$ 是总体均值 μ 的估计, 因此, $\overline{X}$ 越接近 0.5, 对 H_0 的成立越有利. 于是有一个合理的临界值, 当 $|\overline{X} - \mu_0|$ 超过它时就拒绝 H_0, 如何来确定这个值呢? 在假设检验中, 是依据小概率事件实际不发生原理来确定这个界限的.

　　假设概率小于 $\alpha = 0.05$ 为小概率事件, 由于在 H_0 为真时, $Z \sim N(0,1)$, 有

$$P\{\mid z \mid \geqslant z_{\frac{\alpha}{2}}\} = \alpha$$

　　查表 $z_{0.025} = 1.96$，当 $\mid z \mid > 1.96$ 时拒绝 H_0. 此例中

$\bar{x} = 0.5112222$，$\mid z \mid = \dfrac{\mid 0.5112222 - 0.5 \mid}{0.015/\sqrt{9}} = 2.2444 >$

1.96，于是，拒绝 H_0，认为这天包装机工作不正常.

　　所以假设检验问题式(8-1) $H_0 : \mu = \mu_0$；$H_1 : \mu \neq \mu_0$
的拒绝域(图 8-1)为

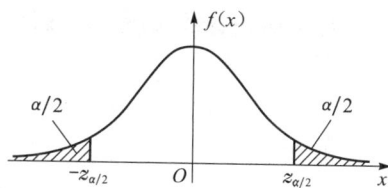

图 8-1

$$W = \left\{ \mid z \mid = \left\lvert \frac{\bar{x} - \mu_0}{\sigma/\sqrt{n}} \right\rvert \geqslant z_{\frac{\alpha}{2}} \right\} \tag{8-4}$$

同样我们可以讨论单边检验的拒绝域.

　　对于假设检验问题式(8-2) $H_0 : \mu \leqslant \mu_0$；$H_1 : \mu > \mu_0$(右边检验)，$H_0$ 中的全部 μ 都比
H_1 中 μ 要小，若 H_1 为真，观察值 $\bar{x}$ 往往偏大. 所以拒绝域的形式为 $\bar{x} \geqslant k$(k 为某一
正常数).

　　所以若 H_0 为真，$P\{\overline{X} \geqslant k\} = P\left\{\dfrac{\overline{X} - \mu_0}{\sigma/\sqrt{n}} \geqslant \dfrac{k - \mu_0}{\sigma/\sqrt{n}}\right\} \leqslant P\left\{\dfrac{\overline{X} - \mu}{\sigma/\sqrt{n}} \geqslant \dfrac{k - \mu_0}{\sigma/\sqrt{n}}\right\}$.

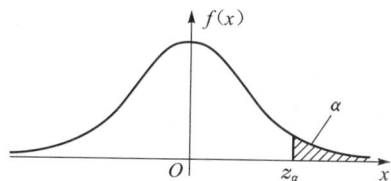

图 8-2

　　令 $P\left\{\dfrac{\overline{X} - \mu}{\sigma/\sqrt{n}} \geqslant \dfrac{k - \mu_0}{\sigma/\sqrt{n}}\right\} = \alpha$，由 $\dfrac{\overline{X} - \mu_0}{\sigma/\sqrt{n}} \sim N(0,1)$，

得 $\dfrac{k - \mu_0}{\sigma/\sqrt{n}} = z_\alpha$(图 8-2)，$k = \mu_0 + z_\alpha \dfrac{\sigma}{\sqrt{n}}$，即得式(8-2)

拒绝域为 $\bar{x} \geqslant \mu_0 + z_\alpha \dfrac{\sigma}{\sqrt{n}}$，即

$$W = \left\{ z = \frac{\bar{x} - \mu_0}{\sigma/\sqrt{n}} \geqslant z_\alpha \right\} \tag{8-5}$$

类似检验问题式(8-3)　$H_0 : \mu \geqslant \mu_0$；$H_1 : \mu < \mu_0$(左边检验)的拒绝域是

$$W = \left\{ z = \frac{\bar{x} - \mu_0}{\sigma/\sqrt{n}} \leqslant -z_\alpha \right\} \tag{8-6}$$

　　2) 假设检验的两类错误和检验水平

　　假设检验依据小概率事件实际不发生原理做判断，但小概率事件并非肯定不发生，因
此，假设检验的结论有可能犯错误.

　　假设检验可能犯的**第一类错误是"弃真"错误**：H_0 本来正确，却被拒绝了. 如果我们
做检验时，认为概率值小于事先给定的 α($0 < \alpha < 1$)的事件为小概率事件，则犯第一类错
误的概率为 $P\{$拒绝 H_0/H_0 为真$\} = \alpha$，这个 α 为假设检验的**显著性水平**.

　　那是不是 α 越小越好呢？不全是. 因为假设检验还可能犯另一类错误.

　　假设检验还可能犯的**第二类错误是"纳伪"错误**：H_0 本来错误，却被接受了.

　　虽然我们希望犯两类错误的概率都尽量小，但它们是相互矛盾的，就像区间估计中可
靠度和精确度相互矛盾一样. 我们通常的做法是：先保证犯第一类错误的概率 α 有较小的
值，常取 0.05 和 0.01，有时也用 0.001，0.10 等值，在这个前提下使第二类错误的概率尽
可能小. 若要同时减少犯两类错误的概率，则必须增加样本容量，但相应人力、物力的付出

也随之增加.

综上所述,**假设检验的一般步骤**是:

(1) 根据问题的具体要求,提出原假设 H_0 和对立假设 H_1;

(2) 根据 H_0 的内容,选择适当的检验统计量,并在 H_0 成立的条件下,能确定检验统计量的分布(或近似分布);

(3) 按问题的要求选定显著性水平 α,根据检验统计量的分布和对立假设 H_1 的内容,确定拒绝域;

(4) 根据样本观测值计算检验统计量的值,判断该值是在拒绝域还是在接受域内,做出拒绝还是接受 H_0 的检验结论.

【例 8.2】　公司从生产商购买牛奶. 公司怀疑生产商在牛奶中掺水以谋利. 通过测定牛奶的冰点可以检验是否掺水. 天然牛奶的冰点温度近似服从正态分布, $\mu_0 = -0.545℃$, $\sigma = -0.008℃$,牛奶掺水可使冰点温度升高而接近水的冰点温度(0℃). 测得生产商提交的 5 批牛奶的冰点温度的均值 $\bar{x} = -0.535℃$,问是否可以认为牛奶里掺了水. ($\alpha = 0.05$)

解　由题意提出假设检验

$$H_0:\mu \leqslant \mu_0 = -0.545(未掺水); H_1:\mu > \mu_0(掺水)$$

其拒绝域如式(8-5)$W = \left\{ z = \dfrac{\bar{x} - \mu_0}{\sigma/\sqrt{n}} \geqslant z_\alpha \right\}$ 所示即为

$$z = \frac{\bar{x} - \mu_0}{\sigma/\sqrt{n}} = \frac{-0.535 - (-0.545)}{0.008/\sqrt{5}} = 2.7951 \geqslant z_{0.05} = 1.645$$

落在拒绝域内,所以认为牛奶里掺了水.

8.1.3　检验的 p 值

以上讨论的假设检验的方法称为临界值法. 下面介绍另一种被称为 p 值法的检验方法.

【例 8.3】　设总体是 $X \sim N(\mu, \sigma^2)$, μ 未知, $\sigma^2 = 100$. 现有样本 $x_1, x_2, \cdots, x_{52}$ 得 $\bar{x} = 62.75$. 现在来检验假设 $H_0:\mu \leqslant \mu_0 = 60; H_1:\mu > 60$.

利用 Z 检验法,检验统计量为 $Z = \dfrac{\bar{X} - \mu_0}{\sigma/\sqrt{n}}$,以数据代入得 $z_0 = \dfrac{62.75 - 60}{10/\sqrt{52}} = 1.983$,概率 $P\{Z \geqslant z_0\} = P\{Z \geqslant 1.983\} = 1 - \Phi(1.983) = 0.0238$.

此概率称为 Z 检验法中右边检验的 p 值,记为 $P\{Z \geqslant z_0\} = p$ 值.

若显著性水平 $\alpha \geqslant p = 0.0238$,则对应的临界值 $z_\alpha \leqslant 1.983$,那么观察值 $z_0 = 1.983$ 落在拒绝域内(图 8-3),因此拒绝 H_0;

若显著性水平 $\alpha < p = 0.0238$,则对应的临界值 $z_\alpha > 1.983$,那么观察值 $z_0 = 1.983$ 不落在拒绝域内(图 8-4),因此接受 H_0;可知 p 值 $= P\{Z \geqslant z_0\} = 0.0238$ 是原假设 H_0 可被拒绝的最小显著性水平.

定义 8.1　假设检验问题的 p 值是由检验统计量的样本观察值得出的原假设的可被拒绝的最小显著性水平.

按 p 值的定义,对于任意指定的显著性水平 α,有:

(1) 若 p 值 $\leqslant\alpha$,则在显著性水平下拒绝 H_0;

(2) 若 p 值 $>\alpha$,则在显著性水平下接受 H_0.

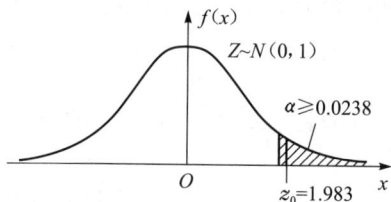 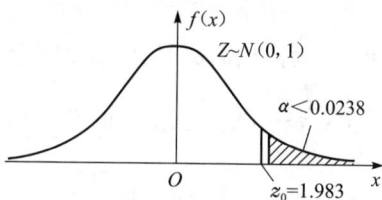

图 8-3　　　　　　　　　　　　　　　图 8-4

这种利用 p 值来确定是否拒绝 H_0 的方法,称为 **p 值法**.

用临界法来确定 H_0 的拒绝域时,例如当取 $\alpha=0.05$ 时知道要拒绝 H_0,再取 $\alpha=0.01$ 也要拒绝 H_0,但不能知道 α 再降低一些是否也要拒绝 H_0. p 值法就给出了拒绝 H_0 的最小显著性水平.

【例 8.4】　用 p 值法检验例 8.2 的检验问题:

$$H_0:\mu\leqslant\mu_0=-0.545;H_1:\mu>\mu_0,\quad\alpha=0.05$$

解　用 Z 检验法,检验统计量 $Z=\dfrac{\overline{X}-\mu_0}{\sigma/\sqrt{n}}$ 的观察值为

$$z_0=\frac{-0.535-(-0.545)}{0.008/\sqrt{5}}=2.7951$$

p 值 $=P\{Z\geqslant2.7951\}=1-\Phi(2.7951)=0.0026<\alpha=0.05$.

故拒绝 H_0.

习题 8.1

1. 已知某器件组装时间(单位分钟)$X\sim N(\mu,\sigma^2)$,$\mu_0=7$ 为 μ 的标准值,$\sigma^2=0.43^2$. 现从中抽测 9 件,其组装时间为 $6.9,7.0,7.5,6.4,5.8,5.6,5.8,8.1,7.3$.试问这批器件的平均组装时间是否就是 7 分钟.检验用 2 个不同的显著性水平:$\alpha=0.05$;$\alpha=0.01$.并据此说明你所作出的判断可能引入的错误类型.

2. 设某异常区域的磁场强度(单位:安培/米)$X\sim N(\mu,\sigma^2)$,其中 μ 为待检参数,$\mu_0=56$ 是它的标准值,$\sigma^2=13$.为考察新品磁测仪的工作状况,今在该地区试测期间抽查 7 个测点,其测值为 $62,58,61,59,52,63,54$.试问该磁测仪工作是否正常.检验用 2 个不同的显著性水平:$\alpha=0.05$;$\alpha=0.10$.并据此说明你所作出的判断可能引入的错误类型.

3. 设总体 $X\sim N(\mu,100)$,μ 未知,现有样本:$n=16,\overline{x}=13.5$,试检验假设 $H_0:\mu\leqslant10;H_1:\mu>10$,(1) 取 $\alpha=0.05$;(2) 取 $\alpha=0.10$;(3) H_0 可被拒绝的最小显著性水平.

4. 考察生长在老鼠身上的肿块的大小.以 X 表示老鼠身上生长了 15 天的肿块的直径(以毫米计),设 $X\sim N(\mu,\sigma^2)$,μ,σ^2 均未知.今随机地取 9 只老鼠(在它们身上的肿块都长了 15 天),测得 $\overline{x}=4.3,s=1.2$,试取 $\alpha=0.05$,用 p 值法检验假设 $H_0:\mu=4.0;H_1:\mu\neq4.0$,求出 p 值.

8.2 正态总体均值的假设检验

8.2.1 单个总体 $N(u,\sigma^2)$ 均值 μ 的检验

设 $X_1,X_2,\cdots,X_n$ 是来自正态总体 $N(\mu,\sigma^2)$ 的样本,对于 μ 常见的有如下的检验问题:

$$H_0:\mu\leqslant\mu_0; \qquad H_1:\mu>\mu_0 \tag{8-7}$$

$$H_0:\mu\geqslant\mu_0; \qquad H_1:\mu<\mu_0 \tag{8-8}$$

$$H_0:\mu=\mu_0; \qquad H_1:\mu\neq\mu_0 \tag{8-9}$$

由于正态总体含 2 个参数,总体方差 σ^2 已知与否对检验有影响.下面就分 σ^2 已知和未知两种情况阐述.

1) σ^2 已知的 Z 检验

在 8.1 节里已经讨论过正态总体 $N(\mu,\sigma^2)$ 当 σ^2 已知时关于 μ 的检验问题,都是利用统计量 $Z=\dfrac{|\overline{X}-\mu_0|}{\sigma/\sqrt{n}}$ 来确定拒绝域的.这种检验法称为 **Z 检验法.**

【例 8.5】 从甲地发送一个信号到乙地,设乙地收到的信号是一个服从 $N(\mu,0.04)$ 的随机变量,其中 μ 为甲地发送的真实信号值.现在甲地发送同一信号接收到的信号 5 次,乙地接受到的信号值为 $8.05,8.15,8.20,8.10,8.25$,则接受方有理由猜测甲地发送的信号值为 8,问能否接受这一猜测($\alpha=0.05$).

解 根据题意提出假设

$$H_0:\mu=\mu_0=8; H_1:\mu\neq8$$

选取检验统计量 $Z=\dfrac{|\overline{X}-\mu_0|}{\sigma/\sqrt{n}}$,拒绝域 $W=\{|Z|\geqslant z_{\frac{\alpha}{2}}\}$,$\alpha=0.05$,$z_{0.025}=1.96$,则

$W=\{|Z|\geqslant1.96\}$.由题可知 $n=5$,$\bar{x}=8.15$,$|z|=\left|\dfrac{\overline{X}-\mu_0}{\sigma/\sqrt{n}}\right|=\left|\dfrac{8.15-8}{0.2/\sqrt{5}}\right|\approx1.68<1.96$,

未落入拒绝域,因此应该接受 H_0,认为该猜测成立.

2) σ^2 未知的 t 检验

设 $X\sim N(\mu,\sigma^2)$,其中 μ,σ^2 未知,以样本标准差 s 代替 σ,得到检验统计量

$$t=\frac{\overline{X}-\mu_0}{s/\sqrt{n}}\sim t(n-1)$$

从而检验式(8.7)$H_0:\mu\leqslant\mu_0$;$H_1:\mu>\mu_0$ 的显著性水平为 α 的拒绝域满足:

$$P\left\{t=\frac{\overline{X}-\mu_0}{s/\sqrt{n}}\geqslant k\right\}=\alpha$$

从而 $k=t_\alpha(n-1)$,拒绝域为

$$W=\{t\geqslant t_\alpha(n-1)\}$$

类似地,检验式(8-8)$H_0:\mu\geqslant\mu_0$;$H_1:\mu<\mu_0$ 的显著性水平为 α 的拒绝域为

$$W = \{t \leqslant -t_\alpha(n-1)\}$$

检验式(8-9)$H_0 : \mu = \mu_0 ; H_1 : \mu \neq \mu_0$ 的显著性水平为 α 的拒绝域为

$$W = \{|t| \geqslant t_{\frac{\alpha}{2}}(n-1)\}$$

上述利用 t 统计量得出的检验法称为 **t 检验法**.

在实际问题中,正态总体的方差常为未知,所以我们常用 t 检验法来检验关于正态总体均值的检验问题.

【例 8.6】 某种电子元件的寿命 X(单位:小时)服从正态分布,μ,σ 未知. 现测得 16 只元件的寿命如下:159,280,101,212,214,399,179,264,222,362,168,250,149,260,485,170,问是否有理由认为元件的平均寿命大于 225 小时($\alpha = 0.05$).

解 建立假设 $H_0 : \mu \leqslant \mu_0 = 225 ; H_1 : \mu > 225$,取 t 统计量 $t = \dfrac{\overline{X} - \mu_0}{s/\sqrt{n}} \sim t(n-1)$,拒绝域为 $t \geqslant t_{0.05}(15) = 1.7531$. 由 $n = 16, \bar{x} = 241.5, s = 98.7259$,

$$t = \frac{241.5 - 225}{98.7259/4} = 0.6685 < 1.7531$$

没有落在拒绝域中,从而应该接受 H_0,认为该猜测成立.

8.2.2 2 个正态总体均值差的检验

设 $X_1, X_2, \cdots, X_{n_1}$ 是来自正态总体 $N(\mu_1, \sigma_1^2)$ 的样本,$Y_1, Y_2, \cdots, Y_{n_2}$ 是来自正态总体 $N(\mu_2, \sigma_2^2)$ 的样本,两样本相互独立,记两者的均值为 $\overline{X}, \overline{Y}$,记样本方差为 S_1^2, S_2^2. 为比较 2 个总体的均值是否有显著的差异,最常见是检验如下的几个假设:

$$H_0 : \mu_1 - \mu_2 = 0; \quad H_1 : \mu_1 - \mu_2 \neq 0 \tag{8-10}$$

$$H_0 : \mu_1 - \mu_2 \leqslant 0; \quad H_1 : \mu_1 - \mu_2 > 0 \tag{8-11}$$

$$H_0 : \mu_1 - \mu_2 \geqslant 0; \quad H_1 : \mu_1 - \mu_2 < 0 \tag{8-12}$$

1) σ_1^2, σ_2^2 已知的两样本 Z 检验法

对于检验式(8-10)$H_0 : \mu_1 - \mu_2 = 0 ; H_1 : \mu_1 - \mu_2 \neq 0$,在 $H_0 : \mu_1 - \mu_2 = 0$ 成立时,有 $Z = \dfrac{(\overline{X} - \overline{Y}) - (\mu_1 - \mu_2)}{\sqrt{\dfrac{\sigma_1^2}{n_1} + \dfrac{\sigma_2^2}{n_2}}} = \dfrac{\overline{X} - \overline{Y}}{\sqrt{\dfrac{\sigma_1^2}{n_1} + \dfrac{\sigma_2^2}{n_2}}} \sim N(0,1)$,得原假设 H_0 的拒绝域为

$$|z| > z_{\frac{\alpha}{2}} \text{ 或 } |\bar{x} - \bar{y}| > z_{\frac{\alpha}{2}} \sqrt{\frac{\sigma_1^2}{n_1} + \frac{\sigma_2^2}{n_2}}$$

类似:对于检验式(8-11)$H_0 : \mu_1 - \mu_2 \leqslant 0 ; H_1 : \mu_1 - \mu_2 > 0$ 的拒绝域为

$$z > z_\alpha \text{ 或 } \bar{x} - \bar{y} > z_\alpha \sqrt{\frac{\sigma_1^2}{n_1} + \frac{\sigma_2^2}{n_2}}$$

对于检验式(8-12)$H_0 : \mu_1 - \mu_2 \geqslant 0 ; H_1 : \mu_1 - \mu_2 < 0$ 的拒绝域为

$$z < -z_\alpha \text{ 或 } \bar{x} - \bar{y} < -z_\alpha \sqrt{\frac{\sigma_1^2}{n_1} + \frac{\sigma_2^2}{n_2}}$$

上述几个检验称为**两样本 Z 检验法**.

2) $\sigma_1^2 = \sigma_2^2 = \sigma^2$ 但未知的两样本 t 检验法

$$\text{记 } S_w^2 = \frac{(n_1-1)S_1^2 + (n_2-1)S_2^2}{n_1+n_2-2} = \frac{\sum_{i=1}^{n_1}(X_i-\overline{X})^2 + \sum_{j=1}^{n_2}(Y_j-\overline{Y})^2}{n_1+n_2-2}$$

用 S_w^2 代替 Z 检验中的 σ_1^2 和 σ_2^2,得检验统计量

$$t = \frac{(\overline{X}-\overline{Y})-(\mu_1-\mu_2)}{S_w\sqrt{\dfrac{1}{n_1}+\dfrac{1}{n_2}}}$$

在原假设 $H_0:\mu_1-\mu_2=0$ 成立时,有 $t \sim t(n_1+n_2-2)$.

从而检验式(8-10) $H_0:\mu_1-\mu_2=0$;$H_1:\mu_1-\mu_2\neq0$ 的拒绝域为

$$|t| \geqslant t_{\frac{\alpha}{2}}(n_1+n_2-2) \text{ 或 } |\overline{x}-\overline{y}| \geqslant s_w t_{\frac{\alpha}{2}}(n_1+n_2-2)\sqrt{\frac{1}{n_1}+\frac{1}{n_2}}$$

类似:对于检验(8-11) $H_0:\mu_1-\mu_2\leqslant0$;$H_1:\mu_1-\mu_2>0$ 的拒绝域为

$$t \geqslant t_\alpha(n_1+n_2-2) \text{ 或 } \overline{x}-\overline{y} \geqslant s_w t_\alpha(n_1+n_2-2)\sqrt{\frac{1}{n_1}+\frac{1}{n_2}}$$

对于检验式(8-12) $H_0:\mu_1-\mu_2\geqslant0$;$H_1:\mu_1-\mu_2<0$ 的拒绝域为

$$t \leqslant -t_\alpha(n_1+n_2-2) \text{ 或 } \overline{x}-\overline{y} \leqslant -s_w t_\alpha(n_1+n_2-2)\sqrt{\frac{1}{n_1}+\frac{1}{n_2}}$$

上述几个检验称为**两样本 t 检验法**.

【例 8.7】　甲、乙两厂生产同一种产品,其质量指标分别服从正态分布 $N(\mu_1,\sigma_1^2)$,$N(\mu_2,\sigma_2^2)$,现从这 2 个厂分别抽取若干件产品,测得其该项质量指标值为

甲厂(x_i):2.74,2.75,2.72,2.69.

乙厂(y_i):2.75,2.78,2.74,2.76,2.72.

通过这些数据检验这两厂产品质量差异是否显著($\alpha=0.05$).

解　设检验假设 $H_0:\mu_1-\mu_2=0$(无差别);$H_1:\mu_1-\mu_2\neq0$(有差别),

检验统计量为 $t=\dfrac{\overline{X}-\overline{Y}}{S_w\sqrt{\dfrac{1}{4}+\dfrac{1}{5}}}$. 当 H_0 成立时,$t \sim t(7)$.

原假设 H_0 的拒绝域为 $|t| \geqslant t_{\frac{\alpha}{2}}(n_1+n_2-2)$,取 $\alpha=0.05$,查表 $t_{0.025}(7)=2.3646$.

而 $\overline{x}=2.725$,$\overline{y}=2.75$,而 $s_w = \sqrt{\dfrac{\sum_{i=1}^{4}(x_i-\overline{x})^2 + \sum_{j=1}^{5}(y_j-\overline{y})^2}{4+5-2}} = 0.0242$.

于是 $|\overline{x}-\overline{y}|=0.025<0.0389=s_w t_{\frac{\alpha}{2}}(7)\sqrt{\dfrac{1}{4}+\dfrac{1}{5}}$.

故接受 H_0,即这 2 个厂质量没有显著差别.

对正态总体均值的假设检验问题可以汇总成表 8-2.

表 8-2

检验法	条件	原假设 H_0	备择假设 H_1	检验统计量	拒绝域
Z 检验	σ 已知	$\mu \leqslant \mu_0$ $\mu \geqslant \mu_0$ $\mu = \mu_0$	$\mu > \mu_0$ $\mu < \mu_0$ $\mu \neq \mu_0$	$Z = \dfrac{\lvert \bar{X} - \mu_0 \rvert}{\sigma/\sqrt{n}}$	$z \geqslant z_a$ $z \leqslant -z_a$ $\lvert z \rvert \geqslant z_{\frac{a}{2}}$
t 检验	σ 未知	$\mu \leqslant \mu_0$ $\mu \geqslant \mu_0$ $\mu = \mu_0$	$\mu > \mu_0$ $\mu < \mu_0$ $\mu \neq \mu_0$	$t = \dfrac{\bar{X} - \mu_0}{s/\sqrt{n}}$	$t \geqslant t_a(n-1)$ $t \leqslant -t_a(n-1)$ $\lvert t \rvert \geqslant t_{\frac{a}{2}}(n-1)$
两样本 Z 检验	σ_1, σ_2 已知	$\mu_1 \leqslant \mu_2$ $\mu_1 \geqslant \mu_2$ $\mu_1 = \mu_2$	$\mu_1 > \mu_2$ $\mu_1 < \mu_2$ $\mu_1 \neq \mu_2$	$Z = \dfrac{\bar{X} - \bar{Y}}{\sqrt{\dfrac{\sigma_1^2}{n_1} + \dfrac{\sigma_2^2}{n_2}}}$	$z \geqslant z_a$ $z \leqslant -z_a$ $\lvert z \rvert \geqslant z_{\frac{a}{2}}$
两样本 t 检验	$\sigma_1 = \sigma_2 = \sigma$ 未知	$\mu_1 \leqslant \mu_2$ $\mu_1 \geqslant \mu_2$ $\mu_1 = \mu_2$	$\mu_1 > \mu_2$ $\mu_1 < \mu_2$ $\mu_1 \neq \mu_2$	$t = \dfrac{\bar{X} - \bar{Y}}{S_w \sqrt{\dfrac{1}{n_1} + \dfrac{1}{n_2}}}$	$t \geqslant t_a(n_1 + n_2 - 2)$ $t \leqslant -t_a(n_1 + n_2 - 2)$ $\lvert t \rvert \geqslant t_{\frac{a}{2}}(n_1 + n_2 - 2)$

8.2.3 基于成对数据的检验

有时为了比较两种产品、两种仪器、两种方法等的差异,我们常在相同的条件下做对比试验,得到一批成对的观察值,然后分析观察数据做出判断. 这种方法常称为**逐对比较法**.

【例 8.8】 有 2 台光谱仪 I_x, I_y,用来测量材料中某种金属的含量,为鉴定它们的测量结果有无显著的差异,制备了 9 个试块(它们的成分、金属含量、均匀性等均各不相同),现在分别用这两台仪器对每一试块测量一次,得到 9 对测量值如表 8-3 所示.

表 8-3

$x/\%$	0.20	0.30	0.40	0.50	0.60	0.70	0.80	0.90	1.00
$y/\%$	0.10	0.21	0.52	0.32	0.78	0.59	0.68	0.77	0.89
$d = x - y/\%$	0.10	0.09	-0.12	0.18	-0.18	0.11	0.12	0.13	0.11

问能否认为这 2 台仪器的测量结果有显著的差异($\alpha = 0.01$).

解 本题中的数据是成对的,对同一试块测出一对数据. 我们看到一对与另一对的差异是由各种因素引起的. 由于各试块的特性是有差别的,因此不能将仪器 I_x 对 9 个试块的测量结果(即表中的第 1 行)看成同分布随机变量的观察值,同样,表中第 2 行也不能看成是一个样本的样本值. 同样,对每一对数据而言,它们是同一试块用不同仪器 I_x, I_y 测得的结果,所以它们也不是 2 个独立的随机变量的观察值.

所以不能用前面的检验法来检验. 而同一对 2 个数据的差异则可以看成仅由这两台仪器性能差异引起的,因此可以根据两数据的差异来考虑两台仪器的测量结果是否有显著差异.

一般地,设有 n 对相互独立的观察结果:$(X_1, Y_1), (X_2, Y_2), \cdots, (X_n, Y_n)$,令 $D_1 = X_1 - Y_1, D_2 = X_2 - Y_2, \cdots, D_n = X_n - Y_n$,则 $D_1, D_2, \cdots, D_n$ 相互独立. 又由于 $D_1, D_2, \cdots,$

D_n 是由同一因素所引起的,可认为它们服从同一分布. 今假设 $D_i \sim N(\mu_D, \sigma_D^2)$, $i=1$, $2, \cdots, n$. 这就是说 $D_1, D_2, \cdots, D_n$ 构成正态总体 $N(\mu_D, \sigma_D^2)$ 的一个样本,其中 μ_D, σ_D^2 未知. 我们需要基于这一样本检验假设:

(1) $H_0: \mu_D = 0$; $H_1: \mu_D \neq 0$.

(2) $H_0: \mu_D \leqslant 0$; $H_1: \mu_D > 0$.

(3) $H_0: \mu_D \geqslant 0$; $H_1: \mu_D < 0$.

分别记 $D_1, D_2, \cdots, D_n$ 的样本均值和样本方差的观察值为 $\bar{d}, s_D^2$,按单个正态总体均值的 t 检验,知检验问题(1)、(2)、(3)的拒绝域分别为(显著性水平为 α):

$$|t| = \left| \frac{\bar{d}}{s_D/\sqrt{n}} \right| \geqslant t_{\alpha/2}(n-1)$$

$$t = \frac{\bar{d}}{s_D/\sqrt{n}} \geqslant t_\alpha(n-1)$$

$$t = \frac{\bar{d}}{s_D/\sqrt{n}} \leqslant -t_\alpha(n-1)$$

现在回到本例的检验问题. 先做出同一试块分别由仪器 I_x, I_y 测得的结果之差,列于表格的第 3 行. 按题意需检验假设 $H_0: \mu_D = 0$; $H_1: \mu_D \neq 0$.

现在 $n = 9$, $t_{\alpha/2}(8) = t_{0.005}(8) = 3.3554$,即拒绝为 $|t| = \left| \dfrac{\bar{d}}{s_D/\sqrt{n}} \right| \geqslant 3.3554$.

而 $\bar{d} = 0.06$, $s_D = 0.1227$, $|t| = \left| \dfrac{0.06}{0.1227/\sqrt{9}} \right| = 1.467 < 3.3554$. 落在拒绝域外,故接受 H_0. 认为 2 台仪器的测量结果并无显著差异.

【例 8.9】 做以下的实验以比较人对红光或绿光的反应时间(以秒计). 实验在点亮红光或绿光的同时,启动计时器,要求受试者见到红光或绿光点亮时,就按下按钮,切断计时器,这就能测得反应时间. 测量的结果如表 8-4 所示(取 $\alpha = 0.05$).

表 8-4

红光(x)	0.30	0.23	0.41	0.53	0.24	0.36	0.38	0.51
绿光(y)	0.43	0.32	0.58	0.46	0.27	0.41	0.38	0.61
$d = x - y$	−0.13	−0.09	−0.17	0.07	−0.03	−0.05	0.00	−0.10

解 设 $D_i = X_i - Y_i$, $i = 1, 2, \cdots, 8$ 是来自正态总体 $N(\mu_D, \sigma_D^2)$ 的样本,μ_D, σ_D^2 未知,试检验假设 $H_0: \mu_D \geqslant 0$; $H_1: \mu_D < 0$. $n = 8$, $\overline{x_d} = -0.0625$, $s_d = 0.0765$,

$$t = \frac{\overline{x_d}}{s_d/\sqrt{8}} = -2.311 < -t_{0.05}(7) = -1.8946$$

故拒绝 H_0,认为 $\mu_D < 0$,即认为人对红光的反应比绿光快.

习题 8.2

1. 某批矿砂的 5 个样品中的镍含量,经测定为(%)3.25、3.27、3.24、3.26、3.24. 设测定值总体服从正态分布,问在 $\alpha = 0.01$ 下能否接受假设:这批矿砂的含镍量的均值为 3.25.

2. 如果一个矩形的宽度 ω 与长度 l 的比 $\omega/l = \frac{1}{2}(\sqrt{5}-1) \approx 0.618$,这样的矩形称为黄金矩形.这种尺寸的矩形使人们看上去有良好的感觉.现代建筑构件(如窗架)、工艺品(如图片镜框),甚至司机的执照、商业的信用卡等常常都是采用黄金矩形.下面列出某工艺品工厂随机取的 20 个矩形的宽度与长度的比值.设这一工厂生产的矩形的宽度与长短的比值总体服从正态分布,其均值为 μ,试检验假设(取 $\alpha=0.05$).

$H_0: \mu = 0.618; H_1: \mu \neq 0.618$

| 0.693 | 0.749 | 0.654 | 0.670 | 0.662 | 0.672 | 0.615 | 0.606 | 0.690 | 0.628 |
| 0.668 | 0.611 | 0.606 | 0.609 | 0.601 | 0.553 | 0.570 | 0.844 | 0.576 | 0.933 |

3. 要求一种元件使用寿命不得低于 1000 小时,今从一批这种元件中随机抽取 25 件,测得其寿命的平均值为 950 小时,已知这种元件寿命服从标准差为 $\sigma=100$ 小时的正态分布.试在显著水平 $\alpha=0.05$ 下确定这批元件是否合格?设总体均值为 μ,即需检验假设 $H_0: \mu \geqslant 1000; H_1: \mu < 1000$.

4. 下面列出的是某工厂随机选取的 20 只部件的装配时间(分钟):9.8,10.4,10.6,9.6,9.7,9.9,10.9,11.1,9.6,10.2,10.3,9.6,9.9,11.2,10.6,9.8,10.5,10.1,10.5,9.7.设装备时间的总体服从正态分布 $X \sim N(\mu, \sigma^2)$,参数 μ, σ^2 均未知.是否可以认为装配时间的均值显著地大于 10(取 $\alpha=0.05$)?

5. 按规定,100 克罐头番茄汁中的平均维生素 C 含量不得少于 21 毫克/克.现从工厂的产品中抽取 17 筒罐头,其中 100 克番茄汁中,测得维生素 C 含量(毫克/克)记录如下:16,25,21,20,23,21,19,15,13,23,17,20,29,18,22,16,22.设维生素含量服从 $X \sim N(\mu, \sigma^2)$,μ, σ^2 未知,问这批罐头是否符合要求($\alpha=0.05$).

6. 表 8-5 分别给出了 2 个文学家马克·吐温(M·T)的 8 篇小品文和斯诺特格拉斯(Sn.)的 10 篇小品文中 3 个字母组成的单字的比例.

表 8-5

| M·T | 0.225 | 0.262 | 0.217 | 0.240 | 0.230 | 0.229 | 0.235 | 0.217 | | |
| Sn. | 0.209 | 0.205 | 0.196 | 0.210 | 0.202 | 0.207 | 0.224 | 0.223 | 0.220 | 0.201 |

该两组数据分别来自正态总体,且两总体方差相等,但参数均未知,两样本相互独立.问两个作家所写小品文中包含由 3 个字母组成单字的比例是否有显著的差异($\alpha=0.05$).

7. 随机地选了 8 个人,分别测量了他们在早上起床时和晚上就寝时的身高(厘米),得到表 8-6 所示数据.

表 8-6

序号	1	2	3	4	5	6	7	8
早上	172	168	180	181	160	163	165	177
晚上	172	167	177	179	159	161	166	175

设各队数据的差 D_i 是来自于 $N(\mu_D, \sigma_D^2)$ 的样本,μ_D, σ_D^2 未知.问是否可以认为早上的身高比晚上的身高要高(取 $\alpha=0.05$).

8.3　正态总体方差的假设检验

8.3.1　单个总体方差的 χ^2 检验

设 $X_1,X_2,\cdots,X_n$ 是来自正态总体 $N(\mu,\sigma^2)$ 的样本,对于 σ^2 常见的有如下的检验问题:

$$H_0:\sigma^2\leqslant\sigma_0^2;\qquad H_1:\sigma^2>\sigma_0^2 \tag{8-13}$$

$$H_0:\sigma^2\geqslant\sigma_0^2;\qquad H_1:\sigma^2<\sigma_0^2 \tag{8-14}$$

$$H_0:\sigma^2=\sigma_0^2;\qquad H_1:\sigma^2\neq\sigma_0^2 \tag{8-15}$$

通常假定 μ 未知,三种检验假设采用的检验统计量相同,都取

$$\chi^2=\frac{(n-1)S^2}{\sigma_0^2}$$

当 $\sigma^2=\sigma_0^2$ 时,$\chi^2\sim\chi^2(n-1)$. 于是,给定检验显著性水平 α,三个检验问题的拒绝域分别是:

$$W=\{\chi^2\geqslant\chi_0^2(n-1)\} \tag{8-16}$$

$$W=\{\chi^2\leqslant\chi_0^2(n-1)\} \tag{8-17}$$

$$W=\{\chi^2\leqslant\chi_{1-\frac{\alpha}{2}}^2(n-1)\}\text{ 或 }W=\{\chi^2\geqslant\chi_{\frac{\alpha}{2}}^2(n-1)\} \tag{8-18}$$

【例 8.10】 某厂生产的某种型号的电池,其寿命(以小时计)长期以来服从方差 $\sigma^2=5000$ 的正态分布,现有一批电池,从它的生产情况来看,寿命的波动性有所改变. 现随机取 26 只电池,测出其寿命的样本方差 $s^2=9200$. 问根据这一数据能否推断这批电池的寿命的波动性较以往的有显著的变化($\alpha=0.02$).

解　由题意设置检验假设:$H_0:\sigma^2=5000;H_1:\sigma^2\neq5000$

现在 $n=26,\chi_{\alpha/2}^2(n-1)=\chi_{0.01}^2(25)=44.314,\chi_{1-\alpha/2}^2(n-1)=\chi_{0.99}^2(25)=11.524,\sigma_0^2=5000$,由式(8-18)得拒绝域为 $\frac{(n-1)s^2}{\sigma_0^2}\geqslant44.314$ 或 $\frac{(n-1)s^2}{\sigma_0^2}\leqslant11.524$. 而 $s^2=9200$,$\frac{(n-1)s^2}{\sigma_0^2}=46>44.314$,拒绝 H_0. 认为这批电池的寿命的波动性较以往的有显著的变化.

8.3.2　2 个总体方差比的 F 检验

设 $X_1,X_2,\cdots,X_{n_1}$ 是来自正态总体 $N(\mu_1,\sigma_1^2)$ 的样本,$Y_1,Y_2,\cdots,Y_{n_2}$ 是来自正态总体 $N(\mu_2,\sigma_2^2)$ 的样本,且两样本相互独立. 考察如下的三种假设检验问题:

$$H_0:\sigma_1^2\leqslant\sigma_2^2;\qquad H_1:\sigma_1^2>\sigma_2^2 \tag{8-19}$$

$$H_0:\sigma_1^2\geqslant\sigma_2^2;\qquad H_1:\sigma_1^2<\sigma_2^2 \tag{8-20}$$

$$H_0:\sigma_1^2=\sigma_2^2;\qquad H_1:\sigma_1^2\neq\sigma_2^2 \tag{8-21}$$

这里视 μ_1,μ_2 为未知,由 $\frac{S_1^2/S_2^2}{\sigma_1^2/\sigma_2^2}\sim F(n_1-1,n_2-1)$,当 $\sigma_1^2=\sigma_2^2$ 时,

$$F = \frac{S_1^2}{S_2^2} \sim F_\alpha(n_1 - 1, n_2 - 1)$$

因此,可得出上述检验问题的显著性水平为 α 的拒绝域依次为:

检验式(8-19)的拒绝域为

$$W = \{F \geqslant F_\alpha(n_1 - 1, n_2 - 1)\} \tag{8-22}$$

检验式(8-20)的拒绝域为

$$W = \{F \leqslant F_{1-\alpha}(n_1 - 1, n_2 - 1)\} \tag{8-23}$$

检验式(8-21)的拒绝域为

$$W = \{F \geqslant F_{\frac{\alpha}{2}}(n_1 - 1, n_2 - 1)\} \text{ 或} \{F \leqslant F_{1-\frac{\alpha}{2}}(n_1 - 1, n_2 - 1)\} \tag{8-24}$$

【例 8.11】 例 8.7 中 2 个样本分别来自于总体 $N(\mu_1, \sigma_1^2)$,$N(\mu_2, \sigma_2^2)$,且两样本相互独立.试验证 $H_0: \sigma_1^2 = \sigma_2^2$;$H_1: \sigma_1^2 \neq \sigma_2^2$,以说明我们假设 $\sigma_1^2 = \sigma_2^2$ 是合理的. ($\alpha = 0.05$)

解 此处 $n_1 = 4, n_2 = 5, \alpha = 0.05$,拒绝域为

$$\frac{S_1^2}{S_2^2} \geqslant F_{0.025}(3,4) = 9.98 \text{ 或} \frac{S_1^2}{S_2^2} \geqslant F_{0.975}(3,4) = \frac{1}{F_{0.005}(4,3)} = \frac{1}{24.3} = 0.041$$

现在 $s_1^2 = 0.0007, s_2^2 = 0.0005, \frac{S_1^2}{S_2^2} = 1.4, 0.041 < 1.4 < 9.98$,故接受 H_0.

认为两总体方差相等.两总体方差相等也称两总体具有**方差齐性**.这也表明例 8.7 中假设两总体方差相等是合理的.

对正态总体方差的假设检验问题可以汇总如表 8-7 所示.

表 8-7

检验法	条 件	原假设 H_0	备择假设 H_1	检验统计量	拒绝域
χ^2 检验	μ 未知	$\sigma^2 \leqslant \sigma_0^2$ $\sigma^2 \geqslant \sigma_0^2$ $\sigma^2 = \sigma_0^2$	$\sigma^2 > \sigma_0^2$ $\sigma^2 < \sigma_0^2$ $\sigma^2 \neq \sigma_0^2$	$\chi^2 = \frac{(n-1)S^2}{\sigma_0^2}$	$\chi^2 \geqslant \chi_0^2(n-1)$ $\chi^2 \leqslant \chi_0^2(n-1)$ $\chi^2 \leqslant \chi_{1-\frac{\alpha}{2}}^2(n-1)$ 或 $\chi^2 \geqslant \chi_{\frac{\alpha}{2}}^2(n-1)$
F 检验	μ_1, μ_2 未知	$\sigma^2 \leqslant \sigma_0^2$ $\sigma^2 \geqslant \sigma_0^2$ $\sigma^2 = \sigma_0^2$	$\sigma^2 > \sigma_0^2$ $\sigma^2 < \sigma_0^2$ $\sigma^2 \neq \sigma_0^2$	$F = \frac{S_1^2}{S_2^2}$	$F \geqslant F_\alpha(n_1-1, n_2-1)$ $F \leqslant F_{1-\alpha}(n_1-1, n_2-1)$ $F \geqslant F_{\frac{\alpha}{2}}(n_1-1, n_2-1)$ 或 $F \leqslant F_{1-\frac{\alpha}{2}}(n_1-1, n_2-1)$

习题 8.3

1. 某种导线,要求其电阻的标准差不得超过 0.005 欧姆.今在生产的一批导线中取样品 9 根,测得 $s = 0.007$ 欧姆,设总体为正态分布.问在水平 $\alpha = 0.05$ 能否认为这批导线的标准差显著地偏大.

2. 在习题 8.2 第 2 题中记总体的标准差为 σ.试检验假设 (取 $\alpha = 0.05$) $H_0: \sigma^2 = 0.11^2$;$H_1: \sigma^2 \neq 0.11^2$.查表知 $\chi_{0.025}^2(19) = 32.852$,$\chi_{0.975}^2(19) = 8.907$.

3. 测定某种溶液中的水分,它的 10 个测定值给出 $s = 0.037\%$,设测定值总体为正态

分布,σ^2 为总体方差.试在水平 $\alpha=0.05$ 下检验假设 $H_0:\sigma\geqslant0.04\%$;$H_1:\sigma<0.04\%$.

8.4　分布拟合检验

上面介绍的各种检验法都是在总体分布形式为已知的前提下进行讨论的.实际问题中,有时不知道总体服从什么类型的分布,这时就需要根据样本来检验关于分布的假设.本节介绍 χ^2 拟合检验法.它可以用来检验总体是否具有某一个指定的分布或属于某一个分布族.

8.4.1　单个分布的 χ^2 拟合检验法

这是最简单的一种情形,认为总体分布只取有限个值,且分布完全已知的离散型分布,即检验如下的原假设 H_0 是否成立:

H_0:总体分布律为 $P\{X=a_i\}=p_i,i=1,2,3,\cdots,k$

其中,a_i 与 p_i 均为已知,且 $p_i>0,i=1,2,3,\cdots,k$

设 $X_1,X_2,\cdots,X_{n_1}$ 是从这个总体中抽取的样本,$x_1,x_2,\cdots,x_n$ 是相应的样本观测值,以 f_i 表示 $x_1,x_2,\cdots,x_{n_1}$ 中等于 a_i 的个数.考虑样本量 n 够大,$x_1,x_2,\cdots,x_{n_1}$ 中等于 a_i 的个数应该大致为 np_i.频率 f_i/n 与概率 p_i 会有差异.因此频率 f_i/n 与概率 p_i 越接近,则 $\left(\dfrac{f_i}{n}-p_i\right)^2$ 越小,越符合原假设 H_0 的内容.英国统计学家皮尔逊提出如下统计量

$$\chi^2=\sum_{i=1}^{n}\frac{n}{p_i}\left(\frac{f_i}{n}-p_i\right)^2=\sum_{i=1}^{n}\frac{f_i^2}{np_i}-n \qquad (8\text{-}25)$$

定理 8.1　若 n 充分大($n\geqslant50$),则当 H_0 为真时统计量式(8-25)近似服从 $\chi^2(k-1)$ 分布.给定显著性水平 α,由式(8-25)计算出检验统计量的值χ^2,则原假设 H_0 的拒绝域为

$$\chi^2\geqslant\chi_\alpha^2(k-1)$$

这个称为单个分布的 χ^2 拟合检验法.上面这个是基于检验统计量的极限分布得到的,所以在实用中必须注意 n 要足够大($n\geqslant50$),另外 np_i 不能太小,应有 $np_i\geqslant5$.

【例 8.12】　一枚骰子掷了 120 次,得到如表 8-8 所示结果.

表 8-8

出现点数 i	1	2	3	4	5	6
出现次数 f_i	23	25	21	20	15	15

试在 $\alpha=0.05$ 下检验这枚骰子是否均匀、对称.

解　设 X 是骰子掷出的点数,骰子均匀、对称,即可认为总体分布为 $P\{X=i\}=\dfrac{1}{6}$,

$i=1,2,\cdots,6$,于是,提出原假设 $H_0:P\{X=i\}=\dfrac{1}{6},i=1,2,\cdots,6$.

$n=120,p_i=\dfrac{1}{6},np_i=20,i=1,2,\cdots,6$.计算检验统计量

$\chi^2 = \sum_{i=1}^{6} \frac{f_i^2}{np_i} - 6 = 4.8$，查表 $\chi_{0.05}^2(6-1) = 11.071 > 4.8$，所以不在拒绝域内，接受 H_0，认为在 $\alpha = 0.05$ 下这枚骰子是均匀、对称的.

8.4.2　分布族的 χ^2 拟合检验法

前面我们介绍的分布是已知的，但是这种情况不多，我们经常遇见的所需检验的原假设是：

$$H_0: 总体 X 的分布函数是 F(x; \theta_1, \cdots, \theta_r) \tag{8-26}$$

其中 F 的形式已知，而 $\theta = (\theta_1, \cdots, \theta_r)$ 是未知参数，它们在某一个范围取值，当参数取不同值时，就得到不同的分布，因而 $F(x; \theta_1, \cdots, \theta_r)$ 代表一族分布.

采用前面的方法定义统计量，将在 H_0 下 X 可能取值分为若干个互不相交的子集 A_1, $A_2, \cdots, A_k$，以 f_i 表示 $x_1, x_2, \cdots, x_n$ 中落在 A_i 的个数，则事件 A_i 的频率为 f_i/n. 另外，当 H_0 为真时，以 H_0 所假设的分布来计算 $P(A_i)$，得 $P(A_i) = p_i(\theta_1, \theta_2, \cdots, \theta_r) = p_i(\theta) = p_i$，此时，需先利用样本求出未知参数的最大似然估计（在 H_0 下），以估计值为参考值，求出 p_i 的估计值 $\hat{p}_i$ 代替 p_i，取

$$\chi^2 = \sum_{i=1}^{n} \frac{f_i^2}{n\hat{p}_i} - n \tag{8-27}$$

作为检验假设 H_0 的统计量.

可以证明，在某些条件下，在 H_0 为真时近似地有 $\chi^2 = \sum_{i=1}^{n} \frac{f_i^2}{n\hat{p}_i} - n \sim \chi^2(k-r-1)$.

其拒绝域为 $\chi^2 \geqslant \chi_\alpha^2(k-r-1)$.

【例 8.13】　在一实验中，每隔一定时间观察一次由某种铀所放射的到达计数器上的 α 粒子数 X，共观察了 100 次，得表 8-9 所示结果.

表 8-9

i	0	1	2	3	4	5	6	7	8	9	10	11	$\geqslant 12$
f_i	1	5	16	17	26	11	9	9	2	1	2	1	0
A_i	A_0	A_1	A_2	A_3	A_4	A_5	A_6	A_7	A_8	A_9	A_{10}	A_{11}	A_{12}

其中 f_i 是观察有 i 个 α 粒子的次数. 从理论上考虑知道 X 服从泊松分布. $P\{X=i\} = \frac{\lambda^i e^{-\lambda}}{i!}$，$i = 0, 1, 2, \cdots$，问上式是否符合实际（取 $\alpha = 0.05$）.

解　H_0 中参数 λ 未具体给出，所以先估计 λ. 由最大似然估计法得 $\hat{\lambda} = \bar{x} = 4.2$. 在 H_0 假设下，即在 X 服从泊松分布的假设下，X 的所有可能取值为 $\{0, 1, 2, \cdots\}$，将其分成上表所示的两两不相交的子集 $A_0, A_1, \cdots, A_{12}$，则 $P\{X=i\}$ 有估计 $\hat{p}_i = \hat{P}\{X=i\} = \frac{4.2^i e^{-4.2}}{i!}$. 结果如表 8-10 所示.

表 8-10

A_i	f_i	$\hat{p}_i$	$n\hat{p}_i$	$f_i^2/n\hat{p}_i$
A_0	1 ⎫ 6	0.015 ⎫ 0.078	1.5 ⎫ 7.8	4.615
A_1	5 ⎭	0.063 ⎭	6.3 ⎭	
A_2	16	0.132	13.2	19.394
A_3	17	0.185	18.5	15.622
A_4	26	0.194	19.4	34.845
A_5	11	0.163	16.3	7.423
A_6	9	0.114	11.4	7.105
A_7	9	0.069	6.9	11.739
A_8	2 ⎫	0.036 ⎫	3.6 ⎫	
A_9	1	0.017	1.7	
A_{10}	2 ⎬ 6	0.007 ⎬ 0.065	0.7 ⎬ 6.5	5.538
A_{11}	1	0.003	0.3	
A_{12}	0 ⎭	0.002 ⎭	0.2 ⎭	

其中有些 $n\hat{p}_i < 5$ 的组经过适当合并,使每组 $n\hat{p}_i \geqslant 5$,合并后,$k=8$,又计算概率时,估计了一个参数 λ,故 $r=1$,所以 χ^2 的自由度为 $8-1-1=6$. $\chi_{0.05}^2(k-r-1)=12.592$,而现在 $\chi^2=106.281-100=6.281$,不在拒绝域内,故接受 H_0. 认为样本来自泊松分布总体.

习题 8.4

1. 检查了一本书的 100 页,记录各页中印刷错误的个数,其结果如表 8-11 所示.

表 8-11

错误个数 f_i	0	1	2	3	4	5	6	$\geqslant 7$
含 f_i 个错误的页数	36	40	19	2	0	2	1	0

问能否认为一页的印刷错误个数服从泊松分布(取 $\alpha = 0.05$).

2. 某种鸟在起飞前,双足齐跳的次数 X 服从几何分布,其分布律为

$$P\{X=x\} = p^{x-1}(1-p), x=1,2,\cdots$$

观察到齐跳次数 x 及其相应的鸟数亦即频数 $n(x)$,如表 8-12 所示.

表 8-12

x	1	2	3	4	5	6	7	8	9	10	11	12	$\geqslant 13$
$n(x)$	48	31	20	9	6	5	4	2	1	1	2	1	0

（1）求 p 的最大似然估计值.

（2）$\alpha = 0.05$，检验 H_0：数据来自总体 $P\{X=x\}=p^{x-1}(1-p)$，$x=1,2,\cdots$

自测题 8

一、选择题

1. 在假设检验中，显著性水平 α 是犯第 1 类错误的（　　）概率.

    A. 最小　　　　　　B. 最大　　　　　　　　C. 相关　　　　　　　　D. 不相关

2. 在假设检验中，增大样本容量 n，可以使犯两类错误的概率 α 和 β 都变得（　　）.

    A. 大一些　　　　　B. 小一些　　　　　　　C. 一样　　　　　　　　D. 不一样

3. 在假设检验中，原假设 H_0 与备择假设 H_1 之间是（　　）关系.

    A. 相容　　　　　　B. 包含　　　　　　　　C. 被包含　　　　　　　D. 互不相容

4. 假设检验中，显著性水平 α 表示（　　）.

    A. H_0 为假，但接受 H_0 的假设的概率　　　　B. H_0 为真，但拒绝 H_0 的假设的概率

    C. H_0 为假，但拒绝 H_0 的假设的概率　　　　D. 假设 H_0 的可信度

二、填空题

1. 对于单个总体 $N(\mu,\sigma^2)$，σ^2 已知时，检验 $H_0:\mu=\mu_0$，采用的是_____检验法，检验统计量为_____.

2. 对于单个总体 $N(\mu,\sigma^2)$，σ^2 未知时，检验 $H_0:\mu=\mu_0$，采用的是_____检验法，检验统计量为_____.

3. 对于 2 个正态总体 $N(\mu_1,\sigma_1^2)$，$N(\mu_2,\sigma_2^2)$，σ^2 未知时，要检验其均值差 $\mu_1-\mu_2$，采用的是_____检验法.

4. 对于单个总体 $N(\mu,\sigma^2)$，μ,σ^2 均未知，要检验 $H_0:\sigma^2=\sigma_0^2$，采用的是_____检验法，检验统计量是_____，H_0 成立时，统计量为_____分布.

5. 对于 2 个正态总体 $N(\mu_1,\sigma_1^2)$，$N(\mu_2,\sigma_2^2)$，$\mu_1,\mu_2,\sigma_1^2,\sigma_2^2$ 均未知时，检验 $H_0:\sigma^2=\sigma_0^2$，采用的是_____检验法.

6. 对于 2 个正态总体 $N(\mu_1,\sigma_1^2)$，$N(\mu_2,\sigma_2^2)$，σ_1^2,σ_2^2 已知时，要检验其均值差，采用的是_____检验法，统计量是_____，当 H_0 成立时，统计量近似为_____分布.

7. 设某市犯罪青少年的年龄构成服从正态分布 $N(18,\sigma^2)$，今随机地抽取 9 名罪犯，其年龄为：22,17,19,25,25,18,16,23,24. 在显著性水平 $\alpha=0.05$ 下检验结果是_____.

8. 设总体 $X\sim N(\mu,\sigma^2)$，σ^2 未知，$H_0:\mu\leqslant 21$，$H_1:\mu>21$ 随机抽取容量 $n=17$ 的样本，算得 $\bar{x}=23$，$s^2=(3.98)^2$，在显著性 $\alpha=0.05$ 水平下，检验结果是_____.

三、解答题

1. 正常人的脉搏平均为 72 次/分钟，现某医生测得 10 例慢性四乙基铅中毒患者的

脉搏(单位:次/分钟)为:54,67,68,78,70,66,67,70,65,69.问四乙基铅中毒者的脉搏和正常人的脉搏有无显著性差异(假设四乙基铅中毒患者的脉搏服从正态分布,$\alpha = 0.05$).

2. 为了比较用来做鞋子后跟的两种材料的质量,选取了 15 个男子(他们的生活条件各不相同),每人穿一双新鞋,其中一只是以材料 A 做后跟,另一只是以材料 B 做后跟,其厚度均为 10 毫米.过了一个月再测量厚度,得到数据如表 8-13 所示.

表 8-13

厚度/毫米 \ 顺序	1	2	3	4	5	6	7	8	9	10	11	12	13	14	15
A	6.6	7.0	8.3	8.2	5.2	9.3	7.9	8.5	7.8	7.5	6.1	8.9	6.1	9.4	9.1
B	7.4	5.4	8.8	8.0	6.8	9.1	6.3	7.5	7.0	6.5	4.4	7.7	4.2	9.4	9.1

设 $D_i = X_i - Y_i (i=1,2,\cdots,15)$ 是来自于 $N(\mu_D, \sigma_D^2)$ 的样本. μ_D, σ_D^2 未知,问是否可以认为材料 A 制成的后跟比材料 B 的耐穿(取 $\alpha = 0.05$).

3. 在习题 8.2 第 6 题中分别记 2 个总体的方差为 σ_1^2 和 σ_2^2. 试检验假设(取 $\alpha = 0.05$) $H_0 : \sigma_1^2 = \sigma_2^2 ; H_1 : \sigma_1^2 \neq \sigma_2^2$,以说明我们假设 $\sigma_1^2 = \sigma_2^2$ 是合理的.

主要参考文献

陈家鼎,刘婉如,汪仁官. 2004. 概率论与数理统计[M]. 3 版. 北京:高等教育出版社.

何书元. 2006. 概率论与数理统计[M]. 北京:高等教育出版社.

茆诗松,程依明,濮晓龙. 2010. 概率论与数理统计[M]. 2 版. 北京:高等教育出版社.

孟晗. 2005. 概率论与数理统计[M]. 上海:同济大学出版社.

盛骤,谢式千,潘承毅. 2008. 概率论与数理统计[M]. 4 版. 北京:高等教育出版社.

苏德矿,张继昌. 2006. 概率论与数理统计[M]. 北京:高等教育出版社.

吴赣昌. 2006. 概率论与数理统计(理工类、经济类)[M]. 北京:中国人民大学出版社.

周概容. 2006. 概率论与数理统计(经管类)[M]. 北京:中国商业出版社.

Devore J L. 2004. Probability and Statistics for Engineering and the Science[M]. 6th ed. Brooks/Cole.

附　　录

附录1　常用统计软件 SAS 简介

1. 概述

SAS 是"Statistical Analysis System"的缩写,是一个用来管理分析数据和编写报告的组合软件系统. 1966 年,美国 North Carolina 州立大学开始开发 SAS 统计软件包,1976年该系统完成,同时成立 SAS 研究所. 当初该系统只能运行于大型计算机系统,1985 年出现了当今我们广泛使用的 SAS 微机版本. 在英、美等国,能熟练使用 SAS 统计分析是许多公司和科研机构选材的条件之一. 在数据处理和统计分析领域,SAS 被誉为国际上的标准软件系统,并在 1996~1997 年度被评为建立数据库的首选产品,堪称统计软件界的巨无霸.

SAS 是一个组合软件系统,它由多个功能模块组合而成,其基本部分是 BASE SAS模块. 它是 SAS 系统的核心,承担主要的数据管理任务,并管理用户使用环境,进行用户语言的处理,调用其他 SAS 模块和产品. 它除了可以单独存在,还可以与其他产品或模块共同构成一个完整的系统. 在 BASE SAS 基础上,还可以增加如下不同的模块而增加不同的功能:SAS/STAT(统计分析模块)、SAS/GRAPH(绘图模块)、SAS/QC(质量控制模块)、SAS/ETS(经济计量学和时间序列分析模块)、SAS/OR(运筹学模块)、SAS/IML(交互式矩阵程序设计语言模块)、SAS/FSP(快速数据处理的交互式菜单系统模块)、SAS/AF(交互式全屏幕软件应用系统模块)等. SAS 有一个智能型绘图系统,不仅能绘各种统计图,还能绘出地图. 此外,SAS 还提供各类概率分析函数、分位数函数、样本统计函数和随机数生成函数,能方便地实现特殊统计要求.

2. SAS 系统的使用常识

启动 SAS,可以看到附图 1-1 所示图片.

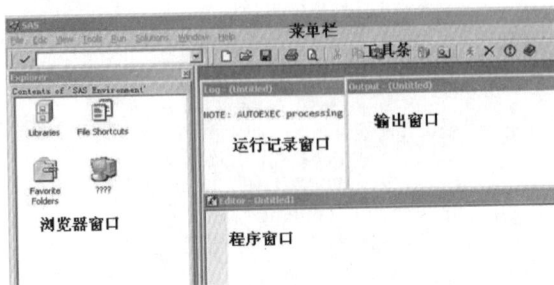

附图 1-1

　　SAS中有三个重要的子窗口：程序窗口（Editor：用来输入 SAS 语句、编程）、运行记录窗口（LOG）、输出窗口（OUTPUT）.

　　简单运行举例：

　　在 Editor 窗口输入如附图 1-2 所示程序.

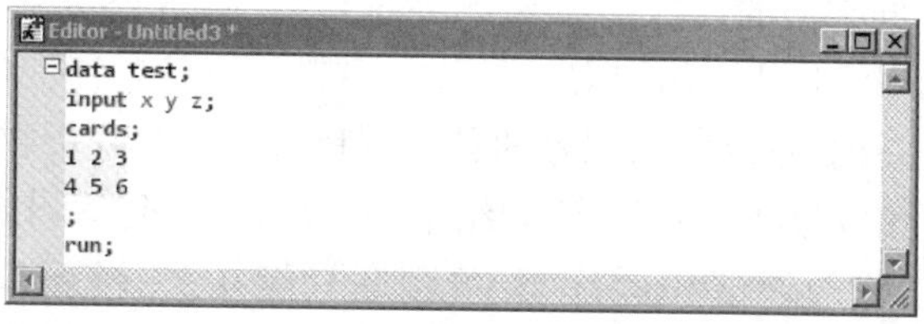

附图 1-2

这段程序包含 7 行代码：

第 1 行：产生数据集的 DATA 步语句. 后面 test 是要产生的 SAS 数据集.

第 2 行：输入变量的 INPUT 语句. 该语句表明 test 数据集包含三个变量 x、y 和 z.

第 3 行：输入数据的 CARDS 语句. 其后接具体的输入数据.

第 4、5 行：数据块. 是要输入的具体数据.

第 6 行：分号. 分号是 SAS 不同语句之间间隔的标志.

第 7 行：RUN 语句. 表明到此为止就可以提交上面六行语句.

运行代码后，会发现 LOG 窗口有如附图 1-3 所示.

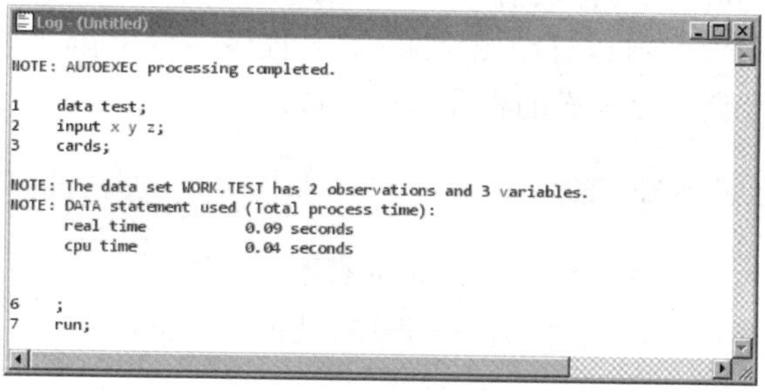

附图 1-3

　　前 3 行是代码，第 4 行的 NOTE 说明有一个数据集 Work. Test，我们可以通过这种方式找到它：单击浏览器窗口下方的 Explorer，在浏览器窗口里可以看到 Libraties，双击可以看到 Work 的逻辑库，双击能看到 Test 的文件集，双击就能看到如附图 1-4 所示结果.

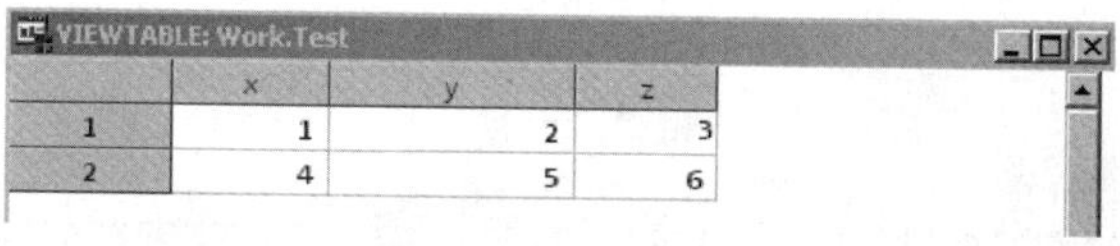

附图 1-4

　　第 5 行的 NOTE 观测了该程序运行的时间. 一般情况下，在项目实施过程中，会把这些时间观测输出，以便调试和优化现有的程序.

3. SAS 程序结构、程序的输入、修改调试和运行

(1) 程序结构. 在 SAS 系统中任何一个完整的处理过程均可分为两大步：数据步和过程步.

数据步——将不同来源的数据读入 SAS 系统，建立起 SAS 数据集. 每一个数据步均由 DATA 语句开始，以 RUN 语句结束.

过程步——调用 SAS 系统中已编号的各种过程来处理和分析数据集中的数据. 每一个过程步均以 PROC 语句开始，RUN 语句结束，并且每个语句后均以";"结束.

(2) 程序的输入、修改调试和运行. SAS 程序只能在 PGM 窗口输入、修改，并写在 PGM 窗口预先设置好的行号区的右边. SAS 程序语句可以使用大写或小写字母或混合使用来输入，每个语句中的单词或数据项间应以空格隔开. 每行输入完后加上";"，但在数据步中 CARDS 语句后面的数据行不能加";"，必须等到数据输入完后提行单独加";". 在输入过程中可移动光标对错误进行修改.

SAS 语句书写格式相当自由，可在各行的任何位置开始语句的书写. 一个语句可以连续写在几行中，一行中也可以同时写上几个语句，但每个语句后面必须用";"隔开.

当一个程序输入完后，是否能运行和结果是否正确，只有将其发送到 SAS 系统中心去执行后，在 LOG 和 OUTPUT 窗口检查才能确定. 发送程序的命令为 F10 功能键或 SUBMIT. 当程序发送到 SAS 系统后，PGM 的程序语句全部自动清除，LOG 窗口将逐步记下程序运行的过程和出现的错误信息(用红色提示错误). 如果过程步没有错误，运行完成后，通常会在 OUTPUT 窗口打印出结果；如果程序运行出错，则需要在 PGM 窗口用 RECALL(或 F9)命令调回已发送的程序进行修改.

4. 常用统计方法的 SAS 程序

根据分析的需要，每一种程序中各语句都有不同的选项，下面的程序只给出了一些最基本的语句. 只要大家熟悉并掌握了 SAS 程序，就可以根据需要灵活应用.

1) t 检验

(1) 样本平均数与总体平均数的差异显著性检验.

【附例 1-1】 母猪的怀孕期为 114 天，今抽测 10 头母猪的怀孕期分别为 116、115、113、112、114、117、115、116、114、113(天)，试检验所得样本的平均数与总体平均数 114 天有无显著差异.

```
DATA A;
INPUTy@@;
Y=y-114;
CARDS;
116 115 113 112 114 117 115 116 114 113
;
PROC MEANS N MEAN STDERR T PRT;
RUN;
```

程序说明：样本平均数与总体平均数的差异显著性检验可调用 MEANS 过程. DATA

语句产生临时数据集 A,表明数据步的开始;INPUT 语句指明读取变量 y,@@表示读入一条观测值后不换行,连续读入数据,使用@@符号可在一个物理行中输入多条观测值,减少数据输入行;CARDS 语句表明以下为数据行,数据行下的";"表示数据行结束;PROC MEANS 语句指明调用 MEANS 过程对数据集 A 进行分析,输出样本含量 N、平均数 MEAN、平均数的标准误 STDERR、学生氏 T 值和 t 值概率 PRT;RUN 语句表示过程步结束,开始运行过程步.

（2）配对试验资料的 t 检验.

【附例 1-2】 用家兔 10 只试验某批注射液对体温的影响,测定每只家兔注射前后的体温,见附表 1-1. 设体温服从正态分布,问注射前后体温有无显著差异.

附表 1-1　10 只家兔注射前后的体温

兔　号	1	2	3	4	5	6	7	8	9	10
注射前体温	37.8	38.2	38.0	37.6	37.9	38.1	38.2	37.5	38.5	37.9
注射后体温	37.9	39.0	38.9	38.4	37.9	39.0	39.5	38.6	38.8	39.0
$d=x_1-x_2$	−0.1	−0.8	−0.9	−0.8	0	−0.9	−1.3	−1.1	−0.3	−1.1

```
DATA  B;
INPUT  ID x₁ x₂;
d= x₁-x₂;
CARDS;
1  37.8  37.9  2  38.2  39.0  3  38.0  38.9  4  37.6  38.4
5  37.937.9  6  38.1  39.0  7  38.2  39.5  8  37.5  38.6
9  38.5  38.8  10  37.9  39.0
;
PROC MEANS MEAN STDERR T PRT;
    VARd;
RUN;
```

程序说明:配对试验资料的 t 检验可调用 MEANS 过程.

（3）非配对试验资料的 t 检验.

【附例 1-3】 某种猪场分别测定长白后备种猪和蓝塘后备种猪 90 千克时的背膘厚度,测定结果如附表 1-2 所示. 设两品种后备种猪 90 千克时的背膘厚度值服从正态分布,且方差相等,问该两品种后备种猪 90 千克时的背膘厚度有无显著差异.

附表 1-2　长白与蓝塘后备种猪背膘厚度

品种	头数/头	背膘厚度/厘米										
长白	12	1.20	1.32	1.10	1.28	1.35	1.08	1.18	1.25	1.30	1.12	1.19	1.05
蓝塘	11	2.00	1.85	1.60	1.78	1.96	1.88	1.82	1.70	1.68	1.92	1.80	

```
DATA  C;
```

```
INPUT  breedy@ @ ;
CARDS;
1 1.20 2 2.00 1 1.32 2 1.85 1 1.10 2 1.60 1 1.28 2 1.78
1 1.35 2 1.96 1 1.08 2 1.88 1 1.18 2 1.82 1 1.25 2 1.70
1 1.30 2 1.68 1 1.12 2 1.92 1 1.19 2 1.80 1 1.05;
PROC TTEST;
CLASS breed;
VARy;
RUN;
```

程序说明:非配对试验资料的 t 检验需调用 TTEST 过程. INPUT 语句读入处理变量 breed(品种)和试验结果 y(增重);CLASS 语句定义分类变量,TTEST 过程要求分类变量只能有 2 个水平,此处为 1(长白猪)和 2(蓝塘猪).

2) 方差分析

对于一般的方差分析(平衡资料,即各处理重复数相等)可用 ANOVA 过程;对于非平衡资料(各处理重复数不等)的方差分析可用 GLM 过程. 下面分别为 ANOVA 过程和 GLM 过程.

(1) ANOVA 过程的程序格式.

```
PROC ANOVA 选项;
CLASS 变量;
MODEL 依变量= 效应/选项;
MEANS 效应/选项;
```

程序说明:PROC ANOVA 语句中的“选项”——DATA ＝输入数据集,OUTSTAT ＝输出数据集,用于存储方差分析结果;CLASS 语句指明分类变量,此语句一定要设定,并且应出现在 MODEL 语句之前;MODEL 语句定义分析所用的线性数学模型;MEANS 语句计算各处理效应的平均数,“选项”用于设定多重比较方法——常用的有 LSD 法、DUNCAN(Duncan 新复极差法)、TUKEY(Tukey 固定极差检验法)、DUNNETT 和 DUNNETU(Dunnett 氏最小显著差数两尾和一尾检验法),显著水平的确定采用如 ALPHA＝0.01(表示将显著水平设定为 0.01),缺省为 0.05.

上述语句中,关键语句在于定义线性数学模型. 同一试验资料,根据模型不同而异. 常用的模型定义语句有:MODEL y＝a(单因素试验资料的方差分析)、MODEL y＝a b(两因素试验资料无互作模型)、MODEL y＝a b c(三因素主效模型)、MODEL y＝a b a＊b(两因素试验资料有互作模型,也可写成 y＝a|b)、MODEL y＝a b(a)(两因素试验资料嵌套模型,用于系统分组资料)、MODEL y1　y2＝a b(两元两因素主效模型).

结果输出包括分类变量信息表、方差分析表和多重比较表等.

(2) GLM 过程的程序格式.

```
PROC ANOVA 选项;
CLASS 变量;
MODEL 依变量=效应/选项;
MEANS 效应/选项;
```

RANDOM 效应/选项;

CONTRAST"对比说明"效应 对比向量;

OUTPUT OUT=输出数据集 PREDICTED| P=变量名 RESIDUAL|R=变量名;

程序说明:PROC GLM 语句设定分析数据集和输出数据集;CLASS 语句指明分类变量,此语句一定要设定,并且应出现在 MODEL 语句之前;MODEL 语句定义分析所用的线性数学模型和结果输出项;MEANS 语句计算平均数,并可选用多种多重比较方法;RANDOM 语句指定模型中的随机效应,"选项"——Q 给出期望均方中主效应的所有二次型;CONTRAST 语句用于对比检验;OUTPUT 语句产生输出数据集,P=定义 y 预测值变量名,R=定义误差变量名.

模型定义仍是 GLM 过程使用的关键(同上).通过设定模型(MODEL),即可对不同的试验设计资料进行分析.当处理效应为固定效应时,通过 MEANS 语句计算平均数,进行多重比较,当处理效应为随机效应时,可利用 RANDOM 语句或 VARCOMP 过程估计方差分量.

3) 线性回归分析

(1) 一元线性回归分析.

【附例 1-4】 在四川白鹅的生产性能研究中,得到如下一组关于雏鹅重(克)与 70 日龄重(克)的数据(附表 1-3),试建立 70 日龄重(y)与雏鹅重(x)的直线回归方程.

附表 1-3 四川白鹅重与 70 日龄重测定结果(单位:克)

编 号	1	2	3	4	5	6	7	8	9	10	11	12
雏鹅重(x)	80	86	98	90	120	102	95	83	113	105	110	100
70 日龄重(y)	2350	2400	2720	2500	3150	2680	2630	2400	3080	2920	2960	2860

```
DATA  G;
INPUTx y@@;
CARDS;
80   2350   86   2400   98   2720   90    2500   120   3150   102   2680
95   2630   83   2400   113  3080   105   2920   110   2960   100   2860
;
PROC REG CORR;
MODELy=x / CLM CLI;
RUN;
```

程序说明:一元线性回归分析可调用 REG 过程.PROC 语句选项 CORR,要求输出简单相关系数;MODEL 语句指明输出 CLM——y 总体平均数的置信区间和 CLI——单个 y 值的置信区间.

(2) 多元线性回归分析.

根据附表 1-4 某猪场 25 头育肥猪 4 个胴体性状的数据资料,试进行瘦肉量 y 对眼肌面积(x_1)、腿肉量(x_2)、腰肉量(x_3)的多元线性回归分析.

附表 1-4

序 号	瘦肉量 y/千克	眼肌面积 x_1/厘米^2	腿肉量 x_2/千克	腰肉量 x_3/千克	序 号	瘦肉量 y/千克	眼肌面积 x_1/厘米^2	腿肉量 x_2/千克	腰肉量 x_3/千克
1	15.02	23.73	5.49	1.21	14	15.94	23.52	5.18	1.98
2	12.62	22.34	4.32	1.35	15	14.33	21.86	4.86	1.59
3	14.86	28.84	5.04	1.92	16	15.11	28.95	5.18	1.37
4	13.98	27.67	4.72	1.49	17	13.81	24.53	4.88	1.39
5	15.91	20.83	5.35	1.56	18	15.58	27.65	5.02	1.66
6	12.47	22.27	4.27	1.50	19	15.85	27.29	5.55	1.70
7	15.80	27.57	5.25	1.85	20	15.28	29.07	5.26	1.82
8	14.32	28.01	4.62	1.51	21	16.40	32.47	5.18	1.75
9	13.76	24.79	4.42	1.46	22	15.02	29.65	5.08	1.70
10	15.18	28.96	5.30	1.66	23	15.73	22.11	4.90	1.81
11	14.20	25.77	4.87	1.64	24	14.75	22.43	4.65	1.82
12	17.07	23.17	5.80	1.90	25	14.37	20.44	5.10	1.55
13	15.40	28.57	5.22	1.66					

注：$\hat{y}=0.8563+0.0187x_1+2.0729x_2+1.9380x_3$；$F=37.1560**$，$F_{b_1}=0.4002$，$F_{b_2}=58.8795**$，$F_{b_3}=14.2513**$；$\hat{y}=1.1286+2.1019x_2+1.9764x_3$；$F=57.0842**$，$F_{b'_2}=64.0778**$，$F_{b'_3}=15.4508**$．

```
DATA H;
INPUT  number  x1  x2  x3  y@ @ ;
CARDS;
1  23.73  5.49  1.21  15.02    2  22.34  4.32  1.35  12.62   3  28.84  5.04  1.92  14.86
4  27.67  4.72  1.49  13.98    5  20.83  5.35  1.56  15.91   6  22.27  4.27  1.50  12.47
7  27.57  5.25  1.85  15.80    8  28.01  4.62  1.51  14.32   9  24.79  4.42  1.46  13.76
10  28.96  5.30  1.66  15.18  11  25.77  4.87  1.64  14.20  12  23.17  5.80  1.90  17.07
13  28.57  5.22  1.66  15.40  14  23.52  5.18  1.98  15.94  15  21.86  4.86  1.59  14.33
16  28.95  5.18  1.37  15.11  17  24.53  4.88  1.39  13.81  18  27.65  5.02  1.66  15.58
19  27.29  5.55  1.70  15.85  20  29.07  5.26  1.82  15.28  21  32.47  5.18  1.75  16.40
22  29.65  5.08  1.70  15.02  23  22.11  4.90  1.81  15.73  24  22.43  4.65  1.82  14.75
25  20.44  5.10  1.55  14.37
;
PROC  REG  DATA= H  OUTEST=EST;
MODELy=x1  x2  x3;
RUN;
```

　　程序说明:多元线性回归分析同样可调用 REG 过程.假设该数据资料被已经被建立在 A:H.DAT 标准文件中,则前面的数据步可以简化,从而直接调用 A:盘上的数据,具体程序为:

```
DATA  H;INFILE  'A:H.DAT';
INPUT number  x1  x2  x3  y;
```

```
PROC   REG   DATA= H   OUTEST= EST;
MODELy= x1   x2   x3;
   RUN;
```

4) 协方差分析

为了寻找一种较好的哺乳仔猪食欲增进剂,以增进食欲,提高断奶重,对哺乳仔猪做了以下试验:试验设对照、配方1、配方2、配方3共四个处理,重复12次,选择初始条件尽量相近的长白种母猪的哺乳仔猪48头,完全随机分为4组进行试验,结果见附表1-5,试做分析.

附表 1-5

处　理	对　照		配方 1		配方 2		配方 3	
观　测指　标	初生重 x	50日龄重 y	初生重 x	50日龄重 y	初生重 x	50日龄重 y	初生重 x	50日龄重 y
观察值 x_{ij}, y_{ij}/千克	1.50	12.40	1.35	10.20	1.15	10.00	1.20	12.40
	1.85	12.00	1.20	9.40	1.10	10.60	1.00	9.80
	1.35	10.80	1.45	12.20	1.10	10.40	1.15	11.60
	1.45	10.00	1.20	10.30	1.05	9.20	1.10	10.60
	1.40	11.00	1.40	11.30	1.40	13.00	1.00	9.20
	1.45	11.80	1.30	11.40	1.45	13.50	1.45	13.90
	1.50	12.50	1.15	12.80	1.30	13.00	1.35	12.80
	1.55	13.40	1.30	10.90	1.70	14.80	1.15	9.30
	1.40	11.20	1.35	11.60	1.40	12.30	1.10	9.60
	1.50	11.60	1.15	8.50	1.45	13.20	1.20	12.40
	1.60	12.60	1.35	12.20	1.25	12.00	1.05	11.20
	1.70	12.50	1.20	9.30	1.30	12.80	1.10	11.00
总和 $x_{i.}, y_{i.}$/千克	18.25	141.80	15.40	130.80	15.65	144.80	13.85	133.80
平均 $\bar{x}_{i.}, \bar{y}_{i.}$/千克	1.52	11.82	1.28	10.84	1.30	12.07	1.15	1.15

```
DATA  K;
INPUT t $  x  y@@;
CARDS;
ck  1.50  12.40  ck  1.85  12.00  ck  1.35  10.80  ck  1.45  10.00  ck  1.40  11.00
ck  1.45  11.80  ck  1.50  12.50  ck  1.55  13.40  ck  1.40  11.20  ck  1.50  11.60
ck  1.60  12.60  ck  1.70  12.50
1  1.35  10.20  1  1.20  9.40  1  1.45  12.20  1  1.20  10.30  1  1.40  11.30
1  1.30  11.40  1  1.15  12.80  1  1.30  10.90  1  1.35  11.60  1  1.15  8.50
1  1.35  12.20  1  1.20  9.30
2  1.15  10.00  2  1.10  10.60  2  1.10  10.40  2  1.05  9.20  2  1.40  13.00
2  1.45  13.50  2  1.30  13.00  2  1.70  14.80  2  1.40  12.30  2  1.45
```

13.20

```
    2  1.25  12.00  2  1.30  12.80
    3  1.20  12.40  3  1.00  9.80  3  1.15  11.60  3  1.10  10.60  3  1.00  9.20
    3  1.45  13.90  3  1.35  12.80  3  1.15  9.30  3  1.10    9.60  3  1.20
```
12.40
```
    3  1.05  11.20  3  1.10  11.00
    ;
    PROC  GLM;
    CLASS t;
    MODELy= t x / SOLUTION;
    MEANSt / DUNCAN;
    LSMEANSt / STDERR PDIFF TDIFF;
    RUN;
```

程序说明:协方差分析可调用 GLM 过程. CLASS 语句指明了分类变量为 t(这里代表处理,其中 ck 表示对照组,1、2、3 分别代表配方 1、配方 2、配方 3),且必须在 MODEL 语句之前. MODEL 语句定义协方差分析的数学模型. 选项 SOLUTION 给出参数的估计值;MEANS 语句中,多重比较选用 DUNCAN 法(SSR 法);LSMEANS 语句计算效应的最小二乘估计的平均数(LSM);STDERR 给出 LSM 的标准误;TDIFF,FDIFF 要求显示检验 H_0:LSM(i)=LSM(j) 的 t 值和概率值.

同前面一样,假设该数据资料被已经被建立在 A:K. DAT 标准文件中,则前面的数据步也可以简化.

附录 2　几种常用的概率分布

分　布	参　数	分布律或概率密度	数学期望	方　差
0-1 分布	$0<p<1$	$P\{X=k\}=p^k(1-p)^{1-k}$ $k=0,1$	p	$p(1-p)$
二项 分布	$n\geqslant1$ $0<p<1$	$P\{X=k\}=\binom{n}{k}p^k(1-p)^{n-k}$ $k=0,1,\cdots,n$	np	$np(1-p)$
负二项 分布	$r\geqslant1$ $0<p<1$	$P\{X=k\}=\binom{k-1}{r-1}p^r(1-p)^{k-r}$ $k=r,r+1,\cdots$	$\dfrac{r}{p}$	$\dfrac{r(1-p)}{p^2}$
几何分布	$0<p<1$	$P\{X=k\}=p(1-p)^{k-1}$ $k=1,2,\cdots$	$\dfrac{1}{p}$	$\dfrac{1-p}{p^2}$
超几何 分布	N,M,n $(n\leqslant M)$	$P\{X=k\}=\dfrac{\binom{M}{k}\binom{N-M}{n-k}}{\binom{N}{n}}$ $k=0,1,\cdots,n$	$\dfrac{nM}{N}$	$\dfrac{nM}{N}\left(1-\dfrac{M}{N}\right)\left(\dfrac{N-n}{N-1}\right)$

续表

分　布	参　数	分布律或概率密度	数学期望	方　差
泊松分布	$\lambda>0$	$P\{X=k\}=\dfrac{\lambda^k \mathrm{e}^{-\lambda}}{k!}$ $k=0,1,\cdots$	λ	λ
均匀分布	$a<b$	$f(x)=\begin{cases}\dfrac{1}{b-a},a<x<b\\0,\quad 其他\end{cases}$	$\dfrac{a+b}{2}$	$\dfrac{(b-a)^2}{12}$
正态分布	μ $\sigma>0$	$f(x)=\dfrac{1}{\sqrt{2\pi}\sigma}\mathrm{e}^{-\frac{(x-\mu)^2}{2\sigma^2}}$	μ	σ^2
Γ 分布	$\alpha>0$ $\beta>0$	$f(x)=\begin{cases}\dfrac{1}{\beta^a \Gamma(\alpha)}x^{a-1}\mathrm{e}^{-x/\beta},x>0\\0,\qquad\qquad 其他\end{cases}$	$\alpha\beta$	$\alpha\beta^2$
指数分布	$\theta>0$	$f(x)=\begin{cases}\dfrac{1}{\theta}\mathrm{e}^{-x/\theta},x>0\\0,\qquad 其他\end{cases}$	θ	θ^2
χ^2 分布	$n\geqslant 1$	$f(x)=\begin{cases}\dfrac{1}{2^{n/2}\Gamma(n/2)}x^{n/2-1}\mathrm{e}^{-x/2},x>0\\0,\qquad\qquad\qquad 其他\end{cases}$	n	$2n$
威布尔 分布	$\eta>0$ $\beta>0$	$f(x)=\begin{cases}\dfrac{\beta}{\eta}\left(\dfrac{x}{\eta}\right)^{\beta-1}\mathrm{e}^{-\left(\frac{x}{\eta}\right)^\beta},x>0\\0,\qquad\qquad\qquad 其他\end{cases}$	$\eta\Gamma\left(\dfrac{1}{\beta}+1\right)$	$\eta^2\left\{\Gamma\left(\dfrac{2}{\beta}+1\right)\right.$ $\left.-\left[\Gamma\left(\dfrac{1}{\beta}+1\right)\right]^2\right\}$
瑞利 分布	$\sigma>0$	$f(x)=\begin{cases}\dfrac{x}{\sigma^2}\mathrm{e}^{-x^2/(2\sigma^2)},x>0\\0,\qquad\qquad 其他\end{cases}$	$\sqrt{\dfrac{\pi}{2}}\sigma$	$\dfrac{4-\pi}{2}\sigma^2$
β 分布	$\alpha>0$ $\beta>0$	$f(x)=\begin{cases}\dfrac{\Gamma(\alpha+\beta)}{\Gamma(\alpha)\Gamma(\beta)}x^{a-1}(1-x)^{\beta-1},\\\qquad\qquad\qquad 0<x<1\\0,\qquad\qquad\qquad 其他\end{cases}$	$\dfrac{\alpha}{\alpha+\beta}$	$\dfrac{\alpha\beta}{(\alpha+\beta)^2(\alpha+\beta+1)}$
对数 正态分布	μ $\alpha>0$	$f(x)=\begin{cases}\dfrac{1}{\sqrt{2\pi}ax}\mathrm{e}^{-\frac{(\ln x-\mu)^2}{2a^2}},x>0\\0,\qquad\qquad\qquad 其他\end{cases}$	$\mathrm{e}^{\mu,\frac{a^2}{2}}$	$\mathrm{e}^{2\mu 1 a^2}(\mathrm{e}^{a^2}-1)$

续表

分　布	参　数	分布律或概率密度	数学期望	方　差
柯西分布	α $\lambda > 0$	$f(x) = \dfrac{1}{\pi} \dfrac{1}{\lambda^2 + (x-a)^2}$	不存在	不存在
t 分布	$n \geqslant 1$	$f(x) = \dfrac{\Gamma\left(\dfrac{n+1}{2}\right)}{\sqrt{n\pi}\,\Gamma(n/2)}\left(1 + \dfrac{x^2}{n}\right)^{-(a+1)/2}$	0	$\dfrac{n}{n-2}, n > 2$
F 分布	n_1, n_2	$f(x) = $ $\begin{cases} \dfrac{\Gamma[(n_1+n_2)/2]}{\Gamma(n_1/2)\Gamma(n_2/2)}\left(\dfrac{n_1}{n_2}\right)\left(\dfrac{n_1}{n_2}x\right)^{(n_1-n_2)/2} \\ \quad \cdot \left(1 + \dfrac{n_1}{n_2}\right)^{(n_1+n_2)/2}, x > 0 \\ 0, \qquad\qquad\qquad 其他 \end{cases}$	$\dfrac{n_2}{n_2-2}$ $n_2 > 2$	$\dfrac{2n_2^2(n_1! \; n_2-2)}{n_1(n_2-2)^2(n_2-4)}$ $n_2 > 4$

附录 3　标准正态分布表

$$\Phi(x) = \int_{-\infty}^{x} \frac{1}{\sqrt{2\pi}} e^{t^2/2}\,dt$$

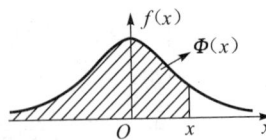

x	0.00	0.01	0.02	0.03	0.04	0.05	0.06	0.07	0.08	0.09
0.0	0.5000	0.5040	0.5080	0.5120	0.5160	0.5199	0.5239	0.5279	0.5319	0.5359
0.1	0.5398	0.5438	0.5478	0.5517	0.5557	0.5596	0.5636	0.5675	0.5714	0.5753
0.2	0.5793	0.5832	0.5871	0.5910	0.5948	0.5987	0.6026	0.6064	0.6103	0.6141
0.3	0.6179	0.6217	0.6255	0.6293	0.6331	0.6368	0.6406	0.6443	0.6480	0.6517
0.4	0.6554	0.6591	0.6628	0.6664	0.6700	0.6736	0.6772	0.6808	0.6844	0.6879
0.5	0.6915	0.6950	0.6985	0.7019	0.7054	0.7088	0.7123	0.7157	0.7190	0.7224
0.6	0.7257	0.7291	0.7324	0.7357	0.7389	0.7422	0.7454	0.7486	0.7517	0.7549
0.7	0.7580	0.7611	0.7642	0.7673	0.7703	0.7734	0.7764	0.7794	0.7823	0.7852
0.8	0.7881	0.7910	0.7939	0.7967	0.7995	0.8023	0.8051	0.8078	0.8106	0.8133
0.9	0.8159	0.8186	0.8212	0.8238	0.8264	0.8289	0.8315	0.8340	0.8365	0.8389
1.0	0.8413	0.8438	0.8461	0.8485	0.8508	0.8531	0.8554	0.8577	0.8599	0.8621
1.1	0.8643	0.8665	0.8686	0.8708	0.8729	0.8749	0.8770	0.8790	0.8810	0.8830
1.2	0.8849	0.8869	0.8888	0.8907	0.8925	0.8944	0.8962	0.8980	0.8997	0.9015
1.3	0.9032	0.9049	0.9066	0.9082	0.9099	0.9115	0.9131	0.9147	0.9162	0.9177
1.4	0.9192	0.9207	0.9222	0.9236	0.9251	0.9265	0.9278	0.9292	0.9306	0.9319
1.5	0.9332	0.9345	0.9357	0.9370	0.9382	0.9394	0.9406	0.9418	0.9430	0.9441
1.6	0.9452	0.9463	0.9474	0.9484	0.9495	0.9505	0.9515	0.9525	0.9535	0.9545
1.7	0.9554	0.9564	0.9573	0.9582	0.9591	0.9599	0.9608	0.9616	0.9625	0.9633
1.8	0.9641	0.9648	0.9656	0.9664	0.9671	0.9678	0.9686	0.9693	0.9700	0.9706
1.9	0.9713	0.9719	0.9726	0.9732	0.9738	0.9744	0.9750	0.9756	0.9762	0.9767

x	0.00	0.01	0.02	0.03	0.04	0.05	0.06	0.07	0.08	0.09
2.0	0.9772	0.9778	0.9783	0.9788	0.9793	0.9798	0.9803	0.9808	0.9812	0.9817
2.1	0.9821	0.9826	0.9830	0.9834	0.9838	0.9842	0.9846	0.9850	0.9854	0.9857
2.2	0.9861	0.9864	0.9868	0.9871	0.9874	0.9878	0.9881	0.9884	0.9887	0.9890
2.3	0.9893	0.9896	0.9898	0.9901	0.9904	0.9906	0.9909	0.9911	0.9913	0.9916
2.4	0.9918	0.9920	0.9922	0.9925	0.9927	0.9929	0.9931	0.9932	0.9934	0.9936
2.5	0.9938	0.9940	0.9941	0.9943	0.9945	0.9946	0.9948	0.9949	0.9951	0.9952
2.6	0.9953	0.9955	0.9956	0.9957	0.9959	0.9960	0.9961	0.9962	0.9963	0.9964
2.7	0.9965	0.9966	0.9967	0.9968	0.9969	0.9970	0.9971	0.9972	0.9973	0.9974
2.8	0.9974	0.9975	0.9976	0.9977	0.9977	0.9978	0.9979	0.9979	0.9980	0.9981
2.9	0.9981	0.9982	0.9982	0.9983	0.9984	0.9984	0.9985	0.9985	0.9986	0.9986
3.0	0.9987	0.9990	0.9993	0.9995	0.9997	0.9998	0.9998	0.9999	0.9999	1.0000

附录4　泊松分布表

$$P(X \geqslant x) = 1 - F(x-1) = \sum_{r=x}^{\infty} \frac{e^{-\lambda}\lambda^r}{r!}$$

x	$\lambda=0.1$	$\lambda=0.2$	$\lambda=0.3$	$\lambda=0.4$	$\lambda=0.5$	$\lambda=0.6$
0	1.0000000	1.0000000	1.0000000	1.0000000	1.0000000	1.0000000
1	0.0951626	0.1812692	0.2591818	0.3296800	0.393469	0.451188
2	0.0046788	0.0175231	0.0369363	0.0615519	0.090204	0.121901
3	0.0001547	0.0011485	0.0035995	0.0079263	0.014388	0.023115
4	0.0000038	0.0000568	0.0002658	0.0007763	0.001752	0.003358
5		0.0000023	0.0000158	0.0000612	0.000172	0.000394
6		0.0000001	0.0000008	0.0000040	0.000014	0.000039
7				0.0000002	0.0000001	0.0000003

x	$\lambda=0.7$	$\lambda=0.8$	$\lambda=0.9$	$\lambda=1.0$	$\lambda=1.2$	$\lambda=1.4$
0	1.0000000	1.0000000	1.0000000	1.0000000	1.0000000	1.0000000
1	0.503415	0.550671	0.593430	0.632121	0.698806	0.753403
2	0.155805	0.191208	0.227518	0.264241	0.337373	0.408167
3	0.034142	0.047423	0.062857	0.080301	0.120513	0.166502
4	0.005753	0.009080	0.013459	0.018988	0.033769	0.053725
5	0.000786	0.001411	0.002344	0.003660	0.007746	0.014253
6	0.000090	0.000184	0.000343	0.000594	0.001500	0.003201
7	0.000009	0.000021	0.000043	0.000083	0.000251	0.000622
8	0.000001	0.000002	0.000005	0.000010	0.000037	0.000107
9				0.000001	0.000005	0.000016
10					0.000001	0.000002

续表

x	$\lambda=1.6$	$\lambda=1.8$	$\lambda=2.0$	$\lambda=2.2$	$\lambda=2.4$	$\lambda=2.5$
0	1.0000000	1.0000000	1.0000000	1.0000000	1.0000000	1.0000000
1	0.798103	0.834701	0.864665	0.889197	0.909282	0.917915
2	0.475069	0.537163	0.593994	0.645430	0.691559	0.712703
3	0.216642	0.269379	0.323324	0.377286	0.430291	0.456187
4	0.078813	0.108708	0.142877	0.180648	0.221277	0.242424
5	0.023682	0.036407	0.052653	0.072496	0.095869	0.108822
6	0.006040	0.010378	0.016564	0.024910	0.035673	0.042021
7	0.001336	0.002569	0.004534	0.007461	0.011594	0.014187
8	0.000260	0.000562	0.001097	0.001978	0.003339	0.004247
9	0.000045	0.000110	0.000237	0.000470	0.000862	0.001140
10	0.000007	0.000019	0.000046	0.000101	0.000202	0.000277
11	0.000001	0.000003	0.000008	0.000020	0.000043	0.000062
12			0.000001	0.000004	0.000008	0.000013
13				0.000001	0.000002	0.000002

x	$\lambda=2.6$	$\lambda=2.8$	$\lambda=3.0$	$\lambda=3.2$	$\lambda=3.4$	$\lambda=3.8$
0	1.0000000	1.0000000	1.0000000	1.0000000	1.0000000	1.0000000
1	0.925726	0.939190	0.950213	0.959238	0.966627	0.977629
2	0.732615	0.763922	0.800852	0.828799	0.853158	0.892620
3	0.481570	0.530546	0.576810	0.620096	0.660260	0.731103
4	0.263998	0.308063	0.352768	0.397480	0.441643	0.526515
5	0.122577	0.152324	0.184737	0.219387	0.255818	0.332156
6	0.049037	0.065110	0.083918	0.105408	0.129458	0.184444
7	0.017170	0.024411	0.033509	0.044619	0.057853	0.090892
8	0.005334	0.008131	0.011905	0.016830	0.023074	0.040107
9	0.001437	0.002433	0.003803	0.005714	0.008293	0.015984
10	0.000376	0.000660	0.001102	0.001762	0.002709	0.005799
11	0.000087	0.000164	0.000292	0.000497	0.000810	0.001929
12	0.000018	0.000037	0.000071	0.000129	0.000223	0.000592
13	0.000004	0.000008	0.000016	0.000031	0.000057	0.000168
14	0.000001	0.000002	0.000003	0.000007	0.000014	0.000045
15			0.000001	0.000001	0.000003	0.000011
16					0.000001	0.000003
17						0.000001

x	$\lambda=4.0$	$\lambda=4.2$	$\lambda=4.4$	$\lambda=4.6$	$\lambda=4.8$	$\lambda=5.0$
0	1.0000000	1.0000000	1.0000000	1.0000000	1.0000000	1.0000000
1	0.981684	0.985004	0.987723	0.989948	0.991770	0.993262
2	0.908422	0.922023	0.933702	0.943710	0.952267	0.959572
3	0.761897	0.789762	0.814858	0.837361	0.857461	0.875348
4	0.566530	0.604597	0.640552	0.674294	0.705770	0.734974
5	0.371163	0.410173	0.448816	0.486766	0.523741	0.559507
6	0.214870	0.246857	0.280088	0.314240	0.348994	0.384039

续表

x	$\lambda=4.0$	$\lambda=4.2$	$\lambda=4.4$	$\lambda=4.6$	$\lambda=4.8$	$\lambda=5.0$
7	0.110674	0.132536	0.156355	0.181971	0.209195	0.237817
8	0.051134	0.063943	0.078579	0.095051	0.113334	0.133372
9	0.021363	0.027932	0.035803	0.045072	0.055817	0.068094
10	0.008132	0.011127	0.014890	0.019527	0.025141	0.031828
11	0.002840	0.004069	0.005688	0.007777	0.010417	0.013696
12	0.000915	0.001374	0.002008	0.002863	0.003992	0.005453
13	0.000274	0.000431	0.000658	0.000979	0.001422	0.002019
14	0.000076	0.000126	0.000201	0.000312	0.000473	0.000698
15	0.000020	0.000034	0.000058	0.000093	0.000147	0.000226
16	0.000005	0.000009	0.000016	0.000026	0.000043	0.000069
17	0.000001	0.000002	0.000004	0.000007	0.000012	0.000020
18			0.000001	0.000002	0.000003	0.000005
19					0.000001	0.000001

附录 5　t 分 布 表

$$P\left|t(n) > t_n(n)\right|\alpha$$

n	$\alpha=0.25$	0.10	0.05	0.025	0.01	0.005
1	1.0000	3.0777	6.3138	12.7062	31.8207	63.6574
2	0.8165	1.8856	2.9200	4.3027	6.9646	9.9248
3	0.7649	1.6377	2.3534	3.1824	4.5407	5.8409
4	0.7407	1.5332	2.1318	2.7764	3.7469	4.6041
5	0.7267	1.4759	2.0150	2.5706	3.3649	4.0322
6	0.7176	1.4398	1.9432	2.4469	3.1427	3.7074
7	0.7111	1.4149	1.8946	2.3464	2.9980	3.4995
8	0.7064	1.3968	1.8595	2.3060	2.8965	3.3554
9	0.7027	1.3830	1.8331	2.2622	2.8214	3.2498
10	0.6998	1.3722	1.8125	2.2281	2.7638	3.1693
11	0.6974	1.3634	1.7959	2.2010	2.7181	3.1058
12	0.6955	1.3562	1.7823	2.1788	2.6810	3.0545
13	0.6938	1.3502	1.7709	2.1604	2.6503	3.0123
14	0.6924	1.3450	1.7613	2.1448	2.6245	2.9768
15	0.6912	1.3406	1.7531	2.1315	2.6025	2.9467
16	0.6901	1.3368	1.7459	2.1199	2.5835	2.9208
17	0.6892	1.3334	1.7396	2.1098	2.5669	2.8982
18	0.6884	1.3304	1.7341	2.1009	2.5524	2.8784
19	0.6876	1.3277	1.7291	2.0930	2.5395	2.8609
20	0.6870	1.3253	1.7247	2.0860	2.5280	2.8453
21	0.6864	1.3232	1.7207	2.0796	2.5177	2.8314

n	α=0.25	0.10	0.05	0.025	0.01	0.005
22	0.6858	1.3212	1.7171	2.0739	2.5083	2.8188
23	0.6853	1.3195	1.7139	2.0687	2.4999	2.8073
24	0.6848	1.3178	1.7109	2.0639	2.4922	2.7969
25	0.6844	1.3163	1.7081	2.0595	2.4851	2.7874
26	0.6840	1.3180	1.7058	2.0555	2.4786	2.7787
27	0.6837	1.3137	1.7033	2.0518	2.4727	2.7707
28	0.6834	1.3125	1.7011	2.0484	2.4671	2.7633
29	0.6830	1.3114	1.6991	2.0452	2.4620	2.7564
30	0.6828	1.3104	1.6973	2.0423	2.4573	2.7500
31	0.6825	1.3095	1.6955	2.0395	2.4528	2.7140
32	0.6822	1.3086	1.6939	2.0369	2.4487	2.7385
33	0.6820	1.3077	1.6924	2.0345	2.4448	2.7333
34	0.6818	1.3070	1.6909	2.0322	2.4411	2.7284
35	0.6816	0.3062	1.6896	2.0301	2.4377	2.7238
36	0.6814	1.3055	1.6883	2.0281	2.4345	2.7195
37	0.6812	1.3049	1.6871	2.0262	2.4314	2.7154
38	0.6810	1.3042	1.6860	2.0244	2.4286	2.7116
39	0.6808	1.3036	1.6849	2.0227	2.4258	2.7079
40	0.6807	1.3031	1.6839	2.0211	2.4233	2.7045
41	0.6805	1.3025	1.6829	2.0195	2.4208	2.7012
42	0.6804	1.3020	1.6820	2.0181	2.4185	2.6981
43	0.6802	1.3016	1.6811	2.0167	2.4163	2.6951
44	0.6801	1.3011	1.6802	2.0154	2.4141	2.6923
45	0.6800	1.3006	1.6794	2.0141	2.4121	2.6806

附录6　χ^2 分布表

$$P\{\chi^2(n) > \chi_\alpha^2(n)\} = \alpha$$

n	α=0.995	0.99	0.975	0.95	0.90	0.75
1	—	—	0.001	0.004	0.016	0.102
2	0.010	0.020	0.051	0.103	0.211	0.575
3	0.072	0.115	0.216	0.352	0.584	1.213
4	0.207	0.297	0.484	0.711	1.064	1.923
5	0.412	0.554	0.831	1.145	1.610	2.675
6	0.676	0.872	1.237	1.635	2.204	3.455
7	0.989	1.239	1.690	2.167	2.833	4.255

n	$\alpha=0.995$	0.99	0.975	0.95	0.90	0.75
8	1.344	1.646	2.180	2.733	3.490	5.071
9	1.735	2.088	2.700	3.325	4.168	5.899
10	2.156	2.558	3.247	3.940	4.865	6.737
11	2.603	3.053	3.816	4.575	5.578	7.584
12	3.074	3.571	4.404	5.226	6.304	8.438
13	3.565	4.107	5.009	5.892	7.042	9.299
14	4.075	4.660	5.629	6.571	7.790	10.165
15	4.601	5.229	6.262	7.261	8.547	11.037
16	5.142	5.812	6.908	7.962	9.312	11.912
17	5.697	6.408	7.564	8.672	10.085	12.792
18	6.265	7.015	8.231	9.390	10.865	13.675
19	6.844	7.633	8.907	10.117	11.651	14.562
20	7.434	8.260	9.591	10.851	12.443	15.452
21	8.034	8.897	10.283	11.591	13.240	16.344
22	8.643	9.542	10.982	12.338	14.042	17.240
23	9.260	10.196	11.689	13.091	14.848	18.137
24	9.886	10.856	12.401	13.848	15.659	19.037
25	10.520	11.524	13.120	14.611	16.473	19.939
26	11.160	12.198	13.844	15.379	17.292	20.843
27	11.808	12.879	14.573	16.151	18.114	21.749
28	12.461	13.565	15.308	16.928	18.939	22.657
29	13.121	14.257	16.047	17.708	19.768	23.567
30	13.787	14.954	16.791	18.493	20.599	24.478
31	14.458	15.655	17.539	19.281	21.434	25.390
32	15.134	16.362	18.291	20.072	22.271	26.304
33	15.815	17.074	19.047	20.807	23.110	27.219
34	16.501	17.789	19.806	21.664	23.952	28.136
35	17.192	18.509	20.569	22.465	24.797	29.054
36	17.887	19.233	21.336	23.269	25.613	29.973
37	18.586	19.960	22.106	24.075	26.492	30.893
38	19.289	20.691	22.878	24.884	27.343	31.815
39	19.996	21.426	23.654	25.695	28.196	32.737
40	20.707	22.164	24.433	26.509	29.051	33.660
41	21.421	22.906	25.215	27.326	29.907	34.585
42	22.138	23.650	25.999	28.144	30.765	35.510
43	22.859	24.398	26.785	28.965	31.625	36.430
44	23.584	25.143	27.575	29.787	32.487	37.363
45	24.311	25.901	28.366	30.612	33.350	38.291
n	$\alpha=0.25$	0.10	0.05	0.025	0.01	0.005
1	1.323	2.706	3.841	5.024	6.635	7.879
2	2.773	4.605	5.991	7.378	9.210	10.597
3	4.108	6.251	7.815	9.348	11.345	12.838
4	5.385	7.779	9.488	11.143	13.277	14.860

n	$\alpha=0.25$	0.10	0.05	0.025	0.01	0.005
5	6.626	9.236	11.071	12.833	15.086	16.750
6	7.841	10.645	12.592	14.449	16.812	18.548
7	9.037	12.017	14.067	16.013	18.475	20.278
8	10.219	13.362	15.507	17.535	20.090	21.955
9	11.389	14.684	16.919	19.023	21.666	23.589
10	12.549	15.987	18.307	20.483	23.209	25.188
11	13.701	17.275	19.675	21.920	24.725	26.757
12	14.845	18.549	21.026	23.337	26.217	28.299
13	15.984	19.812	22.362	24.736	27.688	29.819
14	17.117	21.064	23.685	26.119	29.141	31.319
15	18.245	22.307	24.996	27.488	30.578	32.801
16	19.369	23.542	26.296	28.845	32.000	34.267
17	20.489	24.769	27.587	30.191	33.409	35.718
18	21.605	25.989	28.869	31.526	34.805	37.156
19	22.718	27.204	30.144	32.852	36.191	38.582
20	23.828	28.412	31.410	34.170	37.566	39.997
21	24.935	29.615	32.671	35.479	38.932	41.401
22	26.039	30.813	33.924	36.781	40.289	42.796
23	27.141	32.007	35.172	38.076	41.638	44.181
24	28.241	33.196	36.415	39.364	42.980	45.559
25	29.339	34.382	37.652	40.646	44.314	46.928
26	30.435	35.563	38.885	41.923	45.642	48.290
27	31.528	36.741	40.113	43.194	46.963	49.645
28	32.620	37.916	41.337	44.461	48.278	50.993
29	33.711	39.087	42.557	45.722	49.588	52.336
30	34.800	40.256	43.773	46.979	50.892	53.672
31	35.887	41.422	44.985	48.232	52.191	55.003
32	36.973	42.585	46.194	49.480	53.486	56.328
33	38.053	43.745	47.400	50.725	54.776	57.648
34	39.141	44.903	48.602	51.966	56.061	58.964
35	40.223	46.059	49.802	53.203	57.342	60.275
36	41.304	47.212	50.998	54.437	58.619	61.581
37	42.383	48.363	52.192	55.668	59.892	62.883
38	43.462	49.513	53.384	56.896	61.162	64.181
39	44.539	50.660	54.572	58.120	62.428	65.476
40	45.616	51.805	55.758	59.342	63.691	66.766
41	46.692	52.949	53.942	60.561	64.950	68.053
42	47.766	54.090	58.124	61.777	66.206	69.336
43	48.840	55.230	59.304	62.990	67.459	70.606
44	49.913	56.369	60.481	64.201	68.710	71.893
45	50.985	57.505	61.656	65.410	69.957	73.166

附录 7　F 分布表

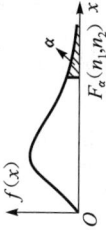

$$P\{F(n_1, n_2) > F_n(n_1, n_2)\} = \alpha$$

$\alpha = 0.10$

n_2 \ n_1	1	2	3	4	5	6	7	8	9	10	12	15	20	24	30	40	60	120	∞
1	39.86	49.50	53.59	55.83	57.24	58.20	58.91	59.44	59.86	60.19	60.71	61.22	61.74	62.00	62.26	62.53	62.79	63.06	63.33
2	8.53	9.00	9.16	9.24	9.29	9.33	9.35	9.37	9.38	9.39	9.41	9.42	9.44	9.45	9.46	9.47	9.47	9.48	9.49
3	5.54	5.46	5.39	5.34	5.31	5.28	5.27	5.25	5.24	5.23	5.22	5.20	5.18	5.18	5.17	5.16	5.15	5.14	5.13
4	4.54	4.32	4.19	4.11	4.05	4.01	3.98	3.95	3.94	3.92	3.90	3.87	3.84	3.83	3.82	3.80	3.79	3.78	3.76
5	4.06	3.78	3.62	3.52	3.45	3.40	3.37	3.34	3.32	3.30	3.27	3.24	3.21	3.19	3.17	3.16	3.14	3.12	3.10
6	3.78	3.46	3.29	3.18	3.11	3.05	3.01	2.98	2.96	2.94	2.90	2.87	2.84	2.82	2.80	2.78	2.76	2.74	2.72
7	3.59	3.26	3.07	2.96	2.88	2.83	2.78	2.75	2.72	2.70	2.67	2.63	2.59	2.58	2.56	2.54	2.51	2.49	2.47
8	3.46	3.11	2.92	2.81	2.73	2.67	2.62	2.59	2.56	2.54	2.50	2.46	2.42	2.40	2.38	2.36	2.34	2.32	2.29
9	3.36	3.01	2.81	2.69	2.61	2.55	2.51	2.47	2.44	2.42	2.38	2.34	2.30	2.28	2.25	2.23	2.21	2.18	2.16
10	3.29	2.92	2.73	2.61	2.52	2.46	2.41	2.38	2.35	2.32	2.28	2.24	2.20	2.18	2.16	2.13	2.11	2.08	2.06
11	3.23	2.86	2.66	2.54	2.45	2.39	2.34	2.30	2.27	2.25	2.21	2.17	2.12	2.10	2.08	2.05	2.03	2.00	1.97
12	3.18	2.81	2.61	2.48	2.39	2.33	2.28	2.24	2.21	2.19	2.15	2.10	2.06	2.04	2.01	1.99	1.96	1.93	1.90
13	3.14	2.76	2.56	2.43	2.35	2.28	2.23	2.20	2.16	2.14	2.10	2.05	2.01	1.98	1.96	1.93	1.90	1.88	1.85
14	3.10	2.73	2.52	2.39	2.31	2.24	2.19	2.15	2.12	2.10	2.05	2.01	1.96	1.94	1.91	1.89	1.86	1.83	1.80
15	3.07	2.70	2.49	2.36	2.27	2.21	2.16	2.12	2.09	2.06	2.02	1.97	1.92	1.90	1.87	1.85	1.82	1.79	1.76

续表

$\alpha = 0.10$

n_1 n_2	1	2	3	4	5	6	7	8	9	10	12	15	20	24	30	40	60	120	∞
16	3.05	2.67	2.46	2.33	2.24	2.18	2.13	2.09	2.06	2.03	1.99	1.94	1.89	1.87	1.84	1.81	1.78	1.75	1.72
17	3.03	2.64	2.44	2.31	2.22	2.15	2.10	2.06	2.03	2.00	1.96	1.91	1.86	1.84	1.81	1.78	1.75	1.72	1.69
18	3.01	2.62	2.42	2.29	2.20	2.13	2.08	2.04	2.00	1.98	1.93	1.89	1.84	1.81	1.78	1.75	1.72	1.69	1.66
19	2.99	2.61	2.40	2.27	2.18	2.11	2.06	2.02	1.98	1.96	1.91	1.86	1.81	1.79	1.76	1.73	1.70	1.67	1.63
20	2.97	2.59	2.38	2.25	2.16	2.09	2.04	2.00	1.96	1.94	1.89	1.84	1.79	1.77	1.74	1.71	1.68	1.64	1.61
21	2.96	2.57	2.36	2.23	2.14	2.08	2.02	1.98	1.95	1.92	1.87	1.83	1.78	1.75	1.72	1.69	1.66	1.62	0.59
22	2.95	2.56	2.35	2.22	2.13	2.06	2.01	1.97	1.93	1.90	1.86	1.81	1.76	1.73	1.70	1.67	1.64	1.60	1.57
23	2.94	2.55	2.34	2.21	2.11	2.05	1.99	1.95	1.92	1.89	1.84	1.80	1.74	1.72	1.69	1.66	1.62	1.59	1.55
24	2.93	2.54	2.33	2.19	2.10	2.04	1.98	1.94	1.91	1.88	1.83	1.78	1.73	1.70	1.67	1.64	1.61	1.57	1.53
25	2.92	2.53	2.32	2.18	2.09	2.02	1.97	1.93	1.89	1.87	1.82	1.77	1.72	1.69	1.66	1.63	1.59	1.56	1.52
26	2.91	2.52	2.31	2.17	2.08	2.01	1.96	1.92	1.88	1.86	1.81	1.76	1.71	1.68	1.65	1.61	1.58	1.54	1.50
27	2.90	2.51	2.30	2.17	2.07	2.00	1.95	1.91	1.87	1.85	1.80	1.75	1.70	1.67	1.64	1.60	1.57	1.53	1.49
28	2.89	2.50	2.29	2.16	2.06	2.00	1.94	1.90	1.87	1.84	1.79	1.74	1.69	1.66	1.63	1.59	1.56	1.52	1.48
29	2.89	2.50	2.28	2.15	2.06	1.99	1.93	1.89	1.86	1.83	1.78	1.73	1.68	1.65	1.62	1.58	1.55	1.51	1.47
30	2.88	2.49	2.28	2.14	2.05	1.98	1.93	1.88	1.85	1.82	1.77	1.72	1.67	1.64	1.61	1.57	1.54	1.50	1.46
40	2.84	2.44	2.23	2.09	2.00	1.93	1.87	1.83	1.79	1.76	1.71	1.66	1.61	1.57	1.54	1.51	1.47	1.42	1.38
60	2.79	2.39	2.18	2.04	1.95	1.87	1.82	1.77	1.74	1.71	1.66	1.60	1.54	1.51	1.48	1.44	1.40	1.35	1.29
120	2.75	2.35	2.13	1.99	1.90	1.82	1.77	1.72	1.68	1.65	1.60	1.55	1.48	1.45	1.41	1.37	1.32	1.26	1.19
∞	2.71	2.30	2.08	1.94	1.85	1.77	1.72	1.67	1.63	1.60	1.55	1.49	1.42	1.38	1.34	1.30	1.24	1.17	1.00

续表

$\alpha=0.05$

n_2 \\ n_1	1	2	3	4	5	6	7	8	9	10	12	15	20	24	30	40	60	120	∞
1	161.4	199.5	215.7	224.6	230.2	234.0	236.8	238.9	240.5	241.9	243.9	245.9	248.0	249.1	250.1	251.1	252.2	253.3	254.3
2	18.51	19.00	19.16	19.25	19.30	19.33	19.35	19.37	19.38	19.40	19.41	19.43	19.45	19.45	19.46	19.47	19.48	19.49	19.50
3	10.13	9.55	9.28	9.12	9.01	8.94	8.89	8.85	8.81	8.79	8.74	8.70	8.66	8.64	8.62	8.59	8.57	8.55	8.53
4	7.71	6.94	6.59	6.39	6.26	6.16	6.09	6.04	6.00	5.96	5.91	5.86	5.80	5.77	5.75	5.72	5.69	5.66	5.63
5	6.61	5.79	5.41	5.19	5.05	4.95	4.88	4.82	4.77	4.74	4.68	4.62	4.56	4.53	4.50	4.46	4.43	4.40	4.36
6	5.99	5.14	4.76	4.53	4.39	4.28	4.21	4.15	4.10	4.06	4.00	3.94	3.87	3.84	3.81	3.77	3.74	3.70	3.67
7	5.59	4.74	4.35	4.12	3.97	3.87	3.79	3.73	3.68	3.64	3.57	3.51	3.44	3.41	3.38	3.34	3.30	3.27	3.23
8	5.32	4.46	4.07	3.84	3.69	3.58	3.50	3.44	3.39	3.35	3.28	3.22	3.15	3.12	3.08	3.04	3.01	2.97	2.93
9	5.12	4.26	3.86	3.63	3.48	3.37	3.29	3.23	3.18	3.14	3.07	3.01	2.94	2.90	2.86	2.83	2.79	2.75	2.71
10	4.96	4.10	3.71	3.48	3.33	3.22	3.14	3.07	3.02	2.98	2.91	2.85	2.77	2.74	2.70	2.66	2.62	2.58	2.54
11	4.84	3.98	3.59	3.36	3.20	3.09	3.01	2.95	2.90	2.85	2.79	2.72	2.65	2.61	2.57	2.53	2.49	2.45	2.40
12	4.75	3.89	3.49	3.26	3.11	3.00	2.91	2.85	2.80	2.75	2.69	2.62	2.54	2.51	2.47	2.43	2.38	2.34	2.30
13	4.67	3.81	3.41	3.18	3.03	2.92	2.83	2.77	2.71	2.67	2.60	2.53	2.46	2.42	2.38	2.34	2.30	2.25	2.21
14	4.60	3.74	3.34	3.11	2.96	2.85	2.76	2.70	2.65	2.60	2.53	2.46	2.39	2.35	2.31	2.27	2.22	2.18	2.13
15	4.54	3.68	3.29	3.06	2.90	2.79	2.71	2.64	2.59	2.54	2.48	2.40	2.33	2.29	2.25	2.20	2.16	2.11	2.07
16	4.49	3.63	3.24	3.01	2.85	2.74	2.66	2.59	2.54	2.49	2.42	2.35	2.28	2.24	2.19	2.15	2.11	2.06	2.01
17	4.45	3.59	3.20	2.96	2.81	2.70	2.61	2.55	2.49	2.45	2.38	2.31	2.23	2.19	2.15	2.10	2.06	2.01	1.96
18	4.41	3.55	3.16	2.93	2.77	2.66	2.58	2.51	2.46	2.41	2.34	2.27	2.19	2.15	2.11	2.06	2.02	1.97	1.92
19	4.38	3.52	3.13	2.90	2.74	2.63	2.54	2.48	2.42	2.38	2.31	2.23	2.16	2.11	2.07	2.03	1.98	1.93	1.88
20	4.35	3.49	3.10	2.87	2.71	2.60	2.51	2.45	2.39	2.35	2.28	2.20	2.12	2.08	2.04	1.99	1.95	1.90	1.84
21	4.32	3.47	3.07	2.84	2.68	2.57	2.49	2.42	2.37	2.32	2.25	2.18	2.10	2.05	2.01	1.96	1.92	1.87	1.81
22	4.30	3.44	3.05	2.82	2.66	2.55	2.46	2.40	2.34	2.30	2.23	2.15	2.07	2.03	1.98	1.94	1.89	1.84	1.78
23	4.28	3.42	3.03	2.80	2.64	2.53	2.44	2.37	2.32	2.27	2.20	2.13	2.05	2.01	1.96	1.91	1.86	1.81	1.76
24	4.26	3.40	3.01	2.78	2.62	2.51	2.42	2.36	2.30	2.25	2.18	2.11	2.03	1.98	1.94	1.89	1.84	1.79	1.73
25	4.24	3.39	2.99	2.76	2.60	2.49	2.40	2.34	2.28	2.24	2.16	2.09	2.01	1.96	1.92	1.87	1.82	1.77	1.71
26	4.23	3.37	2.98	2.74	2.59	2.47	2.39	2.32	2.27	2.22	2.15	2.07	1.99	1.95	1.90	1.85	1.80	1.75	1.69
27	4.21	3.35	2.96	2.73	2.57	2.46	2.37	2.31	2.25	2.20	2.13	2.06	1.97	1.93	1.88	1.84	1.79	1.73	1.67
28	4.20	3.34	2.95	2.71	2.56	2.45	2.36	2.29	2.24	2.19	2.12	2.04	1.96	1.91	1.87	1.82	1.77	1.71	1.65
29	4.18	3.33	2.93	2.70	2.55	2.43	2.35	2.28	2.22	2.18	2.10	2.03	1.94	1.90	1.85	1.81	1.75	1.70	1.64
30	4.17	3.32	2.92	2.69	2.53	2.42	2.33	2.27	2.21	2.16	2.09	2.01	1.93	1.89	1.84	1.79	1.74	1.68	1.62
40	4.08	3.23	2.84	2.61	2.45	2.34	2.25	2.18	2.12	2.08	2.00	1.92	1.84	1.79	1.74	1.69	1.64	1.58	1.51
60	4.00	3.15	2.76	2.53	2.37	2.25	2.17	2.10	2.04	1.99	1.92	1.84	1.75	1.70	1.65	1.59	1.53	1.47	1.39
120	3.92	3.07	2.68	2.45	2.29	2.17	2.09	2.02	1.96	1.91	1.83	1.75	1.66	1.61	1.55	1.50	1.43	1.35	1.25
∞	3.84	3.00	2.60	2.37	2.21	2.10	2.01	1.94	1.88	1.83	1.75	1.67	1.57	1.52	1.46	1.39	1.32	1.22	1.00

续表

$\alpha=0.025$

n_2 \ n_1	1	2	3	4	5	6	7	8	9	10	12	15	20	24	30	40	60	120	∞
1	647.8	799.5	864.2	899.6	921.8	937.1	948.2	956.7	963.3	968.6	976.7	984.9	993.1	997.2	1001	1006	1010	1014	1018
2	38.51	39.00	39.17	39.25	39.30	39.33	39.36	39.37	39.39	39.40	39.41	39.43	39.45	39.46	39.46	39.47	39.48	39.49	39.50
3	17.44	16.04	15.44	15.10	14.88	14.73	14.62	14.54	14.47	14.42	14.34	14.25	14.17	14.12	14.08	14.04	13.99	13.95	13.90
4	12.22	10.65	9.98	9.60	9.36	9.20	9.07	8.98	8.90	8.84	8.75	8.66	8.56	8.51	8.46	8.41	8.36	8.31	8.26
5	10.01	8.43	7.76	7.39	7.15	6.98	6.85	6.76	6.68	6.62	6.52	6.43	6.33	6.28	6.23	6.18	6.12	6.07	6.02
6	8.81	7.26	6.60	6.23	5.99	5.82	5.70	5.60	5.52	5.46	5.37	5.27	5.17	5.12	5.07	5.01	4.96	4.90	4.85
7	8.07	6.54	5.89	5.52	5.29	5.12	4.99	4.90	4.82	4.76	4.67	4.57	4.47	4.42	4.36	4.31	4.25	4.20	4.14
8	7.57	6.06	5.42	5.05	4.82	4.65	4.53	4.43	4.36	4.30	4.20	4.10	4.00	3.95	3.89	3.84	3.78	3.73	3.67
9	7.21	5.71	5.08	4.72	4.48	4.32	4.20	4.10	4.03	3.96	3.87	3.77	3.67	3.61	3.56	3.51	3.45	3.39	3.33
10	6.94	5.46	4.83	4.47	4.24	4.07	3.95	3.85	3.78	3.72	3.62	3.52	3.42	3.37	3.31	3.26	3.20	3.14	3.08
11	6.72	5.26	4.63	4.28	4.04	3.88	3.76	3.66	3.59	3.53	3.43	3.33	3.23	3.17	3.12	3.06	3.00	2.94	2.88
12	6.55	5.10	4.47	4.12	3.89	3.73	3.61	3.51	3.44	3.37	3.28	3.18	3.07	3.02	2.96	2.91	2.85	2.79	2.72
13	6.41	4.97	4.35	4.00	3.77	3.60	3.48	3.39	3.31	3.25	3.15	3.05	2.95	2.89	2.84	2.78	2.72	2.66	2.60
14	6.30	4.86	4.24	3.89	3.66	3.50	3.38	3.29	3.21	3.15	3.05	2.95	2.84	2.79	2.73	2.67	2.61	2.55	2.49
15	6.20	4.77	4.15	3.80	3.58	3.41	3.29	3.20	3.12	3.06	2.96	2.86	2.76	2.70	2.64	2.59	2.52	2.46	2.40
16	6.12	4.69	4.08	3.73	3.50	3.34	3.22	3.12	3.05	2.99	2.89	2.79	2.68	2.63	2.57	2.51	2.45	2.38	2.32
17	6.04	4.62	4.01	3.66	3.44	3.28	3.16	3.06	2.98	2.92	2.82	2.72	2.62	2.56	2.50	2.44	2.38	2.32	2.25
18	5.98	4.56	3.95	3.61	3.38	3.22	3.10	3.01	2.93	2.87	2.77	2.67	2.56	2.50	2.44	2.38	2.32	2.26	2.19
19	5.92	4.51	3.90	3.56	3.33	3.17	3.05	2.96	2.88	2.82	2.72	2.62	2.51	2.45	2.39	2.33	2.27	2.20	2.13
20	5.87	4.46	3.86	3.51	3.29	3.13	3.01	2.91	2.84	2.77	2.68	2.57	2.46	2.41	2.35	2.29	2.22	2.16	2.09
21	5.83	4.42	3.82	3.48	3.25	3.09	2.97	2.87	2.80	2.73	2.64	2.53	2.42	2.37	2.31	2.25	2.18	2.11	2.04
22	5.79	4.38	3.78	3.44	3.22	3.05	2.93	2.84	2.76	2.70	2.60	2.50	2.39	2.33	2.27	2.21	2.14	2.08	2.00
23	5.75	4.35	3.75	3.41	3.18	3.02	2.90	2.81	2.73	2.67	2.57	2.47	2.36	2.30	2.24	2.18	2.11	2.04	1.97
24	5.72	4.32	3.72	3.38	3.15	2.99	2.87	2.78	2.70	2.64	2.54	2.44	2.33	2.27	2.21	2.15	2.08	2.01	1.94
25	5.69	4.29	3.69	3.35	3.13	2.97	2.85	2.75	2.68	2.61	2.51	2.41	2.30	2.24	2.18	2.12	2.05	1.98	1.91
26	5.66	4.27	3.67	3.33	3.10	2.94	2.82	2.73	2.65	2.59	2.49	2.39	2.28	2.22	2.16	2.09	2.03	1.95	1.88
27	5.63	4.24	3.65	3.31	3.08	2.92	2.80	2.71	2.63	2.57	2.47	2.36	2.25	2.19	2.13	2.07	2.00	1.93	1.85
28	5.61	4.22	3.63	3.29	3.06	2.90	2.78	2.69	2.61	2.55	2.45	2.34	2.23	2.17	2.11	2.05	1.98	1.91	1.83
29	5.59	4.20	3.61	3.27	3.04	2.88	2.76	2.67	2.59	2.53	2.43	2.32	2.21	2.15	2.09	2.03	1.96	1.89	1.81
30	5.57	4.18	3.59	3.25	3.03	2.87	2.75	2.65	2.57	2.51	2.41	2.31	2.20	2.14	2.07	2.01	1.94	1.87	1.79
40	5.42	4.05	3.46	3.13	2.90	2.74	2.62	2.53	2.45	2.39	2.29	2.18	2.07	2.01	1.94	1.88	1.80	1.72	1.64
60	5.29	3.93	3.34	3.01	2.79	2.63	2.51	2.41	2.33	2.27	2.17	2.06	1.94	1.88	1.82	1.74	1.67	1.58	1.48
120	5.15	3.80	3.23	2.89	2.67	2.52	2.39	2.30	2.22	2.16	2.05	1.94	1.82	1.76	1.69	1.61	1.53	1.43	1.31
∞	5.02	3.69	3.12	2.79	2.57	2.41	2.29	2.19	2.11	2.05	1.94	1.83	1.71	1.64	1.57	1.48	1.39	1.27	1.00

续表

$\alpha=0.01$

n_2 \ n_1	1	2	3	4	5	6	7	8	9	10	12	15	20	24	30	40	60	120	∞
1	4052	4999.5	5403	5625	5764	5859	5928	5982	6022	6056	6106	6157	6209	6235	6261	6287	6313	6339	6366
2	98.50	99.00	99.17	99.25	99.30	99.33	99.36	99.37	99.39	99.40	99.42	99.43	99.45	99.46	99.47	99.47	99.48	99.49	99.50
3	34.12	30.82	29.46	28.71	28.24	27.91	27.67	27.49	27.35	27.23	27.05	26.87	26.69	26.60	26.50	26.41	26.32	26.22	26.13
4	21.20	18.00	16.69	15.98	15.52	15.21	14.98	14.80	14.66	14.55	14.37	14.20	14.02	13.93	13.84	13.75	13.65	13.56	13.46
5	16.26	13.37	12.06	11.39	10.97	10.67	10.46	10.29	10.16	10.05	9.89	9.72	9.55	9.47	9.38	9.29	9.20	9.11	9.02
6	13.75	10.92	9.78	9.15	8.75	8.47	8.26	8.10	7.98	7.87	7.72	7.56	7.40	7.31	7.23	7.14	7.06	6.97	6.88
7	12.25	9.55	8.45	7.85	7.46	7.19	6.99	6.84	6.72	6.62	6.47	6.31	6.16	6.07	5.99	5.91	5.82	5.74	5.65
8	11.26	8.65	7.59	7.01	6.63	6.37	6.18	6.03	5.91	5.81	5.67	5.52	5.36	5.28	5.20	5.12	5.03	4.95	4.86
9	10.56	8.02	6.99	6.42	6.06	5.80	5.61	5.47	5.35	5.26	5.11	4.96	4.81	4.73	4.65	4.57	4.48	4.40	4.31
10	10.04	7.56	6.55	5.99	5.64	5.39	5.20	5.06	4.94	4.85	4.71	4.56	4.41	4.33	4.25	4.17	4.08	4.00	3.91
11	9.65	7.21	6.22	5.67	5.32	5.07	4.89	4.74	4.63	4.54	4.40	4.25	4.10	4.02	3.94	3.86	3.78	3.69	3.60
12	9.33	6.93	5.95	5.41	5.06	4.82	4.64	4.50	4.39	4.30	4.16	4.01	3.86	3.78	3.70	3.62	3.54	3.45	3.36
13	9.07	6.70	5.74	5.21	4.86	4.62	4.44	4.30	4.19	4.10	3.96	3.82	3.66	3.59	3.51	3.43	3.34	3.25	3.17
14	8.86	6.51	5.56	5.04	4.69	4.46	4.28	4.14	4.03	3.94	3.80	3.66	3.51	3.43	3.35	3.27	3.18	3.09	3.00
15	8.68	6.36	5.42	4.89	4.56	4.32	4.14	4.00	3.89	3.80	3.67	3.52	3.37	3.29	3.21	3.13	3.05	2.96	2.87
16	8.53	6.23	5.29	4.77	4.44	4.20	4.03	3.89	3.78	3.69	3.55	3.41	3.26	3.18	3.10	3.02	2.93	2.84	2.75
17	8.40	6.11	5.18	4.67	4.34	4.10	3.93	3.79	3.68	3.59	3.46	3.31	3.16	3.08	3.00	2.92	2.83	2.75	2.65
18	8.29	6.01	5.09	4.58	4.25	4.01	3.84	3.71	3.60	3.51	3.37	3.23	3.08	3.00	2.92	2.84	2.75	2.66	2.57
19	8.18	5.93	5.01	4.50	4.17	3.94	3.77	3.63	3.52	3.43	3.30	3.15	3.00	2.92	2.84	2.76	2.67	2.58	2.49
20	8.10	5.85	4.94	4.43	4.10	3.87	3.70	3.56	3.46	3.37	3.23	3.09	2.94	2.86	2.78	2.69	2.61	2.52	2.42
21	8.02	5.78	4.87	4.37	4.04	3.81	3.64	3.51	3.40	3.31	3.17	3.03	2.88	2.80	2.72	2.64	2.55	2.46	2.36

续表

$\alpha=0.01$

n_1 / n_2	1	2	3	4	5	6	7	8	9	10	12	15	20	24	30	40	60	120	∞
22	7.95	5.72	4.82	4.31	3.99	3.76	3.59	3.45	3.35	3.26	3.12	2.98	2.83	2.75	2.67	2.58	2.50	2.40	2.31
23	7.88	5.66	4.76	4.26	3.94	3.71	3.54	3.41	3.30	3.21	3.07	2.93	2.78	2.70	2.62	2.54	2.45	2.35	2.26
24	7.82	5.61	4.72	4.22	3.90	3.67	3.50	3.36	3.26	3.17	3.03	2.89	2.74	2.66	2.58	2.49	2.40	2.31	2.21
25	7.77	5.57	4.68	4.18	3.85	3.63	3.46	3.32	3.22	3.13	2.99	2.85	2.70	2.62	2.54	2.45	2.36	2.27	2.17
26	7.72	5.53	4.64	4.14	3.82	3.59	3.42	3.29	3.18	3.09	2.96	2.81	2.66	2.58	2.50	2.42	2.33	2.23	2.13
27	7.68	5.49	4.60	4.11	3.78	3.56	3.39	3.26	3.15	3.06	2.93	2.78	2.63	2.55	2.47	2.38	2.29	2.20	2.10
28	7.64	5.45	4.57	4.07	3.75	3.53	3.36	3.23	3.12	3.03	2.90	2.75	2.60	2.52	2.44	2.35	2.26	2.17	2.06
29	7.60	5.42	4.54	4.04	3.73	3.50	3.33	3.20	3.09	3.00	2.87	2.73	2.57	2.49	2.41	2.33	2.23	2.14	2.03
30	7.56	5.39	4.51	4.02	3.70	3.47	3.30	3.17	3.07	2.98	2.84	2.70	2.55	2.47	2.39	2.30	2.21	2.11	2.01
40	7.31	5.18	4.31	3.83	3.51	3.29	3.12	2.99	2.89	2.80	2.66	2.52	2.37	2.29	2.20	2.11	2.02	1.92	1.80
60	7.08	4.98	4.13	3.65	3.34	3.12	2.95	2.82	2.72	2.63	2.50	2.35	2.20	2.12	2.03	1.94	1.84	1.73	1.60
120	6.85	4.79	3.95	3.48	3.17	2.96	2.79	2.66	2.56	2.47	2.34	2.19	2.03	1.95	1.86	1.76	1.66	1.53	1.38
∞	6.63	4.61	3.78	3.32	3.02	2.80	2.64	2.51	2.41	2.32	2.18	2.04	1.88	1.79	1.70	1.59	1.47	1.32	1.00

$\alpha=0.005$

n_1 / n_2	1	2	3	4	5	6	7	8	9	10	12	15	20	24	30	40	60	120	∞
1	16211	20000	21615	22500	23056	23437	23715	23925	24091	24224	24426	24630	24836	24940	25044	25148	25253	25359	25465
2	198.5	199.0	199.2	199.2	199.3	199.3	199.4	199.4	199.4	199.4	199.4	199.4	199.4	199.5	199.5	199.5	199.5	199.5	199.5
3	55.55	49.80	47.47	46.19	45.39	44.84	44.43	44.13	43.88	43.69	43.39	43.08	42.78	42.62	42.47	42.31	42.15	41.99	41.83
4	31.33	26.28	24.26	23.15	22.46	21.97	21.62	21.35	21.14	20.97	20.70	20.44	20.17	20.03	19.89	19.75	19.61	19.47	19.32
5	22.78	18.31	16.53	15.56	14.94	14.51	14.20	13.96	13.77	13.62	13.38	13.15	12.90	12.78	12.66	12.53	12.40	12.27	12.14
6	18.63	14.54	12.92	12.03	11.46	11.07	10.79	10.57	10.39	10.25	10.03	9.81	9.59	9.47	9.36	9.24	9.12	9.00	8.88
7	16.24	12.40	10.88	10.05	9.52	9.16	8.89	8.68	8.51	8.38	8.18	7.97	7.75	7.65	7.53	7.42	7.31	7.19	7.08
8	14.69	11.04	9.60	8.81	8.30	7.95	7.69	7.50	7.34	7.21	7.01	6.81	6.61	6.50	6.40	6.29	6.18	6.06	5.95
9	13.61	10.11	8.72	7.96	7.47	7.13	6.88	6.69	6.54	6.42	6.23	6.03	5.83	5.73	5.62	5.52	5.41	5.30	5.19

续表

$\alpha=0.005$

n_2 \ n_1	1	2	3	4	5	6	7	8	9	10	12	15	20	24	30	40	60	120	∞
10	12.83	9.43	8.08	7.34	6.87	6.54	6.30	6.12	5.97	5.85	5.66	5.47	5.27	5.17	5.07	4.97	4.86	4.75	4.64
11	12.23	8.91	7.60	6.88	6.42	6.10	5.86	5.68	5.54	5.42	5.24	5.05	4.86	4.76	4.65	4.55	4.44	4.34	4.23
12	11.75	8.51	7.23	6.52	6.07	5.76	5.52	5.35	5.20	5.09	4.91	4.72	4.53	4.43	4.33	4.23	4.12	4.01	3.90
13	11.37	8.19	6.93	6.23	5.79	5.48	5.25	5.08	4.94	4.82	4.64	4.46	4.27	4.17	4.07	3.97	3.87	3.76	3.65
14	11.06	7.92	6.68	6.00	5.56	5.26	5.03	4.86	4.72	4.60	4.43	4.25	4.06	3.96	3.86	3.76	3.66	3.55	3.44
15	10.80	7.70	6.48	5.80	5.37	5.07	4.85	4.67	4.54	4.42	4.25	4.07	3.88	3.79	3.69	3.58	3.48	3.37	3.26
16	10.58	7.51	6.30	5.64	5.21	4.91	4.69	4.52	4.38	4.27	4.10	3.92	3.73	3.64	3.54	3.44	3.33	3.22	3.11
17	10.38	7.35	6.16	5.50	5.07	4.78	4.56	4.39	4.25	4.14	3.97	3.79	3.61	3.51	3.41	3.31	3.21	3.10	2.98
18	10.22	7.21	6.03	5.37	4.96	4.66	4.44	4.28	4.14	4.03	3.86	3.68	3.50	3.40	3.30	3.20	3.10	2.99	2.87
19	10.07	7.09	5.92	5.27	4.85	4.56	4.34	4.18	4.04	3.93	3.76	3.59	3.40	3.31	3.21	3.11	3.00	2.89	2.78
20	9.94	6.99	5.82	5.17	4.76	4.47	4.26	4.09	3.96	3.85	3.68	3.50	3.32	3.22	3.12	3.02	2.92	2.81	2.69
21	9.83	6.89	5.73	5.09	4.68	4.39	4.18	4.01	3.88	3.77	3.60	3.43	3.24	3.15	3.05	2.95	2.84	2.73	2.61
22	9.73	6.81	5.65	5.02	4.61	4.32	4.11	3.94	3.81	3.70	3.54	3.36	3.18	3.08	2.98	2.88	2.77	2.66	2.55
23	9.63	6.73	5.58	4.95	4.54	4.26	4.05	3.88	3.75	3.64	3.47	3.30	3.12	3.02	2.92	2.82	2.71	2.60	2.48
24	9.55	6.66	5.52	4.89	4.49	4.20	3.99	3.83	3.69	3.59	3.42	3.25	3.06	2.97	2.87	2.77	2.66	2.55	2.43
25	9.48	6.60	5.46	4.84	4.43	4.15	3.94	3.78	3.64	3.54	3.37	3.20	3.01	2.92	2.82	2.72	2.61	2.50	2.38
26	9.41	6.54	5.41	4.79	4.38	4.10	3.89	3.73	3.60	3.49	3.33	3.15	2.97	2.87	2.77	2.67	2.56	2.45	2.33
27	9.34	6.49	5.36	4.74	4.34	4.06	3.85	3.69	3.56	3.45	3.28	3.11	2.93	2.83	2.73	2.63	2.52	2.41	2.29
28	9.28	6.44	5.32	4.70	4.30	4.02	3.81	3.65	3.52	3.41	3.25	3.07	2.89	2.79	2.69	2.59	2.48	2.37	2.25
29	9.23	6.40	5.28	4.66	4.26	3.98	3.77	3.61	3.48	3.38	3.21	3.04	2.86	2.76	2.66	2.56	2.45	2.33	2.21
30	9.18	6.35	5.24	4.62	4.23	3.95	3.74	3.58	3.45	3.34	3.18	3.01	2.82	2.73	2.63	2.52	2.42	2.30	2.18
40	8.83	6.07	4.98	4.37	3.99	3.71	3.51	3.35	3.22	3.12	2.95	2.78	2.60	2.50	2.40	2.30	2.18	2.06	1.93
60	8.49	5.79	4.73	4.14	3.76	3.49	3.29	3.13	3.01	2.90	2.74	2.57	2.39	2.29	2.19	2.08	1.96	1.83	1.69
120	8.18	5.54	4.50	3.92	3.55	3.28	3.09	2.93	2.81	2.71	2.54	2.37	2.19	2.09	1.98	1.87	1.75	1.61	1.43
∞	7.88	5.30	4.28	3.72	3.35	3.09	2.90	2.74	2.62	2.52	2.36	2.19	2.00	1.90	1.79	1.67	1.53	1.36	1.00

习题与自测题参考答案

第1章 随机事件与概率

习题 1.1

1. (1) $S=\{1,2,3,4,5,6\}, A=\{1,3,5\}$

(2) $S=\{HHH,HHT,HTH,HTT,THH,THT,TTT,TTH\}, A=\{HHH,TTT\}$

(3) $S=\{1,2,3\cdots\}, A=\{1,2,3\}$

(4) $S=\{(x,y)\mid T_0\leqslant x\leqslant y\leqslant T_1\}, A=\{(x,y)\mid y-x=10, T_0\leqslant x\leqslant y\leqslant T_1\}$

2. (1) 成立 (2) 不成立,如 $S=\{1,2,3,4,5,6\}, A=\{1,2,3\}, B=\{4,5,6\}$,则 $\overline{AB}\neq A\bigcup B$

(3) 不成立,如 $S=\{1,2,3,4,5,6\}, A=\{1\}, B=\{2\}, C=\{3\}$,则 $\overline{A\bigcup B}\bigcap C=\{3\}, \overline{AB}\overline{C}=\{1,2,4,5,6\}$

(4) 成立 (5) 成立 (6) 成立 (7) 成立 (8) 成立

3. (1) $A\bigcup B\bigcup C$ (2) $A\overline{B}\overline{C}\bigcup\overline{A}B\overline{C}\bigcup\overline{A}\overline{B}C$ (3) $AB\overline{C}\bigcup A\overline{B}C\bigcup\overline{A}BC$

(4) $A\overline{B}\overline{C}\bigcup\overline{A}B\overline{C}\bigcup\overline{A}\overline{B}C\bigcup\overline{A}\overline{B}\overline{C}$ (5) ABC (6) $\overline{A}\,\overline{B}\,\overline{C}$

4. $A\bigcup B=\{1,2,3,4,6,8\}, AB=\{2,4\}, A-B=\{1,3\}, B-A=\{6,8\}$,

$B\bigcup C=\{1,2,3,4,5,6,7,8\}, (A\bigcup B)C=\{1,3\}$

习题 1.2

1. (1) 0.6,0.4 (2) 0.4 (3) 0.6 (4) 0.6 (5) 0.4,0

2. (1) $\dfrac{1}{2}$ (2) $\dfrac{7}{8}$

3. 乙的解法正确;甲的解法是错误的.

4. 0.2

5. $\dfrac{1}{3}$

6. (1) $P(A)=\dfrac{A_{10}^7}{10^7}$ (2) $P(B)=\dfrac{8^7}{10^7}$

7. (1) $P(A)=\dfrac{3}{32}$ (2) $P(B)=\dfrac{3}{8}$ (3) $P(C)=\dfrac{9}{64}$

8. 0.75

9. $\dfrac{C_M^m C_{N-M}^{n-m}}{C_N^n}$

10. $\dfrac{C_n^m M^m (N-M)^{n-m}}{N^n}$

习题 1.3

1. $\dfrac{5}{9}$

2. $\dfrac{1}{2}$

3. $\dfrac{13}{24}$

4. $\dfrac{13}{25}$

5. $\dfrac{2}{3}$

6. 0.031

7. 0.645

8. 0.146

习题 1.4

1. 否

2. 0.98

3. 0.6

4. 略

5. 6

6. (1) 0.512　(2) 9.384　(3) 0.896

7. (1) 0.26　(2) 0.04　(3) 2/13

8. 0.1272

9. 0.43

10. (1) $\dfrac{113}{250}$　(2) $\dfrac{83}{125}$

自测题 1

一、1. C

　　2. C

　　3. D

　　4. B

　　5. B

　　6. B

　　7. C

　　8. C

　　9. D

　　10. D

二、1. 0.6

　　2. 0.6

　　3. 0.125

　　4. $1-p$

　　5. $\dfrac{1}{3}$

　　6. $\dfrac{8}{45}$

　　7. $\dfrac{1}{3}$

　　8. $\dfrac{3}{8}$

　　9. $\dfrac{1}{2}$

10. $\dfrac{2}{3}$

三、1.(1)是必然事件,(4)是不可能事件,(2)、(3)是随机事件

2. $\dfrac{7}{15}$,$\dfrac{7}{30}$

3. 0.8

4. $\dfrac{13}{21}$

5. $\dfrac{5}{9}$

6. (1) $P_1=\dfrac{60}{125}=\dfrac{12}{25}$　(2) $P_2=\dfrac{27}{125}$　(3) $P_3=\dfrac{12}{125}$

7. (1) $\dfrac{13}{28}$　(2) $\dfrac{25}{28}$

8. 0.76

9. (1) $\dfrac{28}{45}$　(2) $\dfrac{1}{45}$　(3) $\dfrac{16}{45}$　(4) $\dfrac{4}{5}$

10. 0.16974

11. (1) 0.94　(2) 0.85

12. (1) 0.253　(2) 0.0554

13. (1) 0.24　(2) 0.424

14. $\dfrac{40}{49}$

15. 3

16. $3p^2(1-p)^2$

17. 0.92

18. (1) $\dfrac{p}{2}(3-p)$,(2) $\dfrac{2p}{1+p}$

19. (1) $\dfrac{29}{90}$ (2) $\dfrac{20}{61}$

20. $\dfrac{19}{36}$ $\dfrac{1}{18}$

第2章　随机变量及其分布

习题2.1

1. 是随机变量,可能的取值是6,8,10

2. (1) 2,3,4,6,8,12　(2) 0,1,2,3,4　(3) 0,1,2

3. (1) 是　(2) 否　(3) 是

4. $F(x)=\begin{cases}0, & x<0 \\ 0.5, & 0\leqslant x<1 \\ 0.8, & 1\leqslant x<2 \\ 1, & x\geqslant 2\end{cases}$

习题 2.2

1.

ξ	-3	1	2
P	2/6	3/6	1/6

2. $\dfrac{2^4}{4!}e^{-4}$

3. $\dfrac{8}{9}$

4. 0.956

5. (1)

X	0	1	2	3
P	0.7865	0.2022	0.0112	0.0001

(2) 0.2135

(3) $F(x)=\begin{cases} 0, & x<0 \\ 0.7865, & 0\leqslant x<1 \\ 0.9887, & 1\leqslant x<2 \\ 0.999, & 2\leqslant x<3 \\ 1, & x\geqslant 3 \end{cases}$ 作图略

6. $P(x=k)=C_6^k\left(\dfrac{3}{4}\right)^k\left(\dfrac{1}{4}\right)^{6-k}, k=0,1,2,3,4,5,6$ $P(x\geqslant 5)=0.53$

7. $\dfrac{13}{35}$

8. $C_5^3 P^3 (1-p)^2$

9. (1) 0.329 (2) 0.36

10. 0.97

习题 2.3

1. (1) $A=\dfrac{1}{2}, B=\dfrac{1}{\pi}$ (2) $\dfrac{1}{2}$

2. (1) $A=1$ (2) $\dfrac{1}{4}, \dfrac{8}{9}$ (3) $f(x)=\begin{cases} 0, & x<0 \text{ 或 } x>1 \\ 2x, & 0\leqslant x\leqslant 1 \end{cases}$

3. (1) 0.25 (2) 0 (3) $F(x)=\begin{cases} 0, & x<0 \\ x^2, & 0\leqslant x<1 \\ 1, & x\geqslant 1 \end{cases}$

4. 0.2

5. $\dfrac{3}{5}$

6. 0.8

7. (1) 3 (2) 0.4360

8. e^{-2}

9. 0.268

习题 2.4

1. (1) $\dfrac{1}{10}$ (2)

Y	-1	0	3	8
p	$\dfrac{3}{10}$	$\dfrac{2}{10}$	$\dfrac{3}{10}$	$\dfrac{2}{10}$

2.

Y	-1	0	1
p	$\dfrac{2}{15}$	$\dfrac{1}{3}$	$\dfrac{8}{15}$

3. 当 $c>0$，$f_Y(y)=\begin{cases}\dfrac{1}{c(b-a)}, & ac+d\leqslant y\leqslant bc+d;\\[2mm] 0, & \text{其他}\end{cases}$

当 $c<0$，$f_Y(y)=\begin{cases}\dfrac{1}{c(b-a)}, & bc+d\leqslant y\leqslant ac+d\\[2mm] 0, & \text{其他}\end{cases}$

4. $f_Y(y)=\begin{cases}\dfrac{1}{\sqrt{\pi y}}, & \dfrac{25\pi}{4}<y<9\pi\\[2mm] 0, & \text{其他}\end{cases}$

5. $f_Y(y)=\begin{cases}\dfrac{1}{y}, & 1\leqslant y\leqslant \mathrm{e}\\[2mm] 0, & \text{其他}\end{cases}$

6. $f_Y(y)=\begin{cases}\dfrac{1}{2\sqrt{\pi(y-1)}}\mathrm{e}^{-\frac{y-1}{4}}, & y\geqslant 1\\[2mm] 0, & y<1\end{cases}$

自测题 2

一、1. C

2. B

3. B

4. D

5. C

6. C

7. A

8. D

9. C

10. A

二、1. 0.4

2. $1,\dfrac{1}{2}$

3.

X	-1	1	3
p	0.4	0.4	0.2

4. $\dfrac{1}{3}$

5. $\dfrac{11}{24}$

6. $[1,3]$

7. 4

8. $f_Y(y)=\begin{cases}\dfrac{1}{4}y^{-\frac{1}{2}}, & 0<y<4\\[2mm] 0, & \text{其他}\end{cases}$

9. $\dfrac{13}{48}$

三、1. $P(X=K)=0.1^{k-1}\times0.9$ $k=1,2,3\cdots$

2.

X	1	2
p	$\dfrac{1}{4}$	$\dfrac{3}{4}$

3. (1)

X	1	2	3	4
p	$\dfrac{5}{8}$	$\dfrac{15}{56}$	$\dfrac{5}{56}$	$\dfrac{1}{56}$

   (2) $P(X=k)=\left(\dfrac{3}{8}\right)^{k-1}\times\dfrac{5}{8}$ $k=1,2,3\cdots$

4. (1) $\dfrac{12}{77}$ (2) $\dfrac{65}{77}$ (3) $\dfrac{27}{77}$

5. $F(x)=\begin{cases}0, & x<1\\ 0.2, & 1\leqslant x<2\\ 0.5, & 2\leqslant x<3\\ 1, & x\geqslant3\end{cases}$

6. (1) $F(x)=\begin{cases}0, & x<0\\ \dfrac{1}{2}x^2, & 0\leqslant x<1\\ -\dfrac{1}{2}x^2+2x-1, & 1\leqslant x<2\\ 1, & x\geqslant2\end{cases}$ (2) $0.125,0.245,0.66$

7. $a=\dfrac{1}{3},b=-\dfrac{1}{6}$

8. (1)0 (2)1

9. $\dfrac{20}{27}$

10.

X	0	1	2	3
p	$\dfrac{1}{2}$	$\dfrac{1}{4}$	$\dfrac{1}{8}$	$\dfrac{1}{8}$

11. $1-e^{-1}$

12. (1) $F(t)=\begin{cases}1-e^{-\lambda t}, & t>0\\ 0, & t\leqslant0\end{cases}$ (2) $Q=e^{-8\lambda}$

13. 0.682

14. $\dfrac{232}{243}$

15. (1) $0.5328,0.9996,0.5$ (2) 3

16. 0.0456

17. $f(y)=\begin{cases}\dfrac{1}{2y}, & e^2<y<e^4\\ 0, & 其他\end{cases}$

18. $f(y) = \begin{cases} \dfrac{3}{8\sqrt{y}}, & 0 < y < 1 \\ \dfrac{1}{8\sqrt{y}}, & 1 \leqslant y \leqslant 4 \\ 0, & \text{其他} \end{cases}$

19. $F(y) = \begin{cases} 0, & y < 0 \\ y, & 0 \leqslant x < 1 \\ 1, & x \geqslant 1 \end{cases}$

20. $\dfrac{3}{5}$

21. (1) $f(y) = \begin{cases} \dfrac{1}{y}, & 1 < y < e \\ 0, & \text{其他} \end{cases}$ (2) $f(y) = \begin{cases} \dfrac{1}{2}e^{-\frac{y}{2}}, & 0 < y < +\infty \\ 0, & \text{其他} \end{cases}$

第 3 章　多维随机变量及其分布

习题 3.1

1. (1)

Y \ X	0	1	2	3
0	0	0	3/35	2/35
1	0	6/35	12/35	2/35
2	1/35	6/35	3/35	0

(2) $19/35, 6/35, 4/7, 2/7$

2. (1) $1/3$

(2) $F(x,y) = \begin{cases} 0, & x < 1, y < -1 \\ 1/4, & 1 \leqslant x < 2, -1 \leqslant y < 0 \\ 5/12, & x \geqslant 2, -1 \leqslant y < 0 \\ 1/2, & 1 \leqslant x < 2, y \geqslant 0 \\ 1, & x \geqslant 2, y \geqslant 0 \end{cases}$

3. (1) $1/8$　(2) $3/8$　(3) $2/3$

习题 3.2

1. $F_X(x) = \begin{cases} 1 - e^{-x}, & x > 0 \\ 0, & x \leqslant 0 \end{cases}$　$F_Y(y) = \begin{cases} 1 - e^{-y}, & y > 0 \\ 0, & y \leqslant 0 \end{cases}$

2.

X \ Y	0	1	2	3	$P\{X=i\}$
0	1/8	1/8	0	0	1/4
1	0	2/8	2/8	0	2/4
2	0	0	1/8	1/8	1/4
$P\{Y=j\}$	1/8	3/8	3/8	1/8	1

3. $f_X(x) = \begin{cases} e^{-x}, & x>0 \\ 0, & x\leq 0 \end{cases}$ $f_Y(y) = \begin{cases} ye^{-y}, & y>0 \\ 0, & y\leq 0 \end{cases}$

4. (1) $c = 21/4$

(2) $f_X(x) = \begin{cases} \dfrac{21}{8}x^2(1-x^4), & -1\leq x\leq 1 \\ 0, & \text{其他} \end{cases}$

$f_Y(y) = \begin{cases} \dfrac{7}{2}y^{5/2}, & 0\leq y\leq 1 \\ 0, & \text{其他} \end{cases}$

习题 3.3

1. (1)

X	1	2
$P\{X=i\mid Y=1\}$	1/3	2/3

(2)

Y	1	2	3
$P\{Y=j\mid X=1\}$	1/6	3/6	2/6

2.

X \ Y	0	1	2	3	$P\{X=i\}$
0	1/8	1/8	0	0	1/4
1	0	2/8	2/8	0	2/4
2	0	0	1/8	1/8	1/4
$P\{Y=j\}$	1/8	3/8	3/8	3/8	1

X	0	1	2
$P\{X=i\mid Y=2\}$	0	2/3	1/3

Y	0	1	2	3
$P\{Y=j\mid X=2\}$	0	0	1/2	1/2

3. 当 $|y|<1$ 时，$f_{X\mid Y}(x\mid y) = \begin{cases} \dfrac{1}{1-|y|}, & |y|<x<1 \\ 0, & x \text{ 取其他} \end{cases}$

当 $0<x<1$ 时，$f_{Y\mid X}(y\mid x) = \begin{cases} \dfrac{1}{2x}, & |y|<x \\ 0, & y \text{ 取其他} \end{cases}$

4. 当 $y>0$ 时，$f_{X\mid Y}(x\mid y) = \begin{cases} \dfrac{1}{y}, & 0<x<y \\ 0, & x \text{ 取其他} \end{cases}$

当 $x>0$ 时，$f_{Y\mid X}(y\mid x) = \begin{cases} e^{x-y}, & y>x \\ 0, & y \text{ 取其他} \end{cases}$

5. (1) $f(x,y)=\begin{cases} x, & 0<y<1/x, 0<x<1 \\ 0, & \text{其他} \end{cases}$

(2) $f_Y(y)=\begin{cases} 1/2, & 0<y<1 \\ 1/(2y^2), & y\geqslant1 \\ 0, & \text{其他} \end{cases}$，作图略.

(3) 1/3

习题 3.4

1. 不相互独立

2. 相互独立

3. 不相互独立

4. $a=1/18, b=2/9, c=1/6$

5. 0.1445

习题 3.5

1. (1)

Z_1	0	1	2	3	4	5	6	7	8
P	0	0.02	0.06	0.13	0.19	0.24	0.19	0.12	0.05

(2)

Z_2	0	1	2	3
P	0.28	0.30	0.25	0.17

(3)

Z_3	0	1	2	3	4	5
P	0	0.04	0.16	0.28	0.24	0.28

2. 略

3. $f_Z(z)=\begin{cases} 1-e^{-z}, & 0<z<1 \\ (e-1)e^{-z}, & z\geqslant1 \\ 0, & \text{其他} \end{cases}$

4. $f_Z(z)=\begin{cases} \dfrac{1}{2}z^2e^{-z}, & z>0 \\ 0, & z\leqslant0 \end{cases}$

5. (1) $b=\dfrac{1}{1-e^{-1}}$　(2) $F_U(u)=\begin{cases} 0, & u<0 \\ \dfrac{(1-e^{-u})^2}{1-e^{-1}}, & 0\leqslant u<1 \\ 1-e^{-u}, & u\geqslant1 \end{cases}$

6. (1) $f_1(x)=\begin{cases} \dfrac{x^3e^{-x}}{3!}, & x>0 \\ 0, & x\leqslant0 \end{cases}$　(2) $f_2(x)=\begin{cases} \dfrac{x^5e^{-x}}{5!}, & x>0 \\ 0, & x\leqslant0 \end{cases}$

自测题 3

一、1. B

2. A

3. D

4. B

5. D

6. A

7. B

8. A

9. D

10. C

二、1. 1/4

2. 5/52

3.

X ╲ Y	y_1	y_2	y_3	$p_i.$
x_1	1/24	1/8	1/12	1/4
x_2	1/8	3/8	1/4	3/4
$p._j$	1/6	1/2	1/3	1

4. 1/4

5. 15/36,1/2

6. $P(Z=0)=\dfrac{1}{4}, P(Z=1)=\dfrac{3}{4}$

7. 4/7

8. 1/4

三、1. 3/128

2.

X ╲ Y	1	2	3	$p_i.$
1	0	1/6	1/12	1/4
2	1/6	1/6	1/6	1/3
3	1/12	1/6	0	1/4
$p._j$	1/4	1/2	1/4	1

3. (1) $A=1/50$　(2) $f_X(x)=\begin{cases}\dfrac{3}{50}(x^2+7), & 0<x<2 \\ 0, & 其他\end{cases}$　$f_Y(y)=\begin{cases}\dfrac{1}{50}\left(\dfrac{8}{3}+2y^2\right), & 1<y<4 \\ 0, & 其他\end{cases}$

4. (1) 1/8　(2) 3/8　(3) 2/3

5. $f_X(x)=\begin{cases}6(x-x^2), & 0<x<1 \\ 0, & 其他\end{cases}$　$f_Y(y)=\begin{cases}6\sqrt{y}-y, & 0<y<1 \\ 0, & 其他\end{cases}$

6. $a=73/336, b=27/112$

7. (1) $f(x,y)=\begin{cases}e^{-(x+y)}, & x>0, y>0 \\ 0, & 其他\end{cases}$　(2) $1-1/e$

8.

Y	1	2	3	4
$P(Y=k\mid X=2)$	1/3	0	1/3	1/3

9. (1) $f_X(x)=\begin{cases}3x^2, & 0\leqslant x\leqslant 1 \\ 0, & \text{其他}\end{cases}$　$f_Y(y)=\begin{cases}\dfrac{3(1-y^2)}{2}, & 0\leqslant y\leqslant 1 \\ 0, & \text{其他}\end{cases}$

$f_{X|Y}(x\,|\,y)=\begin{cases}\dfrac{2x}{1-y^2}, & 0\leqslant y<x<1 \\ 0, & \text{其他}\end{cases}$　$f_{Y|X}(y\,|\,x)=\begin{cases}\dfrac{1}{x}, & 0<y<x\leqslant 1 \\ 0, & \text{其他}\end{cases}$

(2) 不相互独立

10. $f_Z(z)=\begin{cases}e^{-z/3}-e^{-z/2}, & z\geqslant 0 \\ 0, & \text{其他}\end{cases}$

11.

$X+Y$	-2	0	1	3	4
p	5/20	2/20	9/20	3/20	1/20

$X-Y$	-3	-2	0	1	3
p	6/20	2/20	6/20	3/20	3/20

第 4 章　随机变量的数字特征

习题 4.1

1. $\dfrac{6}{5}$

2. $\dfrac{25}{16}$

3. 35.136

4. 1.2

5. $E(X)=-0.2, E(X^2)=2.8, E(-3X+5)=5.6$

6. θ

7. $E(X)=1, E(X^2)=\dfrac{7}{6}, E(-3X+5)=2$

8. $A=3, \alpha=2$

9. $E(D)=2.7, E(F)=1.1, E(D+F)=3.8, E(DF)=3.4, E\{\max(D,F)\}=2.7$

10. $E(X)=\dfrac{4}{5}, E(Y)=\dfrac{3}{5}, E(XY)=\dfrac{1}{2}, E\{\min(X,Y)\}=\dfrac{3}{5}$

11. $E(X)=N\left[1-\left(\dfrac{N-1}{N}\right)^k\right]$

习题 4.2

1. $D(X)=\dfrac{14}{9}$

2. $D(X)=2.4, E(X^2)=18.4$

3. $D(X)=\dfrac{1}{6}$

4. $E(X)=0, D(X)=\dfrac{\pi^2-6}{12}$

5. θ^2

6. $D(X-Y)=1525, D(X+Y)=1525, P(X>Y)=0.9798, P(X+Y>1400)=0.1539$

7. $E(Z)=\mu, D(Z)=\dfrac{\sigma^2}{n}$

8. $D(X)=\dfrac{1}{4}, D(Y)=\dfrac{1}{4}$

9. (1) $E(X)=\dfrac{5}{3}, E(Y)=\dfrac{141}{72}$ (2) $E(XY)=\dfrac{27}{8}$ (3) $D(X)=\dfrac{5}{9}, D(Y)=\dfrac{3807}{5184}$

习题 4.3

1. (1) $\text{Cov}(X,Y)=0$ (2) $\rho_{XY}=0$ (3) 不独立不相关 (4) $E(X^3)=0$

$E\{[X-E(X)]^3\}=0$ (5) $\begin{pmatrix} \dfrac{3}{4} & 0 \\ 0 & \dfrac{3}{4} \end{pmatrix}$

2. (1) $\text{Cov}(X,Y)=\dfrac{5}{336}$ (2) $\rho_{XY}=\sqrt{\dfrac{5}{17}}$ (3) $D(2X-3Y+7)=0.2423$

(4) $E(X^3)=\dfrac{5}{8}, E\{[X-E(X)]^3\}=\dfrac{-5}{1512}$ (5) $\begin{pmatrix} \dfrac{5}{252} & \dfrac{5}{336} \\ \dfrac{5}{336} & \dfrac{17}{448} \end{pmatrix}$

3. 略

4. $\rho_{Z_1Z_2}=\dfrac{3}{5}, \begin{pmatrix} 5\sigma^2 & 3\sigma^2 \\ 3\sigma^2 & 5\sigma^2 \end{pmatrix}$

自测题 4

一、1. B

2. B

3. B

4. C

5. B

6. D

7. B

8. A

二、1. 18.4

2. 28.8

3. $\dfrac{\alpha^2-\beta^2}{\alpha^2+\beta^2}$

4. $\sqrt{e}$

5. $\mu(\sigma^2+\mu^2)$

6. 2

7. $(\sigma^2+\mu^2)$

8. $\dfrac{e^{-1}}{2}$

9. 0

10. e^{-1}

三、1. (1)

X \ Y	0	1	2
0	$\frac{3}{15}$	$\frac{6}{15}$	$\frac{1}{15}$
1	$\frac{3}{15}$	$\frac{2}{15}$	0

(2) $\mathrm{Cov}(X,Y)=-\dfrac{4}{45}$

2. (1) $P(X=2Y)=\dfrac{1}{4}$　(2) $\mathrm{Cov}(X-Y,Y)=-\dfrac{2}{3}$　(3) $\rho_{XY}=0$

3. (1)

X \ Y	-1	0	1
0	0	$\frac{1}{3}$	0
1	$\frac{1}{3}$	0	$\frac{1}{3}$

(2)

XY	-1	0	1
P	1/3	1/3	1/3

(3) $\rho_{XY}=0$

4. (1) $\begin{cases}2\mathrm{e}^{-2x}, & x>0 \\ 0, & \text{其他}\end{cases}$　(2) $E(U+V)=2$

5. (1)

X \ Y	0	1
0	$\frac{2}{3}$	$\frac{1}{12}$
1	$\frac{1}{6}$	$\frac{1}{12}$

(2) $\rho_{XY}=\dfrac{\sqrt{15}}{15}$

(3)

Z	0	1	2
P	2/3	1/4	1/12

6. (1) $f_Y(x)=\begin{cases}\dfrac{3}{8\sqrt{x}}, & 0<x<1 \\[2mm] \dfrac{1}{8\sqrt{x}}, & 1<x<4 \\[2mm] 0, & \text{其他}\end{cases}$　(2) $\mathrm{Cov}(X,Y)=\dfrac{2}{3}$　(3) $F\left(-\dfrac{1}{2},4\right)=\dfrac{1}{4}$

7. (1) $D(Y_i)=\dfrac{n-1}{n},i=1,2,\cdots,n$　(2) $\mathrm{Cov}(Y_1,Y_n)=-\dfrac{1}{n}$

第5章　大数定律及中心极限定理

习题 5.1

1. 略

2. 可以

3. 187500

习题 5. 2

1. 0.0071

2. 0.4714

3. 26

4. (1) 0.8185 (2) 81 或 82

自测题 5

一、1. 1/2

2. 1/12

二、1. 250,68

2. 略

3. 0.2119

4. 0.0793

5. 190

6. (1)0.1802 (2)433

7. (1)0.1251 (2)0.9938

8. (1)0.8968 (2)0.9938

第6章 样本及抽样分布

习题 6.1

1. $\begin{cases} 0, & x<344 \\ 0.2, & 344\leqslant x<347 \\ 0.4, & 347\leqslant x<351 \\ 0.8, & 351\leqslant x<355 \\ 1, & 355\leqslant x \end{cases}$

2. 略

3. $\overline{X}=0.195, S^2=0.013$

4. (1) $p^{\sum\limits_{i=1}^{5}x_i}(1-p)^{5-\sum\limits_{i=1}^{5}x_i}$ $x_i=0,1$ (2) $\dfrac{X_2}{p}$ 不是统计量,其他的都是统计量

习题 6.2

1. 0.554

2. 1.7247

3. 2.42

4. 0.0548

5. $\dfrac{1}{20}, \dfrac{1}{100}, 2$

6. 0.9755

7. 0.6744

自测题 6

一、1. B

2. C

二、1. 4.8,9.225

2. 0.8664

3. (1)(2)(3)(4)(6)

4. u

5. $\chi^2(n)$

6. $t,9$

7. $\chi^2(n)$

8. 1/20,1/100,2

三、1. (1) $X_n+2\lambda$ 不是统计量,其余都是　(2)$\overline{X}=\dfrac{3}{5}$,$s^2=0.3$

2. $F_{12}(x)=\begin{cases} 0, & x<-1 \\ 1/12, & -1\leqslant x<1 \\ 5/12, & 1\leqslant x<2 \\ 2/3, & 2\leqslant x<3 \\ 11/12, & 3\leqslant x<4 \\ 1, & x\geqslant 4 \end{cases}$

3. 略

4. $t(1)$

5. μ

6. $F(1,1)$

7. $\dfrac{1}{3}$

8. $\dfrac{\sqrt{6}}{2}$

9. 0.6744

10. 27

第7章　参数估计

习题 7.1

1. $\hat{\mu}=74.002,\hat{\sigma}^2=6\times10^{-6},s^2=6.86\times10^{-6}$

2. $\hat{u}=\overline{X},\hat{\sigma}^2=\dfrac{1}{n}\sum\limits_{i=1}^{n}X_i^2-(\overline{X})^2$;$\hat{\mu}=\overline{X},\hat{\sigma}^2=\dfrac{1}{n}\sum\limits_{i=1}^{n}x_i^2-(\bar{x})^2$

3. (1) $\hat{\theta}=\left(\dfrac{\overline{X}}{1-\overline{X}}\right)^2,\hat{\theta}=\left(\dfrac{\bar{x}}{1-\bar{x}}\right)$　(2) $\hat{\theta}=\dfrac{n^2}{\left(\sum\limits_{i=1}^{n}\ln x_i\right)^2}$,$\hat{\theta}=\dfrac{n^2}{\left(\sum\limits_{i=1}^{n}\ln X_i\right)^2}$

4. (1) $\hat{p}=\dfrac{\overline{X}}{m},\hat{p}=\dfrac{\bar{x}}{m}$　(2) $\hat{p}=\dfrac{\bar{x}}{m},\hat{p}=\dfrac{\overline{X}}{m}$

5. (1) $\hat{A}=1.64\sigma+\overline{X}$　(2) $\hat{A}=1.64\sqrt{\dfrac{n-1}{n}}S+\overline{X}$

习题 7.2

1. 0.00664

2. 略

3. $c = 1/n$

4. 略,$\hat{\mu}_3$ 有效

5. $k_1 = 1/3, k_2 = 2/3$

习题 7.3

1. (1)$(5.608, 6.392)$ (2) $(5.558, 6.442)$

2. 97

3. $(7.4, 21.1)$

4. $(-5.76, 0.56)$

5. $(0.222, 3.601)$

自测题 7

一、1. C

2. B

3. C

4. A

5. D

6. B

7. C

8. D

二、1. $(4.412, 5.588)$

2. $(10 - 5t_{\frac{\alpha}{2}}(15), 10 + 5t_{\frac{\alpha}{2}}(15))$

3. 6.35 厘米,0.00044 厘米^2,0.00055 厘米^2

4. $2\overline{X}$

5. $\dfrac{1}{\overline{X}}, \dfrac{1}{\overline{X}}$

6. 16

三、1. ×

2. √

3. ×

4. √

四、1. $\hat{\theta}^2 = \dfrac{1}{n}\sum\limits_{i=1}^{n} X_i^2 - 100$

2. $\hat{\theta} = -\dfrac{n}{\sum\limits_{i=1}^{n}\ln X_i}$

3. $\hat{\lambda} = \dfrac{1}{\overline{X}}, \hat{\lambda} = \dfrac{1}{\overline{X}}$

4. 矩估计 $\hat{\theta} = \dfrac{2\overline{X} - 1}{1 - \overline{X}}$,最大似然估计 $\hat{\theta} = -1 - \dfrac{n}{\sum\limits_{i=1}^{n}\ln X_i}$

5. $E(\hat{X}) = \dfrac{1}{2} X_{(n)}, D(\hat{X}) = \dfrac{1}{12} X_{(n)}^2$

6. $k_1 = 1/3, k_2 = 2/3$

7. $(0.820, 0.828)$

8. (1) $(76.16, 83.84)$ (2) $1-\alpha \approx 0.90$

第8章　假设检验

习题8.1

1. 当 $\alpha=0.05, z_{\frac{\alpha}{2}}=z_{0.025}=1.96$，拒绝域为 $W=\{|z| \geqslant 1.96\}$，故拒绝 H_0，可能引入弃真错误

　当 $\alpha=0.01, z_{\frac{\alpha}{2}}=z_{0.005}=2.58$，拒绝域为 $W=\{|z| \geqslant 2.58\}$，故接受 H_0，可能引入纳伪错误

2. 当 $\alpha=0.05, z_{\frac{\alpha}{2}}=z_{0.025}=1.96$，拒绝域为 $W=\{|z| \geqslant 1.96\}$，故接受 H_0，可能引入纳伪错误

　当 $\alpha=0.10, z_{\frac{\alpha}{2}}=z_{0.05}=1.64$，拒绝域为 $W=\{|z| \geqslant 1.64\}$，故拒绝 H_0，可能引入弃真错误

3. (1) $\alpha=0.05, z_{0.05}=1.645$，拒绝域为 $W=\{z \geqslant 1.645\}$，接受 H_0

　(2) $\alpha=0.10, z_{0.10}=1.282$，拒绝域为 $W=\{z \geqslant 1.282\}$，拒绝 H_0

　(3) $z_0=1.4, p$ 值 $=P\{Z \geqslant z_0\}=0.0808$

4. p 值 $\approx 0.4753 > 0.05$，接受 H_0

习题8.2

1. 在 $\alpha=0.01$ 下，接受假设 H_0

2. 在 $\alpha=0.05$ 下，接受 H_0，认为这批矩形的宽度和长度的比值为 0.618

3. 故在 $\alpha=0.05$ 下，拒绝 H_0，即认为这批元件不合格

4. 确认装配时间的均值显著地大于 10

5. 这批罐头符合要求

6. 认定两个作家所写小品文中包含由 3 个字母组成单字的比例有显著的差异

7. 认为早上的身高比晚上的身高要高

习题8.3

1. 在 $\alpha=0.05$ 下，拒绝 H_0，认为这批导线的标准差显著地偏大

2. 在 $\alpha=0.05$，接受 H_0，认为总体的标准差 σ 为 0.11

3. 在 $\alpha=0.05$ 下，接受 H_0，认为 σ 大于 0.04%

习题8.4

1. 认为一页的印刷错误个数服从泊松分布

2. (1) $\hat{p} \approx 0.6419$

　(2) 接受 H_0，认定数据来自参数 $p=0.6419$ 的几何分布

自测题8

一、1. B

　2. B

　3. D

　4. A

二、1. $\mu, U=\dfrac{\overline{X}-\mu_0}{\sigma/\sqrt{n}}$

　2. t-检验, $t=\dfrac{\overline{X}-\mu_0}{S/\sqrt{n}}$

　3. t

　4. $\chi^2, \chi^2=\dfrac{(n-1)S^2}{\sigma_0^2}, \chi^2(n-1)$

　5. F

6. $\mu, U = \dfrac{\overline{X} - \overline{Y} - \sigma}{\sqrt{\dfrac{\sigma_1^2}{n_1} + \dfrac{\sigma_2^2}{n_2}}}, N(0,1)$

7. 不接受

8. 接受

三、1. 有显著差异,拒绝 H_0

2. 拒绝 H_0,即认为材料 A 制成的后跟比材料 B 的耐穿

3. 接受 H_0,认为 $\sigma_1^2 = \sigma_2^2$